张景中科普文集

ZHANG
JINGZHONG
KEPU WENJI

张景中

彭翕成◎著

绕来绕去的向量法

长江出版传媒

湖北科学技术出版社

图书在版编目（CIP）数据

绕来绕去的向量法 / 张景中，彭翕成著. —武汉：
湖北科学技术出版社，2017.6

ISBN 978-7-5352-9530-9

Ⅰ．①绕… Ⅱ．①张… ②彭… Ⅲ．①向量—少
年读物 Ⅳ．①O183.1-49

中国版本图书馆 CIP 数据核字（2017）第 172479 号

丛书策划：何　龙　谢俊波

责任编辑：刘志敏　　　　　　　　　　　　封面设计：喻　杨

出版发行：湖北科学技术出版社　　　　　　电话：027-87679451

地　　址：武汉市雄楚大街 268 号　　　　　邮编：430070

（湖北出版文化城 B 座 13-14 层）

网　　址：http://www.hbstp.com.cn

印　　刷：武汉市金港彩印有限公司　　　　邮编：430023

710×1010　1/16　　　　　　　　　19 印张　　　268 千字

2017 年 8 月第 1 版　　　　　　　　2017 年 8 月第 1 次印刷

定价：66.00 元

感谢湖北科学技术出版社督促我将这 30 多年里写的科普作品回顾整理一下。我想人的天性是懒的，就像物体有惰性。要是没什么鞭策，没什么督促，很多事情就做不成。我的第一本科普书《数学传奇》，就是在中国少年儿童出版社的文赞阳先生督促下写成的。那是 1979 年暑假，他到成都，到我家里找我。他说你还没有出过书，就写一本数学科普书吧。这么说了几次，盛情难却，我就试着写了，自己一读又不满意，就撕掉重新写。那时没有电脑或打字机，是老老实实用笔在稿纸上写的。几个月下来，最后写了 6 万字。他给我删掉了 3 万，书就出来了。为什么要删？文先生说，他看不懂的就删，连自己都看不懂，怎么忍心印出来给小朋友看呢？书出来之后，他高兴地告诉我，很受欢迎，并动员我再写一本。

后来，其他的书都是被逼出来的。湖南教育出版社出版的《数学与哲学》，是我大学里高等代数老师丁石孙先生主编的套书中的一本。开策划会时我没出席，他们就留了"数学与哲学"这个题目给我。我不懂哲学，只好找几本书老老实实地学了两个月，加上自己的看法，凑出来交卷。书中对一些古老的话题如"飞矢不动""白马非马""先有鸡还是先有蛋""偶然与必然"，冒昧地提出自己的看法，引起了读者的兴趣。此书后来被 3 家出版社出版。又被选用改编为数学教育方向的《数学哲学》教材。其中许多材料还被收录于一些中学的校本教材之中。

《数学家的眼光》是被陈效师先生逼出来的。他说，您给文先生写了书，他退休了，我接替他的工作，您也得给我写。我经不住他一再劝说，就答应下来。

一答应，就像是欠下一笔债似的，只好想到什么就写点什么。5年积累下来，写成了6万字的一本小册子。

这是外因，另外也有内因。自己小时候接触了科普书，感到帮助很大，印象很深。比如苏联伊林的《十万个为什么》《几点钟》《不夜天》《汽车怎样会跑路》；我国顾均正的《科学趣味》和他翻译的《乌拉·波拉故事集》，刘薰宇的《马先生谈算学》和《数学的园地》，王峻岑的《数学列车》。这些书不仅读起来有趣，读后还能够带来悠长的回味和反复的思索。还有法布尔的《蜘蛛的故事》和《化学奇谈》，很有思想，有启发，本来看上去很普通的事情，竟有那么多意想不到的奥妙在里面。看了这些书，就促使自己去学习更多的科学知识，也激发了创作的欲望。那时我就想，如果有人给我出版，我也要写这样好看的书。

法布尔写的书，以十大卷的《昆虫记》为代表，不但是科普书，也可以看成是科学专著。这样的书，小朋友看起来趣味盎然，专家看了也收获颇丰。他的科学研究和科普创作是融为一体的，令人佩服。

写数学科普，想学法布尔太难了。也许根本不可能做到像《昆虫记》那样将科研和科普融为一体。但在写的过程中，总还是禁不住想把自己想出来的东西放到书里，把科研和科普结合起来。

从一开始，写《数学传奇》时，我就努力尝试让读者分享自己体验过的思考的乐趣。书里提到的"五猴分桃"问题，在世界上流传已久。20世纪80年代，诺贝尔奖获得者李政道访问中国科学技术大学，和少年班的学生们座谈时提到这个问题，少年大学生们一时都没有做出来。李政道介绍了著名数学家怀德海的一个巧妙解答，用到了高阶差分方程特解的概念。基于函数相似变换的思想，我设计了"先借后还"的情景，给出一个小学生能够懂的简单解法。这个小小的成功给了我很大的启发：写科普不仅仅是搬运和解读知识，也要深深地思考。

在《数学家的眼光》一书中，提到了祖冲之的密率355/113有什么好处的问题。数学大师华罗庚在《数论导引》一书中用丢番图理论证明了，所有分母不超过366的分数中，355/113最接近圆周率π。另一位数学家夏道行，在他的《e和

π》一书中用连分数理论推出，分母不超过 8000 的分数中，355/113 最接近圆周率 π。在学习了这些方法的基础上我做了进一步探索，只用初中数学中的不等式知识，不多几行的推导就能证明，分母不超过 16586 的分数中，355/113 是最接近 π 的冠军。而 52163/16604 比 355/113 在小数后第七位上略精确一点，但分母却大了上百倍！

我的老师北京大学的程庆民教授在一篇书评中，特别称赞了五猴分桃的新解法。著名数学家王元院士，则在书评中对我在密率问题的处理表示欣赏。学术前辈的鼓励，是对自己的鞭策，也是自己能够长期坚持科普创作的动力之一。

在科普创作时做过的数学题中，我认为最有趣的是生锈圆规作图问题。这个问题是美国著名几何学家佩多教授在国外刊物上提出来的，我们给圆满地解决了。先在国内作为科普文章发表，后来写成英文刊登在国外的学术期刊《几何学报》上。这是数学科普与科研相融合的不多的例子之一。佩多教授就此事发表过一篇短文，盛赞中国几何学者的工作，说这是他最愉快的数学经验之一。

1974 年我在新疆当过中学数学教师。一些教学心得成为后来科普写作的素材。文集中多处涉及面积方法解题，如《从数学教育到教育数学》《新概念几何》《几何的新方法和新体系》等，源于教学经验的启发。面积方法古今中外早已有了。我所做的，主要是提出两个基本工具（共边定理和共角定理），并发现了面积方法是具有普遍意义的几何解题方法。1992 年应周咸青邀请访美合作时，从共边定理的一则应用中提炼出消点算法，发展出几何定理机器证明的新思路。接着和周咸青、高小山合作，系统地建立了几何定理可读证明自动生成的理论和算法。杨路进一步把这个方法推广到非欧几何，并发现了一批非欧几何新定理。国际著名计算机科学家保伊尔（Robert S. Boyer）将此誉为计算机处理几何问题发展道路上的里程碑。这一工作获 1995 年中国科学院自然科学一等奖和 1997 年国家自然科学二等奖。从教学到科普又到科学研究，20 年的发展变化实在出乎自己的意料！

在《数学家的眼光》中，用一个例子说明，用有误差的计算可能获得准确的结果。基于这一想法，最近几年开辟了"零误差计算"的新的研究方向，初步有了不错的结果。例如，用这个思想建立的因式分解新算法，对于两个变元的情形，比现有方法效率有上千倍的提高。这个方向的研究还在发展之中。

1979—1985 年，我在中国科学技术大学先后为少年班和数学系讲微积分。在教学中对极限概念和实数理论做了较深入的思考，提出了一种比较容易理解的极限定义方法——"非 ε 语言极限定义"，还发现了类似于数学归纳法的"连续归纳法"。这些想法，连同面积方法的部分例子，构成了 1989 年出版的《从数学教育到教育数学》的主要内容。这本书是在四川教育出版社余秉本女士督促下写出来的。书中第一次提出了"教育数学"的概念，认为教育数学的任务是"为了数学教育的需要，对数学的成果进行再创造。"这一理念渐渐被更多的学者和老师们认同，导致 2004 年教育数学学会（全名是"中国高等教育学会教育数学专业委员会"）的诞生。此后每年举行一次教育数学年会，交流为教育而改进数学的心得。这本书先后由三家出版社出版，从此面积方法在国内被编入多种奥数培训读物。师范院校的教材《初等几何研究》（左铨如、季素月编著，上海科技教育出版社 1991 年出版）中详细介绍了系统面积方法的基本原理。已故的著名数学家和数学教育家，西南师大陈重穆教授在主持编写的《高效初中数学实验教材》中，把面积方法的两个基本工具"共边定理"和"共角定理"作为重要定理，教学实验效果很好。1993 年，四川都江教育学院刘宗贵老师根据此书中的想法编写的教材《非 ε 语言一元微积分学》在贵州教育出版社出版。在教学实践中效果明显，后来还发表了论文。此后，重庆师范学院陈文立先生和广州师范学院萧治经先生所编写的微积分教材，也都采用了此书中提出的"非 ε 语言极限定义"。

10 多年之后，受林群先生研究工作的启发带动，我重启了关于微积分教学改革的思考。文集中有关不用极限的微积分的内容，是 2005 年以来的心得。这方面的见解，得到著名数学教育家张奠宙先生的首肯，使我坚定了投入教学实践的信心。我曾经在高中尝试过用 5 个课时讲不用极限的微积分初步。又在南方科技大学试讲，用 16 个课时不用极限讲一元微积分，严谨论证了所有的基本定理。初步实验的，效果尚可，系统的教学实践尚待开展。

也是在 2005 年后，自己对教育数学的具体努力方向有了新的认识。长期以来，几何教学是国际上数学教育关注的焦点之一，我也因此致力于研究更为简便有力的几何解题方法。后来看到大家都在删减传统的初等几何内容，促使我作战略调整的思考，把关注的重点从几何转向三角。2006 年发表了有关重建三角的两篇文章，得到张奠宙先生热情的鼓励支持。这方面的想法，就是《一线串通的初等数学》一书的主要内容。书里面提出，初中一年级就可以学习正弦，然后以三角带动几何，串联代数，用知识的纵横联系驱动学生的思考，促进其学习兴趣与数学素质的提高。初一学三角的方案可行吗？宁波教育学院崔雪芳教授先吃螃蟹，做了一节课的反复试验。她得出的结论是可行！但是，学习内容和国家教材不一致，统考能过关吗？做这样的教学实验有一定风险，需要极大的勇气，也要有行政方面的保护支持。2012 年，在广州市科协开展的"千师万苗工程"支持下，经广州海珠区教育局立项，海珠实验中学组织了两个班的初中全程的实验。两个实验班有 105 名学生，入学分班平均成绩为 62 分和 64 分，测试中有三分之二的学生不会作三角形的钝角边上的高，可见数学基础属于一般水平。实验班由一位青年教师张东方负责备课讲课。她把《一线串通的初等数学》的内容分成 5 章 92 课时，整合到人教版初中数学教材之中。整合的结果节省了 60 个课时，5 个学期内不仅讲完了按课程标准 6 个学期应学的内容，还用书中的新方法从一年级下学期讲正弦和正弦定理，以后陆续讲了正弦和角公式，余弦定理这些按常规属于高中课程的内容。教师教得顺利轻松，学生学得积极愉快。其间经历了区里的 3 次期末统考，张东方老师汇报的情况如下：

从成绩看效果

期间经过三次全区期末统考。实验班学生做题如果用了教材以外的知识，必须对所用的公式给出推导过程。在全区 80 个班级中，实验班的成绩突出，比区平均分高很多。满分为 150 分，实验一班有 4 位同学获满分，其中最差的个人成绩 120 多分。

	实验 1 班平均分	实验 2 班平均分	区平均分	全区所有班级排名
七年级下期末	140	138	91	第一名和第八名
八年级上期末	136	133	87.76	第一名和第五名
八年级下期末	145	141	96.83	第一名和第三名

这样的实验效果是出乎我意料的。目前，广州市教育研究院正在总结研究经验，并组织更多的学校准备进行更大规模的教学实验。

科普作品，以"普"为贵。科普作品中的内容若能进入基础教育阶段的教材，被社会认可为青少年普遍要学的知识，就普得不能再普了。当然，一旦成为教材，科普书也就失去了自己作为科普的意义，只是作为历史记录而存在。这是作者的希望，也是多年努力的目标。

文集编辑工作即将完成之际，湖北科学技术出版社刘虹老师建议我写个总序。我从记忆中检索出一些与文集中某些内容有关的往事杂感，勉强塞责。书中不当之处，欢迎读者指正。

湖北科学技术出版社何龙社长和谢俊波主任热心鼓励我出版文集；还有华中师范大学国家数字化学习工程中心彭翕成老师（《绕来绕去的向量法》作者之一，该书中绝大多数例题和题解由他提供）为文集的出版付出了辛勤劳动，在此谨表示衷心的感谢。

2017 年 4 月

向量进入高中数学教材已经好几年了。在上海，初中已开始学习向量。关于向量法，近年数学教学期刊上的文章很多，讨论甚为热烈。

为体现向量方法的先进性和优越性，最有说服力的当然是举出用解几何题的例子。各种教材里都有这样的例题和习题，期刊上发表的文章中有关向量解几何题的讨论更多。但仔细品味所见诸例的解法，却不免困惑：为何用向量解题往往比学生知道的其他方法更繁琐更笨拙？是否因为向量法过于高级，本不适合解初等几何问题？

正是这些例题及其解法，促使笔者对向量解题方法进行较深入的思考，并大胆将一得之见写成此书，以期抛砖引玉，为繁荣数学教学改革之讨论竭尽绵薄。

先看一个简单的例题。

例 1：如图 1，D、E 是 $\triangle ABC$ 的边 AB、AC 的中点，求证：$\overrightarrow{BC}$ 与 $\overrightarrow{DE}$ 共线，并将 $\overrightarrow{DE}$ 用 $\overrightarrow{BC}$ 线性表示。

某教材提供的证明：因为 D、E 是 $\triangle ABC$ 的边 AB、AC 的中点，所以 $DE // BC$，即 $\overrightarrow{BC}$ 与 $\overrightarrow{DE}$ 共线。又 $DE = \dfrac{1}{2}BC$，且 $\overrightarrow{DE}$ 与 $\overrightarrow{BC}$ 同向，所以 $\overrightarrow{DE} = \dfrac{1}{2}\overrightarrow{BC}$。

这种解法要求学生具备"三角形中位线定理"这一预备知识；更让人不解的是，向量在这里根本没起到任何作用，仅仅用来解释平面几何中已学过的知识，纯粹是"为向量而向量"。既然学生已经学习了向量的加法，就直接写出

$$\overrightarrow{DE} = \overrightarrow{DA} + \overrightarrow{AE} = \frac{1}{2}\overrightarrow{BA} + \frac{1}{2}\overrightarrow{AC} = \frac{1}{2}(\overrightarrow{BA} + \overrightarrow{AC}) = \frac{1}{2}\overrightarrow{BC}$$

岂不痛快?

考查 (1) 式,虽然仅仅一行,却包含了 4 个等式,有丰富的内容。其中第一个等式 $\overrightarrow{DE} = \overrightarrow{DA} + \overrightarrow{AE}$ 用了向量相加的首尾衔接法,写出这样的等式不必看图,只看字母即可;第二个等式 $\overrightarrow{DA} + \overrightarrow{AE} = \frac{1}{2}\overrightarrow{BA} + \frac{1}{2}\overrightarrow{AC}$ 用了题设的中点条件和数乘向量的几何意义;第三个等式 $\frac{1}{2}\overrightarrow{BA} + \frac{1}{2}\overrightarrow{AC} = \frac{1}{2}(\overrightarrow{BA} + \overrightarrow{AC})$ 用了数乘向量对向量加法的分配律;最后的等式 $\frac{1}{2}(\overrightarrow{BA} + \overrightarrow{AC}) = \frac{1}{2}\overrightarrow{BC}$ 又一次用到向量相加的首尾衔接法。几个等式串联,不仅回答了问题,而且简洁严谨地给出了三角形中位线定理的向量证法。

引导学生使用这样的向量解题方法,既复习了向量基本知识,又体现了向量作为数学语言的简洁性和丰富的表现能力。

一行算式,两次用到向量相加的首尾衔接法。几个向量首尾衔接构成一个圈,即它们的和等于零向量。在解题过程中利用这个等式或与它等价的等式,就叫做回路法。适当选择回路,是向量解题的基本手法。这也是本书书名的由来。

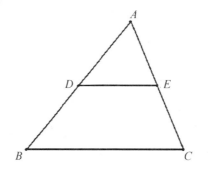

图 1

例 2:如图 1,$\triangle ABC$ 中,过 AB 边上中点 D 作 BC 的平行线交 AC 于点 E,求证:点 E 是 AC 中点。

某杂志上一篇文章提供的证明:设 $\overrightarrow{AB} = a$,$\overrightarrow{AC} = b$,则 $\overrightarrow{BC} = b - a$,由于 $\overrightarrow{AE}$ 与 $\overrightarrow{AC}$ 共线,所以存在实数 λ,使 $\overrightarrow{AE} = \lambda b$……(1);又 $DE // BC$,所以存在

实数 μ，使得 $\overrightarrow{DE}=\mu(b-a)$；在 $\triangle ADE$ 中，有 $\overrightarrow{AE}=\overrightarrow{AD}+\overrightarrow{DE}=\frac{1}{2}a+\mu(b-a)=(\frac{1}{2}-\mu)a+\mu b\cdots\cdots(2)$；比较（1）（2），有 $\frac{1}{2}-\mu=0$，$\lambda=\mu$，所以 $\lambda=\frac{1}{2}$。

此题用综合几何的证法并不难。由 $DE//BC$ 得 $\frac{AE}{EC}=\frac{AD}{DB}=1$，所以点 E 是 AC 中点。如果我们先学了综合几何，再看这样的解答，只会得出向量法不如综合几何证法的结论。

例 1 和例 2 可看作是姐妹题，解法相通而不尽相同。如图有：$\overrightarrow{AC}+\overrightarrow{CB}=\overrightarrow{AB}=2\overrightarrow{AD}=2(\overrightarrow{AE}+\overrightarrow{ED})=2\overrightarrow{AE}+2\overrightarrow{ED}$，

根据平面向量基本定理得 $\overrightarrow{AC}=2\overrightarrow{AE}$，顺便得到 $\overrightarrow{CB}=2\overrightarrow{ED}$。即点 E 是 AC 中点，且 ED 为 BC 之半。

在上述推导中两次使用回路。但最终解决问题，却用到了平面向量基本定理：如果，是平面上两个不共线的向量，则对于平面上任一向量 a，存在唯一的一对实数，，使得。

这条基本定理的重要前提是、不共线，而结论有两点：一是有一对实数，，使得；二是这对实数是唯一的。

这唯一性是说：若 $\vec{a}=\lambda_1\vec{e_1}+\lambda_2\vec{e_2}=k_1\vec{e_1}+k_2\vec{e_2}$，必有 $\lambda_1=k_1$，$\lambda_2=k_2$。在解题中常常用到的这个唯一性，看似新事物，但仔细一琢磨不过是向量共线概念的直接推论。事实上，因为 $(\lambda_1-k_1)\vec{e_1}=(k_2-\lambda_2)\vec{e_2}$，而、不共线，两端必然都是零向量，从而两端的系数都是 0，必有 $\lambda_1=k_1$，$\lambda_2=k_2$。如果简明一点可以这样说，若向量 $\vec{a}$ 和 $\vec{b}$ 共线且 $\vec{c}$ 和 $\vec{d}$ 共线，但 $\vec{a}$ 和 $\vec{c}$ 不共线，则从 $\vec{a}+\vec{c}=\vec{b}+\vec{d}$ 可推出 $\vec{a}=\vec{b}$ 和 $\vec{c}=\vec{d}$。这种由一个等式获取两个等式的法则，在解题中带来的好处是不言而喻的（如果是空间向量，则可以从一个等式获取 3 个等式）。其实质相当于从两点重合推出其坐标分别相等，或从两个复数相等推出其实部虚部分别相等。因此，用向量解题具有坐标解题的优点，却无坐标写法的繁琐。

例2原解之所以复杂，很大原因就是随意"设$\overrightarrow{AB}=a$"，认为这样作能够简化运算。表面看来简化了，但它同时也掩盖了图形的性质，使之与其他向量失去了联系。以最简单的例子来说，在△ABC中，设$\overrightarrow{AB}=a$，$\overrightarrow{BC}=b$，$\overrightarrow{CA}=c$，那么通过a、b、c就很难看出$\overrightarrow{AB}+\overrightarrow{BC}+\overrightarrow{CA}=0$这个首尾衔接的几何关系。更何况，最终还要将$a$、$b$、$c$还原成$\overrightarrow{AB}$、$\overrightarrow{BC}$、$\overrightarrow{CA}$，又得花一次功夫。再者"设$\overrightarrow{AB}=a$"后，记号成倍增加，更让一些基础较差的学生感到难以掌握。

例3：如图2，求证梯形 ABCD 的两对角线的中点的连线平行底边且等于两底差的一半。

某杂志上面一篇文章提供的下述解答足以说明"设$\overrightarrow{AB}=a$"带来的复杂性。

证明：设$DC=kAB$，$\overrightarrow{AB}=a$，$\overrightarrow{AD}=b$；于是$\overrightarrow{MN}=\overrightarrow{AN}-\overrightarrow{AM}=\frac{1}{2}(a+b)-\frac{1}{2}\overrightarrow{AC}=\frac{1}{2}(a+b)-\frac{1}{2}(ka+b)=\frac{1}{2}(1-k)a$，所以$\overrightarrow{MN}//a$，即$AB//CD//MN$，且$|\overrightarrow{MN}|=\left|\frac{1}{2}(1-k)a\right|=\left|\frac{1}{2}a\right|-\left|\frac{1}{2}ka\right|=\frac{AB-CD}{2}$。

若不另设字母，直接用回路法可得
$$\overrightarrow{AB}+\overrightarrow{CD}=(\overrightarrow{AM}+\overrightarrow{MN}+\overrightarrow{NB})+(\overrightarrow{CM}+\overrightarrow{MN}+\overrightarrow{ND})=2\overrightarrow{MN}.$$

由$AB//CD$得$AB//CD//MN$，所以$MN=\frac{AB-DC}{2}$。

对比可知，不"设$\overrightarrow{AB}=a$"，不但过程要简洁一些，而且思路更加清晰。

图2

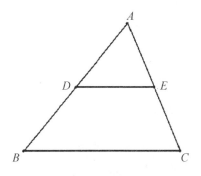

图3

求证三角形三条中线交于一点是比较基础的题目。向量法解题的资料中，此题出现频率很高，某教材提供的下述证明颇具代表性。

例 4：如图 3，已知 N、D、M 分别是 AB、BC、CA 的中点，求证 AD、BM、CN 交于一点。

证明：在 BM 上取点 G_1，使得 $\overrightarrow{BG_1} = \dfrac{2}{3}\overrightarrow{BM}$；再在平面上任取点 O，则 $\overrightarrow{OG_1} = \dfrac{1}{3}\overrightarrow{OB} + \dfrac{2}{3}\overrightarrow{OM} = \dfrac{1}{3}\overrightarrow{OB} + \dfrac{2}{3}(\dfrac{1}{2}\overrightarrow{OA} + \dfrac{1}{2}\overrightarrow{OC}) = \dfrac{1}{3}(\overrightarrow{OA} + \overrightarrow{OB} + \overrightarrow{OC})$；再在 CN 上取点 G_2，使得 $\overrightarrow{OG_2} = \dfrac{2}{3}\overrightarrow{CN}$；在 AD 上取点 G_3，$\overrightarrow{AG_3} = \dfrac{2}{3}\overrightarrow{AD}$；可得 $\overrightarrow{OG_2} = \dfrac{1}{3}(\overrightarrow{OA} + \overrightarrow{OB} + \overrightarrow{OC})$，$\overrightarrow{OG_3} = \dfrac{1}{3}(\overrightarrow{OA} + \overrightarrow{OB} + \overrightarrow{OC})$，所以 $\overrightarrow{OG_1} = \overrightarrow{OG_2} = \overrightarrow{OG_3}$，即 G_1，G_2，G_3 重合，所以三中线交于一点。

这一证明用到了重心分中线 2：1 的性质，否则证明还要长一些。其思想和坐标法本质上一样，在表达形式上比坐标法稍微简便，表现在一个点用一个字母表示，比用横、纵坐标表示更方便。

上述的证明让一些中学老师产生疑惑：既然向量法和坐标法没有本质区别，为什么既要学坐标法还要学向量法，这不是增加学生负担么？

可能看了以下证法之后，就会发现向量回路解题的独特之处了。

另证 1：如图 3，设中线 BM，CN 交于点 P，联结 AP，则 $\overrightarrow{BP} + \overrightarrow{PC} = \overrightarrow{BA} + \overrightarrow{AC} = 2(\overrightarrow{NA} + \overrightarrow{AM}) = 2(\overrightarrow{NP} + \overrightarrow{PM})$，根据平面向量基本定理得 $\overrightarrow{BP} = 2\overrightarrow{PM}$，$\overrightarrow{AP} = \overrightarrow{AC} + \overrightarrow{CB} + \overrightarrow{BP} = 2(\overrightarrow{PM} + \overrightarrow{MC} + \overrightarrow{CD}) = 2\overrightarrow{PD}$；即 A，P，D 三点共线，且点 P 分三中线的线段比都为 2：1。

另证 2，用递等式表述：

$\overrightarrow{AP} = \overrightarrow{AM} + \overrightarrow{MP} = \overrightarrow{MC} + \overrightarrow{MP} = 2\overrightarrow{MP} + \overrightarrow{PC} = 2\overrightarrow{NP} + \overrightarrow{PB}$ （最后一步与前同理）

$= \overrightarrow{PC} + \overrightarrow{PB} = \overrightarrow{PD} + \overrightarrow{DC} + \overrightarrow{PD} + \overrightarrow{DB} = 2\overrightarrow{PD}$．（用基本定理有 $2\overrightarrow{NP} = \overrightarrow{PC}$）

关于三角形三中线共点的向量证法，不仅教材编者重视，也受刊物青睐．一个在数学教师中有一定威望的期刊，曾在一年内发两文讨论这个问题，提供的解法均较繁琐。比起前面 3 个例子，此题难点在于结论涉及两线段交点，而交点分线段之比未知。在解析几何中求交点相当于解联立方程，解题人思路往往被导向解方程，以致走向弯路。向量法处理涉及交点的问题，其诀窍在于从一个涉及解题目标的回路等式出发，利用题设条件和回路等式代换尽量把等式中的向量都化到相交的线段上，从而应用基本定理获取关键信息。心中只要有了这个主见，绝大多数问题无不迎刃而解。

笔者在此无意否定坐标法，也不是说向量法就一定比坐标法更先进。而是要说明：既然教材引入了向量法，所谓用人用其长处，那我们就要把向量的特点充分发挥出来，而不是穿新鞋走老路。

接下来的例 5 在综合几何中，本是一道极常见的题目，根本不值得一提。随便找一个学过三角形相似的初中生就能轻松做出来。但就是这样一道题，却在高中的向量教学中，掀起了波澜。多个版本的高中数学教材都选用了此题，或作例题或为习题。

例 5：如图 4，在平行四边形 $ABCD$ 中 E，F 分别为 AD，CD 中点，联结 BE，BF 交 AC 于点 R，T，求证 R，T 分别为 AC 三等分点。

图 4

证明：第一步，建立平面几何与向量的关系，用向量表示问题中的几何元素，将平面几何问题转化成向量问题：设 $\overrightarrow{AB}=a$，$\overrightarrow{AD}=b$，$\overrightarrow{AR}=r$，$\overrightarrow{AT}=t$，则 $\overrightarrow{AC}=a+b$。

第二步，通过向量运算，研究几何元素之间的关系：由于 $\overrightarrow{AR}$ 与 $\overrightarrow{AC}$ 共线，所以，我们设 $r=n(a+b)$，$n\in\mathbf{R}$，又因为 $\overrightarrow{EB}=\overrightarrow{AB}-\overrightarrow{AE}=a-\dfrac{1}{2}b$，$\overrightarrow{ER}$ 与

$\overrightarrow{EB}$ 共线，所以我们设 $\overrightarrow{ER} = m\overrightarrow{EB} = m(a - \frac{1}{2}b)$。因为 $\overrightarrow{AR} = \overrightarrow{AE} + \overrightarrow{ER}$，所以 $r = \frac{1}{2}b + m(a - \frac{1}{2}b)$。因此 $n(a+b) = \frac{1}{2}b + m(a - \frac{1}{2}b)$，即 $(n-m)a + (n + \frac{m-1}{2})b = 0$。由于向量 a，b 不共线，要使上式为 0，必须 $\begin{cases} n - m = 0 \\ n + \dfrac{m-1}{2} = 0 \end{cases}$。解得 $n = m = \frac{1}{3}$。所以 $\overrightarrow{AR} = \frac{1}{3}\overrightarrow{AC}$，$\overrightarrow{AT} = \frac{2}{3}\overrightarrow{AC}$。

第三步，把运算结果"翻译"成几何关系：$AR = RT = TC$。

以上证明抄自某教材，未作改动。

初中生很容易解答的题目（易证 $\triangle ATB \sim \triangle CTF$，从而 $\dfrac{AT}{CT} = \dfrac{AB}{CF} = 2$），到了高中反而越来越复杂了。教科书直接影响了教师的思维，一位老师专门对此题作了探究，发表的文章中总结了 5 种解法，都较繁琐。这样的向量法证明给不少老师带来了疑惑，他们在教学中不知道如何向学生解释课标中所谓的"向量法的先进性"！

能否利用向量法非常简单地证明此题呢？证法是有的。另证：由题意得 $\overrightarrow{AT} + \overrightarrow{TB} = \overrightarrow{AB} = \overrightarrow{DC} = 2\overrightarrow{FC} = 2\overrightarrow{FT} + 2\overrightarrow{TC}$。根据平面向量基本定理得 $\overrightarrow{AT} = 2\overrightarrow{TC}$，故点 T 为 AC 三等分点。同理点 R 为 AC 三等分点。

此证法的思路体现了前述处理交点问题的诀窍：从涉及解题目标 $\overrightarrow{AT}$ 的回路等式 $\overrightarrow{AT} + \overrightarrow{TB} = \overrightarrow{AB}$ 出发，把其中不在相交线段上的向量 $\overrightarrow{AB}$ 化到相交线段上，问题就解决了。

从这可看出，不是向量法本身有问题，而是没有正确使用向量法来解题。向量具有几何形式和代数形式的"双重身份"，这也是将向量引入中学教材的一个重要原因。若不能超脱坐标情结和方程情结，过于注重其代数形式，忽视了几何形式，以致运用向量法解题时，与代数中的解应用题方法（设未知数，列方程）基本相同，将几何问题转化为方程组求解，其中包括大量运算，自然较为繁琐。

一些资料将向量解题总结为"三部曲"：1. 向量表示（把几何问题中的点、直线、平面等元素用向量表示）；2. 向量运算（针对几何问题，进行向量运算）；3. 回归几何（对向量运算结果作出几何意义上的解释）。

这一总结是一个大的指导方针，从理论上来说，是没有问题的。上面诸例中简洁的向量解法，仔细分析起来无非也是这"三部曲"。在实际操作的时候，无需死守套路，完全可以根据几何意义列出等式，计算与图形融为一体；关键之处就在于领会向量几何，其运算不仅仅是数的运算，还包括图形的运算，这是向量法解题的特点。而把向量化到相交线段上，实质也是在寻求一对有效的坐标标架。

正如陈昌平、张奠宙等诸位先生所说：向量和几何的融合，已是不可阻挡的潮流。向量解题引入教材，是必然，也是好事：一方面能够使很多的知识贯穿起来，成为系列；另一方面也有利于学生进一步学习高等数学。

但从目前的情况来看，如何编写向量法的教材，如何进行向量法的教学和解题，还很值得研究。单墫教授认为，同一个数学问题的不同解法，可以有美丑之分。简洁明快是一种数学美。在数学解题教学中，当然应当引导学生寻求更美的解题方法。从上面的例子看，向量解题方法朝着更美的目标的提升，还有很大空间。何时这空间变得狭窄了，教材上期刊上这些繁琐的解题方法稀少了，老师们学生们对向量解题的优越性心服口服了，本书也就无用了。

多数作者希望写出不朽的作品，笔者却愿本书速朽。

本书题目很多，收集、整理、排列，虽费了不少功夫，仍不敢说没有错漏之处，欢迎来信批评指正。通常在 3 个工作日内，您可以得到回复。

目 录

第一章

漫谈向量

1.1　向量和标量

在日常生活中,我们会接触到各种各样的量,这些量可分为两类.一类量在取定基本单位后,只用一个实数就可以表示出来,例如长度、面积、温度、质量等,这样的量称为标量或是数量.还有一类量,除了有大小外,还有方向,通常把这种既有大小又有方向的量叫做向量或矢量,例如速度、加速度、力、速度、位移以及电场强度、磁感应强度等都是向量.

凡事从最简单的情形开始想,就容易理解.数轴上的有向线段,也是有大小有方向的,也是向量.尽管只有两个方向,总不能说没有方向吧?有向线段的终点坐标减去起点坐标,得到一个实数,实数的绝对值就是它的大小,实数的符号表示它的方向.这样看,实数也是向量,叫一维向量.标量和向量的划分是物理和工程中的概念.数学中严谨地说,标量也是向量,只是维数不够高而已.

从有向线段出发考虑,便会看到:向量的相等、向量的加法、向量的数乘、向量的模等等,都保持了有向线段原来的性质.

向量又可分为两种.

当某个向量被确定之后,它的大小和方向随之确定.反之,当向量的大小与方向都给定之后,是否完全确定它的位置呢?不是的,因为向量的起点尚未确定,只有再确定了起点(或终点)的位置,它才能真正确定下来.譬如物理学中的力,除了大小、方向之外,还要考虑作用点.通常把这种对大小、方向和起点都确定的向量称之为固定向量.

还有一类向量(如位移、速度等),只关心大小和方向,根本不考虑起点位置.通常把这种大小、方向确定,起点不确定的向量称之为自由向量.也就是说,凡是大小相等、方向相同的向量,我们都可以将之看作是相等的向量.

中学教学中谈起向量,关心的是向量起点、终点的相对位置,并不太关心向量起点的绝对位置.原因何在?因为向量平移满足自反性、对称性、传递性,即满足等价类的要求.在等价类中,所有向量是可以看作彼此不加区分的,即类中任一向量都有资格派出作为代表.如果硬是要用起始点将等价类中的各个向量加以区分,那么向量之间的相互转化就成了麻烦,向量的运算将成为空谈.

举个简单的例子吧.军训时,教官让学员向前五步走;虽然每个学员的初始位置不相同,但他们的位移是一样的.如果限定起点的话,那么教官要对每一个学员分别下命令,多麻烦啊!

本书所讨论的向量均指自由向量.数学里提到向量,如果没有特别说明,均指自由向量.

1.2 向 量 小 史

向量最早出现在物理学中,其起源与发展主要有三条线索:物理学中的速度和力的平行四边形法则、复数的几何表示和位置几何.

早在公元前 350 年前,古希腊学者亚里士多德(Aristotle)在进行力学研究时发现:作用在物体同一点上的两个力,其实际效果不是两个力大小的简单相加,而是遵循平行四边形法则.

如图 1-1,假设有两个力 F_1 和 F_2 同时作用在物体的 A 点,F_1 和 F_2 的方向分别为从 A 至 B 和从 A 至 D,F_1 和 F_2 的大小分别等于 AB 和 AD 的长度,若以 AB 和 AD 为邻边作平行四边形 $ABCD$,则对角线 $\overrightarrow{AC}$ 表示力 F_1 和 F_2 的合力的大小与方向. 这就是平行四边形法则,也就是向量的加法 $\overrightarrow{AB}+\overrightarrow{AD}=\overrightarrow{AC}$. 根据平行四边形对边平行且相等的性质,可得 $\overrightarrow{AB}+\overrightarrow{BC}=\overrightarrow{AC}$,此称为向量的三角形法则.

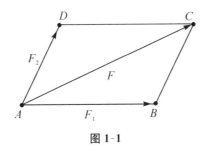

图 1-1

对于三角形法则,我们可以这样理解:甲、乙二人刚开始都在 A 位置,乙直接来到 C 位置,而甲却先到 B 位置办事,然后赶往 C 位置与乙会合. 二人行走路线虽不同,但从效果上来看,都是从 A 到了 C. 中国古代数学名著《九章算术》(《九章算术》成书于何时众说纷纭,多数认为在公元 1 世纪前后)中就有这么一题:"今有二人同所立. 甲行率七,乙行率三. 乙东行. 甲南行十步而邪东北与乙会. 问甲乙行各几何?"原解答是用勾股定理,而我们也可以利用"效果相等"来列方程解答,这暗示向量法和三角形问题有着天然联系.

进一步地,可以将三角形法则拓展到多边形法则:$\overrightarrow{AB_1}+\overrightarrow{B_1B_2}+\cdots+\overrightarrow{B_nC}=\overrightarrow{AC}$. 关注初始状态和最终状态,中间的过程不影响等式的成立,这就给了我们发挥的空间. 而这也正是本书中将要反复使用的向量回路.

向量与平行四边形有着如此天然的联系. 联系平行四边形对理解向量的性质有很大的帮助. 譬如在图 1-1 中,$\overrightarrow{AC}=\overrightarrow{AB}+\overrightarrow{BC}=\overrightarrow{AD}+\overrightarrow{DC}$,是不是暗示向量加法

满足交换律呢? 进一步思考,是不是其中还暗藏着平面向量的基本定理呢? 另一方向,也提示我们用向量法解平行四边形问题有着独特的优势.

向量的平行四边形法则是如此重要,以至于有人提议向量应该如下定义:既有大小又有方向,且满足平行四边形法则的量叫做向量. 理由是:数学中给出一个定义之后,一定能够推导出被定义对象的种种性质. 例如,由平行四边形的定义——有两组对边分别平行的四边形,则可推出两组对边分别相等,对角线互相平分等性质. 如果仅仅以"有大小和方向的量就是向量"作为向量的定义的话,如何能够推导出平行四边形法则?

向量的起源虽早,但发展却很缓慢. 从数学发展史来看,发现向量的平行四边形法则之后的 2000 多年中,向量理论几乎没什么发展,直到复数的几何解释的出现才改变了这一状况. 在这 2000 多年中,不少数学家都曾经使用过向量的平行四边形法则解决问题,譬如海伦(Heron)、伽利略(Galileo)、牛顿(Newton)等.

向量能够进入数学并得到发展,首先应从复数的几何表示谈起. 1797 年,挪威数学家维塞尔(Wessel)提出了复数的几何解释. 如图 1-2 建立坐标平面,对于每一个复数 $z=a+bi$ 都可以在平面上找到点 $Z(a,b)$,而以 O 为起点 Z 为终点的有向线段 $\overrightarrow{OZ}$ 称之为 $z=a+bi$ 的对应向量. 复数的几何表示就是:任一复数都可以与复平面上的一个点或一个向量(以坐标原点为起点)一一对应. 数学王子高斯(Gauss)在这方面做出过贡献,以至于人们常常把这样的平面称为高斯复平面.

图 1-2

复数的几何表示的提出,既使得"虚幻"的复数有了实际的模型,不再虚幻;又使得人们在逐步接受复数的同时,学会利用复数来表示和研究平面中的向量,向量从此得到发展.复数使向量代数化,但复数所能描述的向量只能是 2 维的,而人类所生存的空间是 3 维的.于是人们开始寻找"3 维复数",但始终没有找到.直到 1843 年,英国数学家哈密顿(Hamilton)舍弃了交换律,创造了所谓的"四元数".再到后来,数学家们将向量作为一门独立的数学分支进行研究,使向量的运算从最基本的平行四边形法则扩展到内积和外积,向量的存在空间也从平面到空间,再到现实世界中并不存在的 n 维空间.由于四元数以及其后的发展与中学所讲向量并无太大关系,本书在此略过.

位置几何是向量理论的又一个重要思想源泉,下面给出简略介绍,希冀有助于帮助读者理解向量.微积分的创始人之一莱布尼茨(Leibniz)试图创造一种新的几何学:位置几何.但他只给出了一个框架.莱布尼茨在 1679 年 9 月 8 日写给惠更斯(Huygens)的一封信中阐述了他对位置几何的看法:"我已经发现了一些完全不同的有新特点的元素,即使在没有任何图形的情况下,它也能有利于表达思想、表达事物的本质.代数仅仅能表达未定的数或量值,不能直接表达位置、角度和运动.因此,利用代数运算来分析一个图形的特点是很困难的.即使利用完整的代数运算,去寻找方便的几何证明和构造更为困难.我的这个新系统能紧跟可见的图形,以一种自然的、分析的方式,通过一个确定的程序同时给出解、构造和几何的证明.但是它的主要价值存在于可操作的推理中,存在于利用它的特点通过运算能得出的结论中.这个特点在图形里不能表达出来.它不需要大量的乘法,不需要添加令人困惑的太多的点和线.相比而言,这种新方法确实能指导我们,使我们不用费力.我相信通过这个方法,人们可以像处理几何一样处理力学,甚至检验材料的质量,因为这些对象能注意到的部分通常取决于某些图形.最终,如果我们已经发现了一些这样简便的方法去减轻创造力的负担,我们可能会在物理中得到更多的结果".

莱布尼茨虽然看到了他所设想的新代数将在数学和物理上有许多应用,但可惜的是他没有为此创造出一种实际有效的方法.之后,德国数学家格拉斯曼(Grassmann)的工作把莱布尼茨构思的系统的几何特征带到现实中来,从而表明莱布尼茨的思想并不是一个梦！其实,格拉斯曼在听说莱布尼茨的思想之前就已经创造了类似的一个系统,他与莱布尼茨的目的总体来说是相同的,他们都想通过固定的法则去建立一个方便计算或操作的符号体系,并由此演绎出用符号表达的事物的正确命题.而且,他们也都希望发现一个同时具有分析和综合特点的几何,而不像欧几里得几何与笛卡尔几何那样分别只具有综合的与分析的特点.

如今的向量几何,其运算不仅仅是数的运算,还包括图形的运算;向量解题在一定程度上摆脱了辅助线.这应该是符合莱布尼茨设想中的几何的特点的,"是一种同时具有分析和综合特点的几何,而不像欧几里得几何与笛卡尔几何那样分别只有综合的与分析的特点".

以上向量的历史,部分引自西北大学孙庆华的博士论文《向量理论历史研究》,对此有兴趣的读者可查阅原文.

1.3 向量名词的演变

向量这一术语最早为英国数学家哈密顿使用,他也是第一个用"向量(vector)"表示有向线段的数学家."vector"的词根源自拉丁词"vehere",意思是"携带"(这个拉丁词的过去分词是 vectus),其含义隐含着将某物从此处带到彼处的意思.向量在中国的传播过程中,曾有过多种译法,譬如有向数、有向量、方向量等.时至今日,一般物理学界称之为矢量,数学界称之为向量.

有文章花费大量篇幅来论述向量与矢量的区别.但在我们看来,向量和矢量是同一个事物的不同名称,二者之间的区别要小于母亲和妈妈的区别.下面这篇短文就讲述了术语的变迁.

矢量就是向量

朱照宣

Vector,物理界叫"矢量",数学界叫"向量".能不能统一? 网上甚至有人问,两者在含义上是否有所差别? 其实,在历史上,数学界曾把 vector 定名为"矢量",而物理界曾把它定名为"向量".后来,可能是为了尊重对方,却对换了一下,数学用向量,物理用矢量.在 20 世纪 90 年代初,国家名词委为此召开会议,想协调双方,由主任钱三强亲自主持.我曾戏称这是个"一字会".当时的情况是,学科有分支,术语有派生,犹如家族有后裔.祖宗互相谦让,但子孙繁多,已无法协调.钱先生在会上没有说倾向于哪方面的话.矢量、向量的分歧,一直维持到今天.力学这学科,和数学、物理同样有"亲",力学中 vector 用什么? 当年我在"一字会"后还有情绪,埋怨钱先生作为领导"不表态".过了好些年,才懂得这类事,最多只能因势利导,不能靠行政命令或专家拍板.事实上,台湾物理界至今用的还是"向量".

术语,"审定"已难,"统一"(统到一个)更不易.讲句笑语,连"术语"自身不是又称"名词"吗? 协商而得统一的也有,物理界对 stress 和 strain 的定名由原来的"胁强""胁变",改为和力学界、工程界一致的"应力""应变",阻力不大.得不到统一的则很多.比如 loading,土木建筑界用"荷载",航空界用"载荷",还有用"负载"的.中学物理教科书中强调"压力""压强"的不同,而市场上测压强的仪表大多标明"压力表".

力学原是物理学的一部分.最早正式公布的有关术语规范是清政府学部的《物理学语汇》(1908 年).整整 100 年了,矢量、向量并用,未见统一.100 年对于 vector 定名的过程、来龙去脉、哪些专家参与、各自的理由,作为专题调研,可另写出一篇不短的报告.这里我只是借此说明,术语工作不可缺,但也急不得.

1.4 n 维 向 量

有些人对 n 维是感到畏惧的,哪怕进入大学之后,仍然如此.而 n 维空间、n 维向量又是线性代数的核心基础,是必须要掌握的.

下面三则案例取自生活中极常见的例子,应该可以起到帮助大家理解的作用.

【例1.1】 一个老板有 A,B 两家连锁店,卖的是同样的 n 种商品,若 A 商店商品存货数量构成一个 n 维向量:$\boldsymbol{a}=(a_1,a_2,\cdots,a_n)$,而 B 商店商品存货数量也构成一个 n 维向量:$\boldsymbol{b}=(b_1,b_2,\cdots,b_n)$,则该老板所存货物总量为 $\boldsymbol{a}+\boldsymbol{b}=(a_1,a_2,\cdots,a_n)+(b_1,b_2,\cdots,b_n)=(a_1+b_1,a_2+b_2,\cdots,a_n+b_n)$.

【例1.2】 某公司招聘,总共提出了 n 项要求,并对各项要求进行了量化.如果将这 n 项要求按照一定顺序排好,则构成了一个 n 维向量:$\boldsymbol{a}=(a_1,a_2,\cdots,a_n)$;应聘者经过考核,所得结果也按同样顺序排列,也构成了一个 n 维向量:$\boldsymbol{b}=(b_1,b_2,\cdots,b_n)$,那么我们可以用 $\boldsymbol{d}=|\boldsymbol{a}-\boldsymbol{b}|=\sqrt{(a_1-b_1)^2+(a_2-b_2)^2+\cdots+(a_n-b_n)^2}$ 来表示该应聘者与公司要求的差距,差距越小,表示越接近于公司的要求.

【例1.3】 超市有 n 种商品,我们可以把商品按照单价进行排序,这就构成了一个 n 维向量:$\boldsymbol{a}=(a_1,a_2,\cdots,a_n)$;假设单价为 a_i 的商品,某顾客买了 b_i 件,未买物品记为 0,则该顾客购买各种商品的数量,也构成了一个 n 维向量:$\boldsymbol{b}=(b_1,b_2,\cdots,b_n)$,那么顾客应向超市付款额就是两个向量的数量积:$\boldsymbol{a}\cdot\boldsymbol{b}=(a_1,a_2,\cdots,a_n)\cdot(b_1,b_2,\cdots,b_n)=a_1b_1+a_2b_2+\cdots+a_nb_n$.现在超市收银台的电脑程序就是如此设计的.

不过,作者的这一担心可能是多余的.随着数学的不断普及,有些专业术语已经进入我们的生活了.不是么! 刚才从食堂打饭回来的小王还说:今天食堂 n 多人,排了 n 久的队!

在近代和现代的数学中,提出了"向量空间"的严谨理论.若在一个集合 V 上定义了可交换可结合且可逆的"加法",又定义了实数与 V 中元素的"乘法",并且"乘法"对"加法"满足分配律,就说 V 在这样的运算之下形成一个"向量空间",它的每个元素叫做一个向量. 仅仅含有实数 0 的集合,在通常的加法和乘法之下形成一个向量空间,叫做 0 维向量空间,这是最小的向量空间;一条直线上所有的有向线段,形成一个 1 维向量空间;中学里学习的平面向量,形成 2 维向量空间;空间向量形成 3 维向量空间. 按此定义,一个区间上的所有常数函数和一次函数,也形成 2 维向量空间;一个区间上的所有常数函数、一次函数和 2 次函数,形成 3 维向量空间. 一个区间上的所有多项式函数,则形成无穷维的向量空间.

第二章

向量基础

2.1　向量的概念

通常说,向量是既有大小又有方向的量.

这是一个直观的描述,不是数学上的定义.因为"既有大小又有方向"是自然语言,不是数学语言.从这样的描述出发,不能进行严谨的推理.在中学数学课程中讲向量,只是一条一条地交代操作方法,而不在数学上定义向量.

1.向量表示方式

向量表示方式多样:

或用有向线段的起点与终点的大写字母表示,如$\overrightarrow{AB}$;

或用$\vec{a},\vec{b},\vec{c}$来表示,如是印刷体,可用黑体 $\boldsymbol{a},\boldsymbol{b},\boldsymbol{c}$ 代替;

或用坐标表示:$\vec{a}=x\boldsymbol{i}+y\boldsymbol{j}=(x,y)$.

向量的大小,又称为向量的模(长度),记作$|\overrightarrow{AB}|$或$|\vec{a}|$或$\sqrt{x^2+y^2}$.向量不能

比较大小,但向量的模可以比较大小①.

2. 零向量

零向量是指长度为 0 的向量,记作 **0**(注意与实数 0 的区别),其方向是任意的,所以 **0** 与任意向量平行,零向量 $a=$ ⇔$|a|=0$.

因为零向量的方向的任意性,所以遇到向量平行的问题时,需要注意看清楚是否有"非零向量"这个条件.

3. 单位向量

单位向量是指模为 1 个单位长度的向量. 在向量的有向线段表示法中,常用 e 表示单位向量;在向量的坐标表示法中,常用 i,j,k 表示单位向量.

单位向量定义虽然简单,但它和菱形、角平分线等,有着天然联系,本书后面有专题介绍.

4. 平行向量

平行向量是指方向相同或相反的非零向量,记作 $a/\!/b.$ 由于自由向量不关心起点,可以将任意一组平行向量平移到同一直线上,所以也称为共线向量.

也就是说,向量几何中的平行向量和共线向量是同一本质的不同名字;而在综合几何中,共线属于平行的特殊情形;我们要注意二者的区别.

显然,与 a 共线的若干向量之和仍然与 a 共线.

---

① 有老师认为:向量有大小,却不能比较大小,这是一件很不合理的事情. 能否打个比方,而不是总推脱给"硬性规定".

作者原想这样打比方:一个乒乓球运动员和一个羽毛球运动员,谁的水平高呢? 这不好比较,因为不同方向! 但如果将这二人按照国家关于运动员的等级制度(舍去了二人的方向),还是可以做个比较的.

后来又觉得这样比方不妥,因为同方向、不同长度的向量也不可比较大小啊? 我们可以这样比方:同一方向,但不同时期的运动员不方便比较. 或者这样比方:某单位招人,招聘方只对各项要求都符合的应聘者进行比较(以便安排岗位);对其他应聘者不予置评,不做比较(因为用不着).

如果 a 与 b 不共线,但 c 与 a 和 b 两者都共线,则 $c=0$.

因此,如果若干个与 a 共线的向量之和等于若干个与 b 共线的向量之和,则两个和向量都为零向量. 这个规则在平面上成立,在空间也成立. 这一点十分有用. 我们以前用基本定理的地方,其实只用这条就够了.

5. 相等向量

长度相等且方向相同的向量,凡是相等向量都可以看作是同一向量. 相等向量经过平移后总可以重合,记为 $a=b$,坐标表示为 $(x_1,y_1)=(x_2,y_2) \Leftrightarrow x_1=x_2$,且 $y_1=y_2$.

6. 相反向量

与 a 长度相等、方向相反的向量,叫做 a 的相反向量,记作 $-a$. 基本性质有:$-(-a)=a$;$a+(-a)=(-a)+a=0$;若 a 和 b 是互为相反向量,则 $a=-b,b=-a$,$a+b=0$.

2.2　向量的运算

1. 向量加法

求两个向量和的运算叫做向量的加法.

规定:$0+a=a+0=a$;向量加法满足交换律与结合律.

2. 向量的减法

向量 a 加上 b 的相反向量叫做 a 与 b 的差,记作:$a-b=a+(-b)$. 求两个向量差的运算,叫做向量的减法.

与向量加减法紧密联系的是平行四边形法则.

如图 2-1,在平行四边形 $ABCD$ 中,$\boldsymbol{a}+\boldsymbol{b}=\overrightarrow{AB}+\overrightarrow{BC}=\overrightarrow{AC}$,$\boldsymbol{b}+\boldsymbol{a}=\overrightarrow{AD}+\overrightarrow{DC}=\overrightarrow{AC}$,所以 $\boldsymbol{a}+\boldsymbol{b}=\boldsymbol{b}+\boldsymbol{a}$.

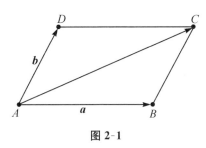

图 2-1

如图 2-2,在平行四边形 $ABCD$ 中,$\boldsymbol{a}+(-\boldsymbol{b})=\boldsymbol{a}-\boldsymbol{b}$ 是显然的.

这说明,平行四边形的相关性质保障了向量加法交换律的成立. 或者说,向量运算的本身就是几何定理的代数化.

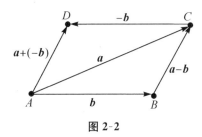

图 2-2

用平行四边形法则时,要注意两个已知向量是要共始点的,"和向量"是始点与已知向量的始点重合的那条对角线,而"差向量"是另一条对角线,方向是从减向量指向被减向量.

我们也可以通过图 2-3 来理解向量减法,会得到三角形法则. 若 $\boldsymbol{a}$ 和 $\boldsymbol{b}$ 有共同起点,则 $\boldsymbol{a}-\boldsymbol{b}$ 表示为从 $\boldsymbol{b}$ 的终点指向 $\boldsymbol{a}$ 的终点的向量.

很多资料对向量的平行四边形法则介绍较多,但却忽视了向量更基本的运算:回路相加.

$\overrightarrow{AB}+\overrightarrow{AD}=\overrightarrow{AC}$ 的成立是以四边形 $ABCD$ 是平行四边形来决定的;而 $\overrightarrow{AB}+\overrightarrow{BC}=\overrightarrow{AC}$ 则与点的位置无关,甚至可推广到多个向量相加:$\overrightarrow{AB}+\overrightarrow{BC}+\overrightarrow{CD}+\cdots+\overrightarrow{PQ}+$

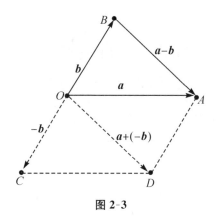

图 2-3

$\overrightarrow{QR}=\overrightarrow{AR}$,这些点无需在一个平面内. 只需确保"首尾相连"即可. 如图 2-4.

图 2-4

有资料用图 2-4 来说明向量加法的结合律, $\overrightarrow{AD}=(\overrightarrow{AB}+\overrightarrow{BC})+\overrightarrow{CD}=\overrightarrow{AB}+$ $(\overrightarrow{BC}+\overrightarrow{CD})$;而从回路相加的角度来看,则是极其显然的,根本无需作图.

向量回路是向量法区别于其他解题方法的本质特点. 所谓回路,就是向量从一点出发,通过一个封闭的图形又回到起点的那个通路. 就是这个直观而又简单的回路,常常关系到问题解决的成败,但只要你在解题的过程中想到了要利用回路,那么问题的解决就会变得简捷. 回路解题的关键在于:利用条件,将我们所关心的两个向量列出比例式,然后将向量分解成共线形式,问题就迎刃而解了.

最简单的回路莫过于 $\overrightarrow{AB}+\overrightarrow{BC}=\overrightarrow{AC}$,其中的等号可理解成"结果等效". 它与 1 +2=3 中等号表示的"数量相等"有区别,但并不难理解和接受. 甲和乙都从 A 地出发去 C 地,甲是直接去 C 地,而乙却先到 B 地办事再去 C 地,最终两人都到了 C 地,可谓殊途同归.

下面这段对话常常出现在军事题材的影片中：

"你们现在在什么位置？

报告长官，我们现在在 A 山头，离 B 山头还有 30 公里，但是过河的桥已经被敌人炸了，我们过不去！

我不管你们怎么过去，明天下午 4 点之前必须攻下 B 山头．不要说会流多少血，我对血没有印象；不要说死多少人，我不在乎．我只要结果！"

是的，很多时候我们更关心结果，而非过程．从 A 到 B，有多条路可供选择；两点之间，直线最短，人尽皆知，但若两点之间根本无路可走，怎么办？搭桥也许需要花费较多的时间，我们选择另辟蹊径——绕！看似走弯路，实则是捷径！

3. 实数与向量的积

实数 k 与向量 a 的积是一个向量，记作 ka，规定如下：$|ka|=|k||a|$，当 $k>0$ 时，ka 的方向与 a 的方向相同；当 $k<0$ 时，ka 的方向与 a 的方向相反；当 $k=0$ 时，$ka=\mathbf{0}$，方向是任意的．

图 2-5

如图 2-5，若 $\overrightarrow{AB}=\overrightarrow{DC}$，根据"一组对边平行且相等的四边形是平行四边形"容易判定四边形 $ABCD$ 是平行四边形．如果要从平行四边形的基本定义"两组对边互相平行的四边形是平行四边形"出发，则还需作一些说明．由 $\overrightarrow{AB}=\overrightarrow{DC}$ 得 $\overrightarrow{AO}+\overrightarrow{OB}$

$=\overrightarrow{DO}+\overrightarrow{OC}$,则$\overrightarrow{AO}=\overrightarrow{OC}$,$\overrightarrow{OB}=\overrightarrow{DO}$,所以$\overrightarrow{AO}+\overrightarrow{OD}=\overrightarrow{BO}+\overrightarrow{OC}$,即$\overrightarrow{AD}=\overrightarrow{BC}$.

若$\overrightarrow{AB}=m\overrightarrow{FE}$,即$\overrightarrow{AO}+\overrightarrow{OB}=m(\overrightarrow{FO}+\overrightarrow{OE})$,则$\overrightarrow{AO}=m\overrightarrow{OE}$,$\overrightarrow{OB}=m\overrightarrow{FO}$.

这说明向量数乘与三角形相似有着紧密联系.向量数乘分配律实质意味着相似三角形对应边成比例,反之亦然.当然,共线的情形也不可遗漏.

4. 两向量共线性质

向量 **b** 与非零向量 **a** 共线⇔有且只有一个实数 k,使得 **b**$=k$**a**.

注意,有考题问:**a**//**b** 是否等价于 **b**$=k$**a**?这是考察零向量的性质,当 **a** 为零向量,**b** 为非零向量,此时不存在实数 k 使得等式成立.而在具体解题中,一般不会遇到零向量,所以遇到 **a**//**b** 时常常就设 **b**$=k$**a**.

5. 定比分点的向量形式

如图 2-6,已知$\overrightarrow{AP}=\lambda\overrightarrow{PB}$,则$\overrightarrow{OP}=\dfrac{\overrightarrow{OA}+\lambda\overrightarrow{OB}}{1+\lambda}$.

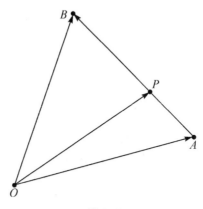

图 2-6

证明 将$\overrightarrow{OP}=\overrightarrow{OA}+\overrightarrow{AP}$和$\lambda\overrightarrow{OP}=\lambda(\overrightarrow{OB}+\overrightarrow{BP})$相加,应用条件$\overrightarrow{AP}=\lambda\overrightarrow{PB}$即得结论.这一公式得来甚为容易,只用到回路和数乘,但它却是消去定比分点的有效工具.

使用时要注意公式的特点:P,A,B 三点共线,$\overrightarrow{OP},\overrightarrow{OA},\overrightarrow{OB}$ 三向量共起点,且

$\overrightarrow{OP}$ 前的系数等于 $\overrightarrow{OA}$ 和 $\overrightarrow{OB}$ 前系数之和,所以更多时候是使用 $(1+\lambda)\overrightarrow{OP}=\overrightarrow{OA}+\lambda$ $\overrightarrow{OB}$,省去分式之繁.当 $\lambda=-1$ 时, $\overrightarrow{AP}=\overrightarrow{BP}$, A 和 B 两点重合,对于这种退化情形,通常是不会发生的,稍微留意即可.

另外要注意,一般认为此公式中的 O 是不在 AB 上的,所以一些考察概念的试题常让人出错.

对于空间任一点 O 和两点 P_1 和 P_2,点 P 满足 $\overrightarrow{OP}=x\overrightarrow{OP_1}+y\overrightarrow{OP_2}$ $(x,y\in$ $\mathbf{R})$,则 $x+y=1$ 是三点 P,P_1,P_2 共线的(B).

A. 必要不充分条件   B. 充分不必要条件

C. 充要条件   D. 既不充分与不必要条件

2.3　平面向量基本定理

数学中定理虽多,但被称为基本定理的却寥寥无几.一旦认真考究起来,数学前辈们在命名的时候可不是随意的,譬如代数基本定理、微积分基本定理、同构基本定理,都是该数学分支中非常重要、不可缺少的理论基础.类推起来,平面向量基本定理应该也是非常重要的才对.该定理的内容是:如果 e_1 和 e_2 是一个平面内的两个不共线向量,那么对这一平面内的任一向量 a,有且只有一对实数 λ_1 和 λ_2,使得 $a=\lambda_1 e_1+\lambda_2 e_2$,其中不共线的向量 e_1 和 e_2 叫做表示这一平面内所有向量的一组基底.换句话说,若 $a=\lambda_1 e_1+\lambda_2 e_2=k_1 e_1+k_2 e_2$,即 $(\lambda_1-k_1)e_1=(k_2-\lambda_2)e_2$,而 e_1 和 e_2 是不共线,必有 $\lambda_1=k_1,\lambda_2=k_2$.此为向量法解题之基本工具.

这一定理表明,选好基底后,平面上任意一点都可以用一个二维数组 (λ_1,λ_2) 表示,这和选好直角坐标系后,平面上任意一点都可以用一个二维数组 (a,b) 表示,本质上是一致的.

当点 P 在 $\overrightarrow{OA}$ 和 $\overrightarrow{OB}$ 生成的平面上时,需要两个参数才能决定 P 的位置;而当点 P 在 AB 直线上时,平面上的点变成了直线上的点,多了约束之后, P 的行动范围小了,只需一个参数就能决定点 P.

平面向量基本定理看似是新事物,但仔细一琢磨,若把 e 看作决定方向,把 λ 看作是决定大小的话,其实质就是平行四边形的性质:两组对边分别平行的四边形是平行四边形;平行四边形的对边平行且相等.

平行四边形与平面向量基本定理有着天然的联系,平行四边形法可看作平面向量基本定理的基础,而平面向量基本定理则是平行四边形法则的扩展与延伸. 这也提示我们用向量法解平行四边形问题有着独特的优势.

如图 2-7,若 $\overrightarrow{AB}=\overrightarrow{DE}$, $\overrightarrow{BC}=\overrightarrow{EF}$,则 $\overrightarrow{AC}=\overrightarrow{DF}$. 这既可看作是向量的加法,又可看作是三角形全等中 SAS 定理的说明:由 $AB=DE$, $BC=EF$, $\angle ABC=\angle DEF$ 推出 $\triangle ABC \cong \triangle DEF$, $AC=DF$. 先证明了 $AC=DF$,只有线段相等,AC 与 DF 才能重合为一条边,两个三角形才有拼成平行四边形的可能.

图 2-7

从另一角度看图 2-7,若 $\overrightarrow{AC}=\overrightarrow{DF}$, $AB /\!/ DE$, $BC /\!/ EF$,则可根据"有一条对应边相等的相似三角形全等"判定 $\triangle ABC \cong \triangle DEF$, $AB=DE$, $BC=EF$. 这实质上就是平面向量基本定理. 将两三角形拼在一起后,如图 2-8,过 C 作 AB 的平行线,过 A 作 BC 的平行线,两线交于点 D,构成平行四边形.

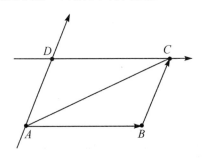

图 2-8

2.4 平面向量的坐标表示

在直角坐标系中,分别取与 x 轴和 y 轴方向相同的两个单位向量 i,j 作为基底.由平面向量基本定理可知,该平面内的任一向量 a 可表示成 $a=xi+yj$,由于 a 与 2 维数组 (x,y) 是一一对应的,因此把 (x,y) 叫做向量 a 的坐标,记作 $a=(x,y)$,其中 x 叫做 a 在 x 轴上的坐标,y 叫做 a 在 y 轴上的坐标.

相等的向量坐标相同,坐标相同的向量是相等的向量;

向量的坐标与表示该向量的有向线段的始点和终点的具体位置无关,只与其相对位置有关系.

平面向量的坐标运算性质如下:

(1)若 $A(x_1,y_1)$,$B(x_2,y_2)$,则 $\overrightarrow{AB}=(x_2-x_1,y_2-y_1)$;

(2)若 $a=(x_1,y_1)$,$b=(x_2,y_2)$,则 $a\pm b=(x_1\pm x_2,y_1\pm y_2)$;

(3)若 $a=(x,y)$,则 $ka=(kx,ky)$;

(4)若 $a=(x_1,y_1)$,$b=(x_2,y_2)$,则 $a /\!/ b \Leftrightarrow x_1y_2-x_2y_1=0$.

2.5 向量的数量积

(1)已知两非零向量 a 与 b,作 $\overrightarrow{OA}=a$,$\overrightarrow{OB}=b$,则 $\angle AOB=\theta(0\leqslant\theta\leqslant\pi)$ 叫做 a 与 b 的夹角;

注意在两向量的夹角定义,两向量必须是同起点的,范围 $0\leqslant\theta\leqslant\pi$,注意和解析几何中两直线夹角范围 $0\leqslant\theta\leqslant\dfrac{\pi}{2}$ 加以区别.

(2)已知两个非零向量 a 与 b,它们的夹角为 θ,则 $a\cdot b=|a||b|\cos\theta$ 叫做 a 与

b 的数量积或内积. 特别地,规定 $\mathbf{0} \cdot \mathbf{a} = 0$.

(3)向量的投影:$|\mathbf{b}| \cos\theta = \dfrac{\mathbf{a} \cdot \mathbf{b}}{|\mathbf{a}|}$,称为向量 $\mathbf{b}$ 在 $\mathbf{a}$ 方向上的投影,投影的绝对值称为射影.

数量积的几何意义:$\mathbf{a} \cdot \mathbf{b}$ 等于 $\mathbf{a}$ 的长度与 $\mathbf{b}$ 在 $\mathbf{a}$ 方向上的投影的乘积.

(4)向量数量积的性质:

①向量的模与平方的关系:$\mathbf{a} \cdot \mathbf{a} = \mathbf{a}^2 = |\mathbf{a}|^2$.

②乘法公式成立:$(\mathbf{a}+\mathbf{b}) \cdot (\mathbf{a}-\mathbf{b}) = \mathbf{a}^2 - \mathbf{b}^2$;$(\mathbf{a}\pm\mathbf{b})^2 = \mathbf{a}^2 \pm 2\mathbf{a} \cdot \mathbf{b} + \mathbf{b}^2$.

③平面向量数量积的运算律:

交换律成立:$\mathbf{a} \cdot \mathbf{b} = \mathbf{b} \cdot \mathbf{a}$;

对实数的结合律成立:$(k\mathbf{a}) \cdot \mathbf{b} = k(\mathbf{a} \cdot \mathbf{b}) = \mathbf{a} \cdot (k\mathbf{b})(k \in \mathbf{R})$;

分配律成立:$(\mathbf{a}\pm\mathbf{b}) \cdot \mathbf{c} = \mathbf{a} \cdot \mathbf{c} \pm \mathbf{b} \cdot \mathbf{c} = \mathbf{c} \cdot (\mathbf{a}\pm\mathbf{b})$.

④向量的夹角:

$$\cos\theta = \cos\langle \mathbf{a}, \mathbf{b} \rangle = \frac{\mathbf{a} \cdot \mathbf{b}}{|\mathbf{a}||\mathbf{b}|} = \frac{x_1 x_2 + y_1 y_2}{\sqrt{x_1^2+y_1^2}\sqrt{x_2^2+y_2^2}}.$$

当且仅当两个非零向量 $\mathbf{a}$ 与 $\mathbf{b}$ 同方向时,$\theta = 0$;当且仅当 $\mathbf{a}$ 与 $\mathbf{b}$ 反方向时 $\theta = \pi$;特别地,$\mathbf{0}$ 与其他任何非零向量之间不讨论夹角问题.

从中还可得到一个非常重要的不等式:$|\mathbf{a} \cdot \mathbf{b}| \leqslant |\mathbf{a}||\mathbf{b}|$,本书后面有专题介绍.

(5)两个向量的数量积的坐标运算:已知两个向量 $\mathbf{a} = (x_1, y_1)$,$\mathbf{b} = (x_2, y_2)$,则 $\mathbf{a} \cdot \mathbf{b} = x_1 x_2 + y_1 y_2$.

这可看作数量积的另一种定义,可证明这两种定义是相通的:$\overrightarrow{AB}^2 = (x_B - x_A)^2 + (y_B - y_A)^2 = (x_B^2 + y_B^2) + (x_A^2 + y_A^2) - 2(x_A x_B + y_A y_B)$;设 O 为坐标原点,$\overrightarrow{AB}^2 = (\overrightarrow{OB} - \overrightarrow{OA})^2 = \overrightarrow{OB}^2 + \overrightarrow{OA}^2 - 2\overrightarrow{OB} \cdot \overrightarrow{OA}$,所以 $\overrightarrow{OA} \cdot \overrightarrow{OB} = x_A x_B + y_A y_B$.

如果 $\mathbf{a}$ 与 $\mathbf{b}$ 的夹角为 $\pi/2$,则称 $\mathbf{a}$ 与 $\mathbf{b}$ 垂直,记作 $\mathbf{a} \perp \mathbf{b}$. 两个非零向量垂直的充要条件:$\mathbf{a} \perp \mathbf{b} \Leftrightarrow \mathbf{a} \cdot \mathbf{b} = 0 \Leftrightarrow x_1 x_2 + y_1 y_2 = 0$.

(6)平面内两点间的距离公式:设 $\mathbf{a} = (x, y)$,则 $|\mathbf{a}|^2 = x^2 + y^2$.

如果表示向量 a 的有向线段的起点和终点的坐标分别为(x_1,y_2)和(x_2,y_2)，那么 $|a|=\sqrt{(x_1-x_2)^2+(y_1-y_2)^2}$.

(7)向量数量积与实数乘法之异同.

学习了向量的"乘法"，无可避免会与实数乘法比较一番.请注意二者之异同，切莫混淆(表2-1和表2-2).

表 2-1　向量数量积与实数乘法的相同点

实数的乘积	向量的数量积
运算的结果是一个实数	运算的结果是一个实数
交换律 $a \cdot b=b \cdot a$	$a \cdot b=b \cdot a$
分配律$(a+b) \cdot c=ac+bc$	$(a+b) \cdot c=a \cdot c+b \cdot c$
$(a \pm b)^2=a^2 \pm 2ab+b^2$	$(a \pm b)^2=a^2 \pm 2a \cdot b+b^2$
$(a+b)(a-b)=a^2-b^2$	$(a+b) \cdot (a-b)=a^2-b^2$
$a^2+b^2=0 \Rightarrow a=0$ 且 $b=0$	$a^2+b^2=0 \Rightarrow a=0$ 且 $b=0$
$\|a\|-\|b\| \leqslant \|a \pm b\| \leqslant \|a\|+\|b\|$	$\|a\|-\|b\| \leqslant \|a \pm b\| \leqslant \|a\|+\|b\|$

表 2-2　向量数量积与实数乘法的不同点

实数的乘积	向量的数量积
结合律$(ab)c=a(bc)$	$(a \cdot b) \cdot c \neq a \cdot (b \cdot c)$
$ab=0 \Rightarrow a=0$ 或 $b=0$	$a \cdot b=0 \Rightarrow a=0$ 或 $b=0$ 或 $a \perp b$
$\|ab\|=\|a\|\|b\|$	$\|a \cdot b\| \leqslant \|a\|\|b\|$
$(ab)^2=a^2b^2$	$(a \cdot b)^2 \leqslant a^2 b^2$

向量运算通常有三种表现形式：图形、符号、坐标语言.主要内容如表2-3.

表 2-3　向量运算的三种表现形式

运算	图形语言	符号语言	坐标语言
加法与减法		$\overrightarrow{OA}+\overrightarrow{OB}=\overrightarrow{OC}$　记 $\overrightarrow{OA}=(x_1,y_1)$，$\overrightarrow{OB}=(x_2,y_2)$ $\overrightarrow{OA}+\overrightarrow{AB}=\overrightarrow{OB}$　则 $\overrightarrow{OA}+\overrightarrow{OB}=(x_1+x_2,y_1+y_2)$	
		$\overrightarrow{OB}-\overrightarrow{OA}=\overrightarrow{AB}$　$\overrightarrow{OB}-\overrightarrow{OA}=(x_2-x_1,y_2-y_1)$	
实数与向量的乘积		$\overrightarrow{AB}=\lambda a$ $\lambda\in\mathbf{R}$	记 $a=(x,y)$ 则 $\lambda a=(\lambda x,\lambda y)$
两个向量的数量积		$a\cdot b=$ $\|a\|\|b\|\cos\langle a,b\rangle$	记 $a=(x_1,y_1)$，$b=(x_2,y_2)$ 则 $a\cdot b=x_1x_2+y_1y_2$

2.6　空 间 向 量

　　很多人是惧怕立体几何的,其实立体几何又有什么可怕的呢? 我们每天就生活在三维空间里,倒是符合数学意义的平面模型却总是找不到.

　　有些立体几何的题目,用综合几何的方法求解,确实存在一定难度,甚至找不到下手的点;而若用向量来解,则容易很多.

　　用向量来解立体几何,完全没必要事先花费很多时间学习大量的空间向量理论.因为空间向量及其在立体几何中的应用,基本上可以由平面向量类比得到.下面给出几条主要性质.

(1)向量与平面平行:如果表示向量 a 的有向线段所在直线与平面 α 平行或 a 在 α 平面内,则认为向量 a 平行于平面 α,记作 $a\!/\!/\alpha$.

(2)共面向量:把平行于同一平面的向量叫做共面向量.

(3)空间向量基本定理:如果三个向量 a,b,c 不共面,那么对空间任一向量,都存在惟一的有序实数组 x,y,z,使得 $p=xa+yb+zc$.

或者:设 O,A,B,C 是不共面的四点,则对空间任一点 P,都存在惟一的有序实数组 x,y,z,使得 $\overrightarrow{OP}=x\overrightarrow{OA}+y\overrightarrow{OB}+z\overrightarrow{OC}$.

①空间任意三个不共面向量都可以作为空间向量的一个基底;

②如果三个向量 a,b,c 不共面,那么所有空间向量所组成的集合就是 $\{p\mid p=xa+yb+zc,x,y,z\in\mathbf{R}\}$,这个集合可看作由向量 a,b,c 生成的,其中把 $\{a,b,c\}$ 叫做空间的一个基底,a,b,c 都叫做基向量;

③一个基底是指一个向量组,一个基向量是指基底中的某一个向量,二者是相关联的不同的概念;

④由于 0 可视为与任意非零向量共线,与任意两个非零向量共面,所以,三个向量不共面就隐含着它们都不是 0.

(4)共面向量定理:对空间任一点 O 和不共线的三点 A,B,C,满足向量式 $\overrightarrow{OP}=x\overrightarrow{OA}+y\overrightarrow{OB}+z\overrightarrow{OC}$,且 $x+y+z=1$,则 P,A,B,C 共面.

证明 由 $\overrightarrow{OP}=x\overrightarrow{OA}+y\overrightarrow{OB}+z\overrightarrow{OC}$ 得 $\overrightarrow{OP}=(1-z-y)\overrightarrow{OA}+y\overrightarrow{OB}+z\overrightarrow{OC}$,即 $\overrightarrow{OP}-\overrightarrow{OA}=y(\overrightarrow{OB}-\overrightarrow{OA})+z(\overrightarrow{OC}-\overrightarrow{OA})$,即 $\overrightarrow{AP}=y\overrightarrow{AB}+z\overrightarrow{AC}$,所以 P,A,B,C 共面.

第三章

初见向量回路

一些资料介绍向量解题,总是强调向量法与坐标法之间的转化. 试想一下,倘若向量没有自己的独门武器,总要转化成坐标法,那么直接学坐标法就好了,何必学向量法,多此一举呢?

向量解题并不排斥和坐标法合作,这在后面会有专题介绍. 我们接触新事物,总是想见识一下它与众不同的地方. 就好比到了一个没去过的地方,总想去看一下当地独特的人文景观,品尝出名的风味小吃.

回路解题就是向量解题特有的方法. 在中学数学教学中,回路好像并没有引起足够的重视. 甚至有人会说,中学数学教材上出现过回路两个字么?

说起来,我们在平面几何入门时,就已经接触到回路了. 回顾三角形的定义: "由不在同一直线上的三条线段首尾顺次联结所组成的封闭图形叫做三角形",三角形就构成了一个最简单的回路,用向量来表示就是:$\overrightarrow{AB}+\overrightarrow{BC}=\overrightarrow{AC}$. 这说明,引入向量可以将几何关系转成代数形式. 很多文章都写道"向量是联系几何和代数的天然桥梁",但为何天然? 却语焉不详. 我们认为,从三角形的定义就可以看出向量法有此特点. 三角形是最基本、最重要的几何图形,构成了几何学的基础;平面几何如此,立体几何亦如此.

通过前言中的一些代表性例题的解答,我们可得出向量回路法解题的要点是:结合条件,灵活选择回路,将我们所关心的两个向量列出比例式,利用共线线段成比例性质和平面向量基本定理,将向量分解成共线形式,问题就迎刃而解了.其中回路的选择往往是关键,其余只是代数运算而已.

向量回路法常可以按部就班地解题,操作起来十分方便,但并不是说就没有技巧了.再如何机械化的方法都或多或少存在技巧,向量法也不例外,所以多看一些例题还是有好处的.但总的来说,它比综合法简单得多,极少的解题工具,少量的基本方法,就可以解决大量问题.相对于综合几何那么多定理,解答时又常需灵机一动地添加辅助线,无疑是大大地划算.

四边形中位线的向量形式: 任意四边形 $ABCD$ 中(这 4 点无需在同一平面上),M 和 N 分别是 AD 和 BC 的中点,则 $2\overrightarrow{MN}=\overrightarrow{AB}+\overrightarrow{DC}$.

证明 如图 3-1,

$$2\overrightarrow{MN}=(\overrightarrow{MD}+\overrightarrow{DC}+\overrightarrow{CN})+(\overrightarrow{MA}+\overrightarrow{AB}+\overrightarrow{BN})$$
$$=(\overrightarrow{MD}+\overrightarrow{MA})+(\overrightarrow{BN}+\overrightarrow{CN})+(\overrightarrow{AB}+\overrightarrow{DC})$$
$$=\overrightarrow{AB}+\overrightarrow{DC}.$$

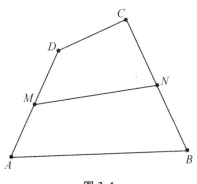

图 3-1

此结论,包括下面的几种特例,相当重要,本书以后解题将不加证明,直接使用.下面几种特例,是大家所熟悉的:

(1)如果 A 和 D 两点重合,$2\overrightarrow{AN}=\overrightarrow{AB}+\overrightarrow{AC}$,此即三角形中线的向量形式;

(2)如果 C 和 D 两点重合，$2\overrightarrow{MN}=\overrightarrow{AB}$，此即三角形中位线定理；

(3)如果 $AB/\!/CD$，此时四边形为梯形，$AB/\!/CD/\!/MN$，$2MN=AB+DC$ 表示梯形的中位线定理.

(4)如果 $AB/\!/CD$，且 C 和 D 两点错位(图 3-2)，此时四边形为梯形，$AB/\!/CD$$/\!/MN$，$2MN=AB-DC$ 表示梯形两对角线的中点的连线平行于底边且等于两底差的一半.

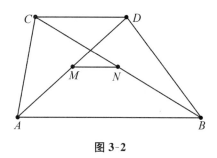

图 3-2

当然，不用预备的工具，用回路仍然可以解决问题.但作为教师，心中有一些套路，才能见题不慌，更加从容.

【例 3.1】 已知 AD 是△ABC 的中线，求证：$AD<\dfrac{1}{2}(AB+AC)$.

证明 由 $\overrightarrow{AD}=\dfrac{1}{2}(\overrightarrow{AB}+\overrightarrow{AC})$ 得

$$|\overrightarrow{AD}|=\left|\dfrac{1}{2}(\overrightarrow{AB}+\overrightarrow{AC})\right|\leqslant\dfrac{1}{2}(AB+AC).$$

一般证法是"倍长中线"，也就是延长 AD 至 E，可得四边形 $ABEC$ 是平行四边形，$AE<AB+BE$，从而 $AD<\dfrac{1}{2}(AB+AC)$.

【例 3.2】 如图 3-3，求证四边形中，两组对边中点的距离之和不大于四边形的半周长，当且仅当四边形是平行四边形时等号成立.(1973 年南斯拉夫奥林匹克试题)

证明 由 $\overrightarrow{EF}=\dfrac{1}{2}(\overrightarrow{AD}+\overrightarrow{BC})$ 得 $|\overrightarrow{EF}|=\left|\dfrac{1}{2}(\overrightarrow{AD}+\overrightarrow{BC})\right|\leqslant\dfrac{1}{2}(|\overrightarrow{AD}|+|\overrightarrow{BC}|)$，

同理 $|\overrightarrow{GH}| \leqslant \frac{1}{2}(|\overrightarrow{AB}| + |\overrightarrow{DC}|)$,故 $|\overrightarrow{GH}| + |\overrightarrow{EF}| \leqslant \frac{1}{2}(|\overrightarrow{AB}| + |\overrightarrow{DC}| + |\overrightarrow{AD}| + |\overrightarrow{BC}|)$,当且仅当 $AB /\!/ CD$,$AD /\!/ BC$ 时等号成立.

图 3-3

【例 3.3】 如图 3-4,D 是 Rt$\triangle ABC$ 斜边上 AB 的中点,E 和 F 分别在边 BC 和 AC 上,且 $ED \perp FD$,求证:$EF^2 = AF^2 + BE^2$.

图 3-4

综合几何证法 如图 3-5,延长 FD 至 G,使得 $FD = DG$,那么四边形 $AGBF$ 是平行四边形,$AF = GB$,而 $BE^2 + BG^2 = EG^2$;易得 $\triangle EFG$ 是等腰三角形,所以 $FE^2 = EG^2 = BE^2 + BG^2$.

图 3-5

此作法可能是受到"倍长中线"的启发,构图之后将求证结论中的三条线段集中到一个直角三角形中. 此作法的缺点是添加的辅助线多了一点,说理也长了一点. 可以有更直接的证法.

向量证法 如图 3-6,设 EF 中点为 G,则

$$EF^2 = (2\overrightarrow{DG})^2 = (\overrightarrow{AF} + \overrightarrow{BE})^2 = AF^2 + BE^2.$$

图 3-6

说明:此处作出中点 G 是为了充分利用 $ED \perp FD$ 的条件,利用直角三角形斜边上中线等于斜边的一半的性质,再利用向量形式的四边形中位线公式. 如果将 $\overrightarrow{FE}$ 写成 $\overrightarrow{FA} + \overrightarrow{AB} + \overrightarrow{BE}$,平方后如何利用条件 $ED \perp FD$ 呢? 下面的例 3.4 是例 3.3 的另一种表述形式.

【例 3.4】 如图 3-7,$\triangle ABC$ 中,$\angle ABC = 90°$,M 和 N 分别是 DE 和 AC 中点,$AD = d$,$CE = e$,$MN = x$,求证:$x = \dfrac{1}{2}\sqrt{d^2 + e^2}$.

图 3-7

证明 $\overrightarrow{MN} = \dfrac{1}{2}(\overrightarrow{DA} + \overrightarrow{EC})$,$x^2 = \dfrac{1}{4}(d^2 + e^2)$,$x = \dfrac{1}{2}\sqrt{d^2 + e^2}$.

当 B,D,E 三点重合时,$NB = \dfrac{1}{2}\sqrt{AB^2 + CB^2} = \dfrac{1}{2}AC = AN = NC$,即直角三角形斜边上的中线等于斜边的一半.

【例 3.5】 如图 3-8,四边形 $ABCD$ 中,E 和 F 分别是 AB 和 CD 的中点,AD 交 BC 于 G,已知 $AD=a$,$BC=b$,$\angle AGB=\alpha$,求 EF.

图 3-8

解 $2\overrightarrow{EF}=\overrightarrow{AD}+\overrightarrow{BC}$,即 $4\overrightarrow{EF}^2=\overrightarrow{AD}^2+\overrightarrow{BC}^2+2\overrightarrow{AD}\cdot\overrightarrow{BC}$,则

$$EF=\frac{1}{2}\sqrt{a^2+b^2+2ab\cos\alpha}.$$

特别地,当 $AD\,/\!/\,BC$ 时,$\alpha=0$,$EF=\frac{1}{2}\sqrt{a^2+b^2+2ab}=\frac{a+b}{2}$,这就是常见的梯形中位线公式.

【例 3.6】 如图 3-9,已知 $\triangle ABC$ 两边 AB 和 AC 的中点分别为 M 和 N,在 BN 延长线上取点 P,使得 $NP=BN$,在 CM 延长线上取点 Q,使得 $MQ=CM$,求证 P,A,Q 三点共线.

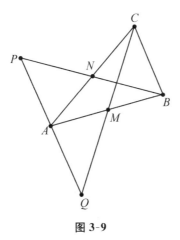

图 3-9

证明 $\overrightarrow{AC}=2\overrightarrow{AN}=\overrightarrow{AP}+\overrightarrow{AB}$,$\overrightarrow{AB}=2\overrightarrow{AM}=\overrightarrow{AC}+\overrightarrow{AQ}$(两个式子就包含 4 个中点关系,向量解题的优越性可见一斑),两式相加得 $\overrightarrow{PA}=\overrightarrow{AQ}$,显然 P,A,Q 三点共线,且附带证明了 $PA=AQ$.

也可直接用回路法写出解答：

$$\overrightarrow{AP}=\overrightarrow{AN}+\overrightarrow{NP}=\overrightarrow{BN}+\overrightarrow{NC}=\overrightarrow{BM}+\overrightarrow{MC}=\overrightarrow{QM}+\overrightarrow{MA}=\overrightarrow{QA}.$$

这里每个条件只用一次,不可能更简单了.

【例3.7】 如图 3-10,在 $\triangle ABC$ 内,D 和 E 是 BC 边的三等分点,D 在 B 和 E 之间,F 是 AC 的中点,G 是 AB 的中点. 设 H 是线段 EG 和 DF 的交点,求 EH $:HG$.

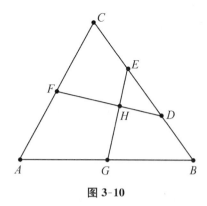

图 3-10

解 $2\overrightarrow{FG}=\overrightarrow{CB}=3\overrightarrow{ED}$,即 $2(\overrightarrow{FH}+\overrightarrow{HG})=\overrightarrow{CB}=3(\overrightarrow{EH}+\overrightarrow{HD})$,根据平面向量基本定理,可得 $EH:HG=2:3$.

也可以直接写出：

$2(\overrightarrow{FH}+\overrightarrow{HG})=2(\overrightarrow{FA}+\overrightarrow{AG})=\overrightarrow{CA}+\overrightarrow{AB}=\overrightarrow{CB}=3\overrightarrow{ED}=3(\overrightarrow{EH}+\overrightarrow{HD})$,就无需使用预备工具了.

【例3.8】 如图 3-11,在 $\triangle ABC$ 中,$\overrightarrow{AM}=\dfrac{1}{3}\overrightarrow{AB}$,$\overrightarrow{AN}=\dfrac{1}{4}\overrightarrow{AC}$,$BN$ 和 CM 交于点 P.试用 $\overrightarrow{AB}$ 和 $\overrightarrow{AC}$ 表示向量 $\overrightarrow{AP}$.

分析 因为 $\overrightarrow{AP}=\overrightarrow{AM}+\overrightarrow{MP}$,而 $\overrightarrow{AM}=\dfrac{1}{3}\overrightarrow{AB}$,所以只要把 $\overrightarrow{MP}$ 用 $\overrightarrow{AB}$ 和 $\overrightarrow{AC}$ 表示即可；而 $\overrightarrow{MP}=k\overrightarrow{MC}=k(\overrightarrow{MA}+\overrightarrow{AC})$,问题归结为求出 k 的值.

解法1 直接用回路；为减少分数计算,适当对向量加倍有

$$2(\overrightarrow{NP}+\overrightarrow{PC})=2\overrightarrow{NC}=6\overrightarrow{AN}=6\overrightarrow{AB}+6\overrightarrow{BN}$$

$$=9\overrightarrow{MB}+6\overrightarrow{BN}=9\overrightarrow{MP}+9\overrightarrow{PB}+6\overrightarrow{BN}.$$

对两端的共线向量比较,用基本定理得 $2\overrightarrow{PC}=9\overrightarrow{MP}$,即 $2\overrightarrow{MC}=11\overrightarrow{MP}$,所以

$$\overrightarrow{AP}=\overrightarrow{AM}+\overrightarrow{MP}=\frac{\overrightarrow{AB}}{3}+\frac{2\overrightarrow{MC}}{11}=\frac{\overrightarrow{AB}}{3}+\frac{2(\overrightarrow{MA}+\overrightarrow{AC})}{11}=\frac{3}{11}\overrightarrow{AB}+\frac{2}{11}\overrightarrow{AC}.$$

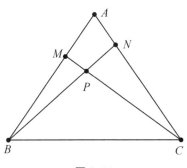

图 3-11

解法 2 由 $\overrightarrow{BP}+\overrightarrow{PM}=\overrightarrow{BM}=2\overrightarrow{MA}$,$\overrightarrow{NP}+\overrightarrow{PC}=\overrightarrow{NC}=3\overrightarrow{AN}$可得

$$\overrightarrow{MP}+\overrightarrow{PN}=\overrightarrow{MA}+\overrightarrow{AN}=\frac{1}{2}(\overrightarrow{BP}+\overrightarrow{PM})+\frac{1}{3}(\overrightarrow{NP}+\overrightarrow{PC}),$$

化简得

$$9\overrightarrow{MP}+8\overrightarrow{PN}=3\overrightarrow{BP}+2\overrightarrow{PC},$$

于是有

$$\overrightarrow{MP}=\frac{2}{9}\overrightarrow{PC}=\frac{2}{11}\overrightarrow{MC}=\frac{2}{11}(\overrightarrow{MA}+\overrightarrow{AC}),$$

所以

$$\overrightarrow{AP}=\overrightarrow{AM}+\overrightarrow{MP}=\overrightarrow{AM}+\frac{2}{11}(\overrightarrow{MA}+\overrightarrow{AC})=\frac{3}{11}\overrightarrow{AB}+\frac{2}{11}\overrightarrow{AC}.$$

解法 3 将已知条件都用向量的形式表达出来,再通过回路和式确定交点 P 的位置.

$$\frac{3}{2}(\overrightarrow{BP}+\overrightarrow{PM})=\overrightarrow{BA};\frac{4}{3}(\overrightarrow{NP}+\overrightarrow{PC})=\overrightarrow{AC};\overrightarrow{CP}+\overrightarrow{PB}=\overrightarrow{CB};$$

三式相加:

$$\frac{1}{2}\overrightarrow{BP}+\frac{1}{3}\overrightarrow{PC}+\frac{3}{2}\overrightarrow{PM}+\frac{4}{3}\overrightarrow{NP}=\mathbf{0},$$

有

$$\frac{1}{3}\overrightarrow{PC}+\frac{3}{2}\overrightarrow{PM}=\mathbf{0},$$

于是

$$\overrightarrow{MP}=\frac{2}{9}\overrightarrow{PC}=\frac{2}{11}\overrightarrow{MC}=\frac{2}{11}(\overrightarrow{MA}+\overrightarrow{AC}),$$

所以

$$\overrightarrow{AP}=\overrightarrow{AM}+\overrightarrow{MP}=\overrightarrow{AM}+\frac{2}{11}(\overrightarrow{MA}+\overrightarrow{AC})=\frac{3}{11}\overrightarrow{AB}+\frac{2}{11}\overrightarrow{AC}.$$

这样的交点问题,使用向量形式的定比分点公式比较容易入手.该公式是根据向量回路推导得到,直接使用有时较快捷,本书后面会有专题介绍;否则,每次解这样的问题就相当于用回路法重新推导该公式,费时费力.

【例 3.9】 如图 3-12,在四边形 $ABCD$ 的四条边上分别作出两个三等分点,联结后可得 M,N,P,Q 四个交点,求证:这四个交点是所在线段的三等分点.

图 3-12

有人认为:这有何难? 只要联结 $KJ,BD,EH,KJ\underset{=}{\parallel}\frac{1}{3}BD,EH\underset{=}{\parallel}\frac{2}{3}BD$,即

$KJ\underset{=}{\parallel}\frac{1}{2}EH$,显然$\triangle KQJ\backsim\triangle HQE$,点 Q 既是 KH 的三等分点,又是 JE 的三等分点;同理可证 P,M,N 三点也分别是所在线段的三等分点.

这个问题看起来就是这样三下五除二地搞定了.用向量回路来表示,就是

$$\overrightarrow{EQ}+\overrightarrow{QH}=\overrightarrow{EC}+\overrightarrow{CH}=\frac{2}{3}(\overrightarrow{BC}+\overrightarrow{CD})$$

$$=\frac{2}{3}(\overrightarrow{BA}+\overrightarrow{AD})$$

$$=2(\overrightarrow{KA}+\overrightarrow{AJ})$$

$$=2\overrightarrow{KQ}+2\overrightarrow{QJ},$$

对两端的共线向量比较,用基本定理得 $\overrightarrow{EQ}=2\overrightarrow{QJ}$ 和 $\overrightarrow{QH}=2\overrightarrow{KQ}$.

如果你觉得向量回路法并不比相似三角形法要优越,那么只需尝试着解决同一类型的例 3.10 就知道了.

【例 3.10】 如图 3-13,已知 M 和 N 为平面内任意四边形一组对边 AD 和 BC 的中点,A_1、A_2 三等分 AB,D_1 和 D_2 三等分 DC.求证:MN 被 A_1D_1 和 A_2D_2 三等分且 A_1D_1 和 A_2D_2 又被 MN 平分.

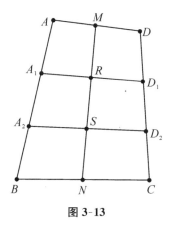

图 3-13

分析 稍一试探,就会发现辅助线不好做.原来构造相似三角形只是在四边等分相同的情形下才能进行,利用了题目的特殊性"对称".

证明 根据回路可列出下面 4 式:

$$\overrightarrow{RM}=\overrightarrow{RD_1}+\overrightarrow{D_1D}+\overrightarrow{DM}, \tag{3-1}$$

$$\overrightarrow{RM}=\overrightarrow{RA_1}+\overrightarrow{A_1A}+\overrightarrow{AM}, \tag{3-2}$$

$$\overrightarrow{RN}=\overrightarrow{RD_1}+\overrightarrow{D_1C}+\overrightarrow{CN}, \tag{3-3}$$

$$\overrightarrow{RN}=\overrightarrow{RA_1}+\overrightarrow{A_1B}+\overrightarrow{BN}, \tag{3-4}$$

那么 $2\cdot(3\text{-}1)+2\cdot(3\text{-}2)+(3\text{-}3)+(3\text{-}4)$ 得 $4\overrightarrow{RM}+2\overrightarrow{RN}=3(\overrightarrow{RA_1}+\overrightarrow{RD_1})$,因为

$\overrightarrow{RM}$和$\overrightarrow{RN}$共线，$\overrightarrow{RA_1}$和$\overrightarrow{RD_1}$共线，且$\overrightarrow{RM}$和$\overrightarrow{RA_1}$不共线，所以$4\overrightarrow{RM}+2\overrightarrow{RN}=\mathbf{0}$，且

$(3\overrightarrow{RA_1}+\overrightarrow{RD_1})=\mathbf{0}$，这就说明点 R 既是 A_1D_1 的中点，也是 MN 的三等分点. 同理

可证点 S 既是 A_2D_2 的中点，也是 MN 的三等分点.

也可以写作

$$\overrightarrow{NR}+\overrightarrow{RA_1}=\overrightarrow{NB}+\overrightarrow{BA_1}=\overrightarrow{CN}+2\overrightarrow{A_1A}$$

$$=\overrightarrow{CD_1}+\overrightarrow{D_1R}+\overrightarrow{RN}+2\overrightarrow{A_1A}$$

$$=2\overrightarrow{D_1D}+\overrightarrow{D_1R}+\overrightarrow{RN}+2\overrightarrow{A_1A}$$

$$=2(\overrightarrow{D_1R}+\overrightarrow{RM}+\overrightarrow{MD})+\overrightarrow{D_1R}+\overrightarrow{RN}$$

$$+2(\overrightarrow{A_1R}+\overrightarrow{RM}+\overrightarrow{MA}),$$

注意$\overrightarrow{MD}+\overrightarrow{MA}=\mathbf{0}$，整理得到 $2\overrightarrow{NR}+3\overrightarrow{RA_1}=3\overrightarrow{D_1R}+4\overrightarrow{RM}$，即可得到结论.

【例 3.11】 如图 3-14，A 和 B 为两条定直线 AX 和 BY 上的定点，P 及 R 为

射线 AX 上两点，Q 和 S 为射线 BY 上两点，$\dfrac{AP}{BQ}=\dfrac{AR}{BS}$ 为定比；M,N,T 分别为

AB,PQ,RS 上的点，$\dfrac{AM}{MB}=\dfrac{PN}{NQ}=\dfrac{RT}{TS}$ 为另一定比；问 M,N,T 三点的位置关系如

何？证明你的结论.（1994 年 IMO 中国集训队第九次测验）

图 3-14

证明 由 $\dfrac{AP}{BQ}=\dfrac{AR}{BS}$ 可得 $\dfrac{AP}{AR}=\dfrac{BQ}{BS}$，设 $\dfrac{AP}{AR}=\dfrac{BQ}{BS}=m$，$\dfrac{AM}{MB}=\dfrac{PN}{NQ}=\dfrac{RT}{TS}=n$，$\overrightarrow{MN}$

$=\overrightarrow{MA}+\overrightarrow{AP}+\overrightarrow{PN}$，$n\overrightarrow{MN}=n(\overrightarrow{MB}+\overrightarrow{BQ}+\overrightarrow{QN})$，两式相加得

$$(n+1)\overrightarrow{MN}=(\overrightarrow{MA}+\overrightarrow{AP}+\overrightarrow{PN})+(n\overrightarrow{MB}+n\overrightarrow{BQ}+n\overrightarrow{QN})=n\overrightarrow{BQ}+\overrightarrow{AP}.$$

同理可得
$$(n+1)\overrightarrow{MT}=n\overrightarrow{BS}+\overrightarrow{AR}.$$

则
$$(n+1)\overrightarrow{MT}=n\overrightarrow{BS}+\overrightarrow{AR}=\frac{1}{m}(n\overrightarrow{BQ}+\overrightarrow{AP})=\frac{1}{m}(n+1)\overrightarrow{MN},$$

即 $\overrightarrow{MT}=\dfrac{1}{m}\overrightarrow{MN}$，所以 M,N,T 三点共线，且 $\dfrac{MN}{MT}=\dfrac{AP}{AR}=\dfrac{BQ}{BS}$.

也可写作：设 $\dfrac{AM}{MB}=\dfrac{PN}{NQ}=\dfrac{RT}{TS}=n,\dfrac{AP}{PR}=\dfrac{BQ}{QS}=k$，则

$$\overrightarrow{MN}+\overrightarrow{NP}=\overrightarrow{MA}+\overrightarrow{AP}=n\overrightarrow{BM}+k\overrightarrow{PR}$$
$$=n(\overrightarrow{BQ}+\overrightarrow{QN}+\overrightarrow{NM})+k(\overrightarrow{PN}+\overrightarrow{NT}+\overrightarrow{TR})$$
$$=n\overrightarrow{BQ}+n\overrightarrow{QN}+n\overrightarrow{NM}+k\overrightarrow{PN}+k\overrightarrow{NT}+nk(\overrightarrow{SQ}+\overrightarrow{QN}+\overrightarrow{NT});$$

注意到 $\overrightarrow{BQ}=k\overrightarrow{QS}$ 和 $\overrightarrow{NP}=n\overrightarrow{QN}$，整理得 $(1+n)\overrightarrow{MN}=k(1+n)\overrightarrow{NT}$，结论同上.

【例 3.12】 如图 3-15，凸六边形 $ABCDEF$ 的 6 个顶点是 $\triangle UVW$ 和 $\triangle XYZ$ 的边的交点，已知 $\dfrac{AB}{UV}=\dfrac{CD}{VW}=\dfrac{EF}{WU}$，求证：$\dfrac{BC}{XY}=\dfrac{DE}{YZ}=\dfrac{FA}{ZX}$.

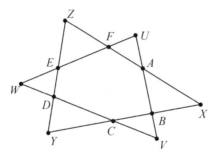

图 3-15

证明 设 $\dfrac{AB}{UV}=\dfrac{CD}{VW}=\dfrac{EF}{WU}=k,\dfrac{BC}{XY}=k_1,\dfrac{DE}{YZ}=k_2,\dfrac{FA}{ZX}=k_3,\overrightarrow{AB}+\overrightarrow{CD}+\overrightarrow{EF}=k\overrightarrow{UV}+k\overrightarrow{VW}+k\overrightarrow{WU}=\mathbf{0}.$ 而

$$\overrightarrow{AB}+\overrightarrow{BC}+\overrightarrow{CD}+\overrightarrow{DE}+\overrightarrow{EF}+\overrightarrow{FA}=\mathbf{0},$$

所以
$$\overrightarrow{BC}+\overrightarrow{DE}+\overrightarrow{FA}=\mathbf{0};$$

即 $k_1\overrightarrow{XY}+k_2\overrightarrow{YZ}+k_3\overrightarrow{ZX}=\mathbf{0}$，亦即 $k_1\overrightarrow{XY}+k_2\overrightarrow{YZ}+k_3(\overrightarrow{ZY}+\overrightarrow{YX})=\mathbf{0}$，即 (k_1-k_3)

$\overrightarrow{XY}+(k_2-k_3)\overrightarrow{YZ}=\mathbf{0}$，而 $\overrightarrow{XY}$ 和 $\overrightarrow{YZ}$ 不共线，所以 $k_1=k_2=k_3$，$\dfrac{BC}{XY}=\dfrac{DE}{YZ}=\dfrac{FA}{ZX}$．

【例 3.13】 如图 3-16，设 O 是 $\triangle ABC$ 内一点．过 O 作平行于 BC 的直线，与 AB 和 AC 分别交于 J 和 P．过 P 作直线 PE 平行于 AB，与 BO 的延长线交于 E．求证：$CE/\!/AO$．

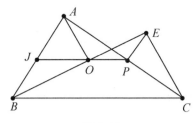

图 3-16

证法 1 设 $\overrightarrow{PC}=u\overrightarrow{AP}$，$\overrightarrow{PO}=v\overrightarrow{OJ}$，则 $\overrightarrow{BJ}=u\overrightarrow{JA}$，

$$\overrightarrow{PE}+\overrightarrow{EO}=\overrightarrow{PO}=v\overrightarrow{OJ}=v(\overrightarrow{OB}+\overrightarrow{BJ}),$$

于是 $\overrightarrow{PE}=v\overrightarrow{BJ}=uv\overrightarrow{JA}$，所以

$$\overrightarrow{CE}=\overrightarrow{CP}+\overrightarrow{PE}=u\overrightarrow{PA}+uv\overrightarrow{JA}$$

$$=u(\overrightarrow{PO}+\overrightarrow{OA})+uv(\overrightarrow{JO}+\overrightarrow{OA})$$

$$=uv(\overrightarrow{OJ}+\overrightarrow{JO})+u(1+v)\overrightarrow{OA}$$

$$=u(1+v)\overrightarrow{OA}.$$

证法 2 设 $\overrightarrow{BO}=n\overrightarrow{OE}$，$\overrightarrow{BA}=m\overrightarrow{BJ}$，则 $\overrightarrow{CA}=m\overrightarrow{CP}$，

$$\overrightarrow{PA}=\overrightarrow{CA}-\overrightarrow{CP}=(m-1)\overrightarrow{CP}.$$

$$\overrightarrow{OA}=\overrightarrow{OB}+\overrightarrow{BA}=n\overrightarrow{EO}+m\overrightarrow{BJ}$$

$$=n\overrightarrow{EP}+n\overrightarrow{PO}+mn\overrightarrow{PE}$$

$$=(m-1)n\overrightarrow{PE}+n(\overrightarrow{PA}-\overrightarrow{OA})$$

$$=(m-1)n\overrightarrow{PE}+(m-1)n\overrightarrow{CP}-n\overrightarrow{OA}$$

$$=(m-1)n\overrightarrow{CE}-n\overrightarrow{OA},$$

即 $(m-1)n\overrightarrow{CE}=(1+n)\overrightarrow{OA}$．

【例 3.14】 如图 3-17，五边形 $ABCDE$ 中，点 F,G,H,I 分别是 AB,BC,CD，

DE 的中点，点 J 和 K 分别是 FH 和 GI 的中点，求证：$JK /\!/ AE$ 且 $JK = \dfrac{1}{4}AE$.

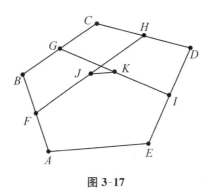

图 3-17

证法 1　$2\overrightarrow{JK} = \overrightarrow{HG} + \overrightarrow{FI} = \dfrac{1}{2}\overrightarrow{DB} + \dfrac{1}{2}(\overrightarrow{BD} + \overrightarrow{AE}) = \dfrac{1}{2}\overrightarrow{AE}$.

或者写作：$2\overrightarrow{JK} = \overrightarrow{FG} + \overrightarrow{HI} = \dfrac{1}{2}\overrightarrow{AC} + \dfrac{1}{2}\overrightarrow{CE} = \dfrac{1}{2}\overrightarrow{AE}$.

证法 2　设平面上任意一点 O，

$$\overrightarrow{JK} = \overrightarrow{OK} - \overrightarrow{OJ} = \dfrac{1}{2}(\overrightarrow{OG} + \overrightarrow{OI}) - \dfrac{1}{2}(\overrightarrow{OF} + \overrightarrow{OH})$$

$$= \dfrac{1}{4}(\overrightarrow{OB} + \overrightarrow{OC} + \overrightarrow{OD} + \overrightarrow{OE}) - \dfrac{1}{4}(\overrightarrow{OA} + \overrightarrow{OB} + \overrightarrow{OC} + \overrightarrow{OD})$$

$$= \dfrac{1}{4}(\overrightarrow{OE} - \overrightarrow{OA}) = \dfrac{1}{4}\overrightarrow{AE},$$

所以 $JK /\!/ AE$ 且 $JK = \dfrac{1}{4}AE$.

证法 3　由于 O 是平面上任意一点，所以干脆省略不写.

$$\overrightarrow{JK} = \boldsymbol{K} - \boldsymbol{J} = \dfrac{1}{2}(\boldsymbol{G} + \boldsymbol{I}) - \dfrac{1}{2}(\boldsymbol{F} + \boldsymbol{H})$$

$$= \dfrac{1}{4}(\boldsymbol{B} + \boldsymbol{C} + \boldsymbol{D} + \boldsymbol{E}) - \dfrac{1}{4}(\boldsymbol{A} + \boldsymbol{B} + \boldsymbol{C} + \boldsymbol{D})$$

$$= \dfrac{1}{4}(\boldsymbol{E} - \boldsymbol{A}) = \dfrac{1}{4}\overrightarrow{AE}.$$

这种"省略任意点 O，用一个字母表示向量的"方式，已经带有质点几何学的味

道了.这种方式解题,可避免绕来绕去绕多了,走弯路.我们在后面会有专题介绍.

此题的传统证法要添加较多的辅助线,特别是辅助点 L 难以想到.

证明　如图 3-18,联结 AD,设 L 是 AD 中点,易证四边形 $FLHG$ 是平行四边形.J 既是 FH 的中点,那必然是 GL 的中点,所以 JK 是 $\triangle GLI$ 的中位线,而 LI 是 $\triangle DAB$ 的中位线,所以 $JK=\dfrac{1}{2}LI=\dfrac{1}{4}AE$.

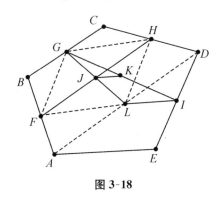

图 3-18

证明过程倒不是很复杂,难在发现入口;而向量法则是推门即入,直来直往.

【**例 3.15**】　如图 3-19,在凸四边形 $ABCD$ 的对角线 AC 上取点 K 和 M,在对角线 BD 上取点 P 和 T,使得 $AK=MC=\dfrac{1}{4}AC$,$BP=TD=\dfrac{1}{4}BD$.证明:过 AD 和 BC 中点的连线,通过 PM 和 KT 的中点.(第 17 届苏联数学奥林匹克试题)

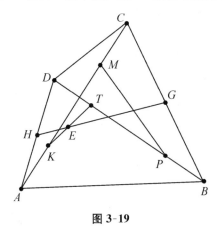

图 3-19

证明 设 H,G,E 分别是 AD,BC,KT 的中点,则 $\overrightarrow{GH}=\dfrac{1}{2}(\overrightarrow{BA}+\overrightarrow{CD})$,$\overrightarrow{EH}=$

$\dfrac{1}{2}(\overrightarrow{KA}+\overrightarrow{TD})=\dfrac{1}{2}\left(\dfrac{1}{4}\overrightarrow{CA}+\dfrac{1}{4}\overrightarrow{BD}\right)=\dfrac{1}{8}(\overrightarrow{BA}+\overrightarrow{CD})$,显然 $\overrightarrow{GH}=4\overrightarrow{EH}$,所以 $H,E,$

G 三点共线.同理可证 HG 过 PM 的中点.

或者简写

$$E=\frac{K+T}{2}$$

$$=\frac{(\frac{3}{4}A+\frac{1}{4}C)+(\frac{3}{4}D+\frac{1}{4}B)}{2}$$

$$=\frac{3}{8}(A+D)+\frac{1}{8}(B+C)$$

$$=\frac{3}{4}H+\frac{1}{4}G,$$

所以 H,E,G 三点共线.

目前高考中考察向量回路的题目很多,譬如例 3.16 和例 3.17,基本上属于送分题.

【**例 3.16**】 已知 O,A,B 是平面上的三个点,直线 AB 上有一点 C,满足 $2\overrightarrow{AC}$ $+\overrightarrow{CB}=\mathbf{0}$,则 $\overrightarrow{OC}=($).

A. $2\overrightarrow{OA}-\overrightarrow{OB}$ B. $-\overrightarrow{OA}+2\overrightarrow{OB}$

C. $\dfrac{2}{3}\overrightarrow{OA}-\dfrac{1}{3}\overrightarrow{OB}$ D. $-\dfrac{1}{3}\overrightarrow{OA}+\dfrac{2}{3}\overrightarrow{OB}$

解 题目条件 $2\overrightarrow{AC}+\overrightarrow{CB}=\mathbf{0}$ 与 O 无关,而所求和所给出的选项都和 O 有关,所以需要将 O 引入到条件中去.

$2\overrightarrow{AC}+\overrightarrow{CB}=2\overrightarrow{AO}+2\overrightarrow{OC}+\overrightarrow{CO}+\overrightarrow{OB}=\mathbf{0}$,所以 $\overrightarrow{OC}=2\overrightarrow{OA}-\overrightarrow{OB}$.故选 A.

【**例 3.17**】 如图 3-20,在四边形 $ABCD$ 中,$AB+BD+DC=4$,$AB\cdot BD+$ $BD\cdot DC=4$,$\overrightarrow{AB}\cdot\overrightarrow{BD}+\overrightarrow{BD}\cdot\overrightarrow{DC}=0$,则 $(\overrightarrow{AB}+\overrightarrow{DC})\cdot\overrightarrow{AC}=$ _____.

解 由 $AB+BD+DC=4$,$AB\cdot BD+BD\cdot DC=4$,得 $AB+DC=2$.

而$\overrightarrow{AB} \cdot \overrightarrow{BD} + \overrightarrow{BD} \cdot \overrightarrow{DC} = 0$,可得$AB // DC$,

$(\overrightarrow{AB} + \overrightarrow{DC}) \cdot \overrightarrow{AC} = (\overrightarrow{AB} + \overrightarrow{DC}) \cdot (\overrightarrow{AB} + \overrightarrow{BD} + \overrightarrow{DC}) = (\overrightarrow{AB} + \overrightarrow{DC})^2 = 4.$

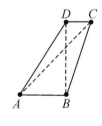

图 3-20

【例 3.18】 如图 3-21,点 P 是△ABC 中一点,HG,EF,JK 过点 P,且 $HG //$ $AB,EF // AC,JK // BC$,求证:$\dfrac{GH}{AB} + \dfrac{EF}{AC} + \dfrac{JK}{BC} = 2.$

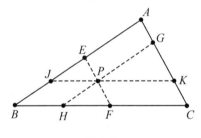

图 3-21

证明 设$\overrightarrow{AE} = m\overrightarrow{AB},\overrightarrow{AG} = n\overrightarrow{AC}$,则$\overrightarrow{EF} = (1-m)\overrightarrow{AC},\overrightarrow{GH} = (1-n)\overrightarrow{AB},\overrightarrow{JP} = \overrightarrow{BH} = n\overrightarrow{BC},\overrightarrow{PK} = \overrightarrow{FC} = m\overrightarrow{BC},\overrightarrow{JK} = \overrightarrow{JP} + \overrightarrow{PK} = (m+n)\overrightarrow{BC}$,所以

$$\frac{GH}{AB} + \frac{EF}{AC} + \frac{JK}{BC} = 1 - n + 1 - m + m + n = 2.$$

例 3.18 是某位中学老师学习向量法之后,尝试解几何题.确实也有参考资料这样做,事实上完全可以把向量符号去掉.因为此时 J,P,K 三点共线,而$\overrightarrow{JK} = \overrightarrow{JP} + \overrightarrow{PK}$不依赖于三点共线的优势没有用上.

从以上例题可看出,向量回路法如果好好运用,能解不少难题.但不少中学老师掌握情况还不是很理想.下面这道题及原解法抄自某资料.

【例 3.19】 △ABC 外接圆圆心为O,两条高交于 H,$\overrightarrow{OH} = m(\overrightarrow{OA} + \overrightarrow{OB} +$

$\overrightarrow{OC}$),求 m.(2005 年全国高考试题)

原解 如图 3-22,设 D 是 BC 中点,则 $\overrightarrow{OH}=m(\overrightarrow{OA}+\overrightarrow{OB}+\overrightarrow{OC})=m\overrightarrow{OA}+2m$ $\overrightarrow{OD}$,所以 $\overrightarrow{OA}+\overrightarrow{AH}=m\overrightarrow{OA}+2m\overrightarrow{OD}$,$\overrightarrow{AH}=(m-1)\overrightarrow{OA}+2m\overrightarrow{OD}$;而 $\overrightarrow{AH}\cdot\overrightarrow{BC}=(m$ $-1)\overrightarrow{OA}\cdot\overrightarrow{BC}+2m\overrightarrow{OD}\cdot\overrightarrow{BC}$,即 $0=(m-1)\overrightarrow{OA}\cdot\overrightarrow{BC}+0$,所以 $m=1$.

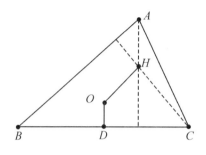

图 3-22

评论 此解法虽然没错,但走了弯路.可以认为解题者对平面向量基本定理还没掌握好.当得到 $\overrightarrow{OA}+\overrightarrow{AH}=m\overrightarrow{OA}+2m\overrightarrow{OD}$ 后,应该立刻得出 $m=1$.高手解题,讲求一招制敌,追求的是尽可能简单快捷.平时不断注意减少解题时的废招,对提高解题能力大有好处.

【例 3.20】 求证:三角形中垂心 H、重心 G、外心 O 三点共线,且 $HG=2GO$.(欧拉线定理)

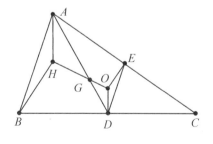

图 3-23

证明 如图 3-23,设 D 和 E 是 BC 和 AC 的中点,则 $\overrightarrow{AB}=2\overrightarrow{ED}$,即 $\overrightarrow{AH}+\overrightarrow{HB}$ $=2\overrightarrow{EO}+2\overrightarrow{OD}$,所以 $\overrightarrow{AH}=2\overrightarrow{OD}$,$\overrightarrow{HB}=2\overrightarrow{EO}$.设 AD 交 HO 于 K,则由 $\overrightarrow{AH}=2\overrightarrow{OD}$ 得 $\overrightarrow{AK}+\overrightarrow{KH}=2\overrightarrow{OK}+2\overrightarrow{KD}$,所以 $\overrightarrow{KH}=2\overrightarrow{OK}$,$\overrightarrow{AK}=2\overrightarrow{KD}$,原来所设的 K 就是重

心 G，即 $\vec{GH}=2\vec{OG}$. 顺便可得 $\vec{OH}=3\vec{OG}=\vec{OA}+\vec{OB}+\vec{OC}$.

某些资料给出此题的向量证法，基本上就是综合几何证法的简单翻译.

证明 如图 3-24，作 $\triangle ABC$ 的外接圆，延长 BO 交圆于 K，联结 AK,CK；BK 为直径，H 为垂心，则 $AK\perp AB,HC\perp AB$ 得 $AK\parallel HC$，同理 $CK\parallel AH$，所以 AH-CK 为平行四边形，从而有

$$\vec{OA}+\vec{OB}+\vec{OC}=\vec{OA}-\vec{OK}+\vec{OC}=\vec{KA}+\vec{OC}=\vec{CH}+\vec{OC}=\vec{OH};$$

而 $\vec{OG}=\dfrac{1}{3}(\vec{OA}+\vec{OB}+\vec{OC})$，所以 $\vec{OG}=\dfrac{1}{3}\vec{OH}$.

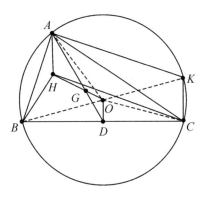

图 3-24

为什么说这种证法是综合几何证法的简单翻译呢？因为它没有突出向量的优势. 作出外接圆后，易得 $AH\underline{\underline{\parallel}}2OD$，立刻可得 $AG=2GD,HG=2GO$.

当然，我们要辩证地看待事物. 解题的方法多种多样，对于这些方法，我们平时都要进行专项训练，这样才能对各种方法的长短，做到心中有数. 而等到正式解题了，那就无需再受具体招式的限制. 只要能解决问题就是好方法. 所以在以后的解题当中，也不必过分拘束于单纯的向量方法，可结合图形性质，多种方法并用.

向量法是联系中学数学很多知识点的纽带，而向量法解题也确实能够做到把各种解题方法集于一身，值得重视.

例 3.21 原为法国试题，后载于《数学教学》2008 年第 8 期的《数学问题和解答》栏目，原解答是坐标法，较为复杂.

【例 3.21】 已知 $\triangle ABC$ 中，O 和 H 分别是外心、垂心. R 为其外接圆半径，试将 $AB^2 + BC^2 + CA^2 + OH^2$ 写成关于 R 的函数.

证明 由例 3.19 得 $\overrightarrow{OH} = \overrightarrow{OA} + \overrightarrow{OB} + \overrightarrow{OC}$，那么

$$AB^2 + BC^2 + CA^2 + OH^2$$

$$= (\overrightarrow{AO} + \overrightarrow{OB})^2 + (\overrightarrow{BO} + \overrightarrow{OC})^2 + (\overrightarrow{CO} + \overrightarrow{OA})^2 + (\overrightarrow{OA} + \overrightarrow{OB} + \overrightarrow{OC})^2$$

$$= 9R^2.$$

无需展开计算，稍作观察，就可知哪些项会被留下，哪些项会被消去.

第四章

向量与平行四边形

向量一产生,最早赋予它的性质就是平行四边形法则,这说明向量与平行四边形有着天然的联系.

那么可以预见,使用向量可轻松推导出平行四边形的很多性质,而用向量法解平行四边形问题,也存在天然的便利.

本章将基于回路的思想,论证平行四边形相关性质以及求解平行四边形有关问题.希望能为向量与初中平面几何的结合作些探究,为建立符合教学需求的向量几何体系做些准备.

性质 平面上不共线四点 A,B,C,D,若满足 $\overrightarrow{AB}=\overrightarrow{DC}$ 或 $\overrightarrow{AD}=\overrightarrow{BC}$,则四边形 $ABCD$ 是平行四边形.

这是用向量定义平行四边形,用到平行四边形的性质:平行四边形的对边平行且相等.其中,$\overrightarrow{AB}=\overrightarrow{DC}$ 等价于 $B-A=C-D$,即 $D-A=C-B$,等价于 $\overrightarrow{AD}=\overrightarrow{BC}$.这样的变形,联系平行四边形的性质,一下就清楚了.

以平行四边形的符号表示而言,综合几何写作:$AB\underline{\underline{\parallel}}DC$,其中"平行且相等"的符号一般不参与运算,使得 $AB\underline{\underline{\parallel}}DC$ 只是一个死的记号而已;而向量表示则不同,运算起来灵活多变,厉害得很!

基于定义,可推出平行四边形种种性质.

(1)两组对边分别平行的四边形是平行四边形.

证明 $\overrightarrow{AC}=\overrightarrow{AB}+\overrightarrow{BC}=\overrightarrow{AD}+\overrightarrow{DC}$,若 $AB/\!/DC$,$AD/\!/BC$,则 $\overrightarrow{AB}=\overrightarrow{DC}$,$\overrightarrow{BC}=\overrightarrow{AD}$,所以四边形 $ABCD$ 是平行四边形.

(2)平行四边形对角线互相平分. 反之,对角线互相平分的四边形是平行四边形.

证明 如图 4-1,$\overrightarrow{AO}+\overrightarrow{OB}=\overrightarrow{AB}=\overrightarrow{DC}=\overrightarrow{DO}+\overrightarrow{OC}$;因为 $\overrightarrow{AO}$ 和 $\overrightarrow{OC}$ 共线,$\overrightarrow{DO}$ 和 $\overrightarrow{OB}$ 共线,但 $\overrightarrow{AO}$ 和 $\overrightarrow{OB}$ 不共线,于是 $\overrightarrow{AO}=\overrightarrow{OC}$,$\overrightarrow{OB}=\overrightarrow{DO}$. 反之,若 $\overrightarrow{AO}=\overrightarrow{OC}$,$\overrightarrow{OB}=\overrightarrow{DO}$,则 $\overrightarrow{AO}+\overrightarrow{OB}=\overrightarrow{DO}+\overrightarrow{OC}$,即 $\overrightarrow{AB}=\overrightarrow{DC}$.

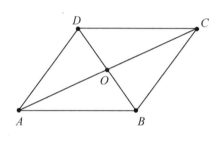

图 4-1

(3)顺次联结四边形中点所构成的图形为平行四边形.

证明 如图 4-2,

图 4-2

$$\overrightarrow{HE}=\overrightarrow{HA}+\overrightarrow{AE}=\frac{1}{2}\overrightarrow{DA}+\frac{1}{2}\overrightarrow{AB}=\frac{1}{2}\overrightarrow{DB}=\frac{1}{2}\overrightarrow{DC}+\frac{1}{2}\overrightarrow{CB}=\overrightarrow{GC}+\overrightarrow{CF}=\overrightarrow{GF}.$$

(4)平行四边形是中心对称图形,对称中心是两对角线的交点.

证明　如图 4-3,在平行四边形 $ABCD$ 某边上任取点 P,直线 PO 与平行四边形相交得到一个新的交点 P',其中 O 为平行四边形对角线交点,则由 $\overrightarrow{AO}=\overrightarrow{OC}$ 得 $\overrightarrow{AP}+\overrightarrow{PO}=\overrightarrow{OP'}+\overrightarrow{P'C}$,所以 $\overrightarrow{PO}=\overrightarrow{OP'}$.

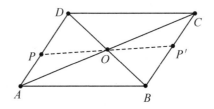

图 4-3

(5)平行四边形的对角相等,两邻角互补.

证明　平行四边形 $ABCD$ 中,必有 $\overrightarrow{AB}=\overrightarrow{DC}$,$\overrightarrow{BC}=\overrightarrow{AD}$,则 $\overrightarrow{AB}\cdot\overrightarrow{BC}=\overrightarrow{DC}\cdot\overrightarrow{AD}$,$\angle ABC=\angle ADC$;同理 $\angle DAB=\angle DCB$;$\angle ABC+\angle ADC+\angle DAB+\angle DCB=360°$,所以 $\angle ABC+\angle DAB=180°$.

【例 4.1】　如图 4-4,平行四边形 $ABCD$ 的对角线交于点 O,过 O 作两条直线交四边得到 E,F,G,H 四点,求证:四边形 $EGFH$ 是平行四边形.

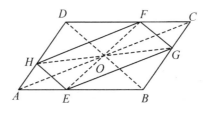

图 4-4

证明　$\overrightarrow{OA}=\overrightarrow{CO}$,即 $\overrightarrow{OE}+\overrightarrow{EA}=\overrightarrow{CF}+\overrightarrow{FO}$,得 $\overrightarrow{OE}=\overrightarrow{FO}$;同理 $\overrightarrow{OH}=\overrightarrow{GO}$,所以四边形 $EGFH$ 是平行四边形.

【例 4.2】　如图 4-5,在平行四边形 $ABCD$ 中,$DE\perp AB$,$BF\perp CD$,$AG=HC$,求证:GH 和 EF 互相平分.

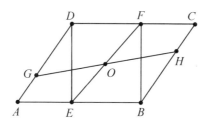

图 4-5

证明 1 由 $\overrightarrow{AD}=\overrightarrow{BC}$,即 $\overrightarrow{AE}+\overrightarrow{ED}=\overrightarrow{BF}+\overrightarrow{FC}$,得 $\overrightarrow{AE}=\overrightarrow{FC}$;又由于 $\overrightarrow{AG}=\overrightarrow{HC}$,所以 $\overrightarrow{EG}=\overrightarrow{EA}+\overrightarrow{AG}=\overrightarrow{CF}+\overrightarrow{HC}=\overrightarrow{HF}$;四边形 $EHFG$ 是平行四边形,对角线互相平分;

证明 2 由 $\overrightarrow{AD}=\overrightarrow{BC}$,即 $\overrightarrow{AE}+\overrightarrow{ED}=\overrightarrow{BF}+\overrightarrow{FC}$,得 $\overrightarrow{AE}=\overrightarrow{FC}$;又由于 $\overrightarrow{AG}=\overrightarrow{HC}$,所以 $\overrightarrow{EG}=\overrightarrow{EA}+\overrightarrow{AG}=\overrightarrow{CF}+\overrightarrow{HC}=\overrightarrow{HF}$;设 GH 与 EF 交于点 O,由 $\overrightarrow{EG}=\overrightarrow{HF}$ 得 $\overrightarrow{EO}+\overrightarrow{OG}=\overrightarrow{OF}+\overrightarrow{HO}$,所以 $EO=OF,GO=OH$.

【例 4.3】 如图 4-6,四边形 $ABCD$ 中,点 E 和 F 分别是 CD 和 AB 的中点, AE,DF,BE,CF 四边中点是 G,H,I,J,求证:四边形 $GHIJ$ 为平行四边形.

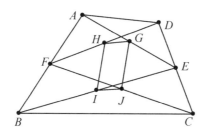

图 4-6

证明 由向量形式的四边形中位线公式得 $2\overrightarrow{HG}=\overrightarrow{DA}+\overrightarrow{FE}$, $2\overrightarrow{JI}=\overrightarrow{CB}+\overrightarrow{FE}$, $2\overrightarrow{FE}=\overrightarrow{AD}+\overrightarrow{BC}$,三式相加得 $\overrightarrow{HG}+\overrightarrow{JI}=\mathbf{0}$,所以四边形 $GHIJ$ 为平行四边形.

【例 4.4】 如图 4-7,已知 D,E,F 是 $\triangle ABC$ 三边的中点,四边形 $BFGD$ 是平行四边形,求证:四边形 $ECGA$ 是平行四边形.

证明 $\overrightarrow{CG}=\overrightarrow{CF}+\overrightarrow{FG}=\dfrac{1}{2}\overrightarrow{CA}+\dfrac{1}{2}\overrightarrow{BA}=\overrightarrow{EA}$.

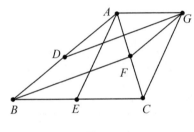

图 4-7

【例 4.5】 四边形 $ABCD, AEFG, ADFH, FIJE$ 和 $BIJC$ 都是平行四边形,求证:四边形 $AFHG$ 也是平行四边形.

分析 此题牵涉如此多平行四边形,画图都是麻烦;但利用向量来解,就如同解代数方程一样,一步步减少未知数个数即可.

证明 由题意得 $\overrightarrow{AB}=\overrightarrow{DC}, \overrightarrow{AE}=\overrightarrow{GF}, \overrightarrow{AD}=\overrightarrow{HF}, \overrightarrow{FI}=\overrightarrow{EJ}, \overrightarrow{BI}=\overrightarrow{CJ}$,要求证 $\overrightarrow{AF}=\overrightarrow{GH}$.

由 $\overrightarrow{AE}=\overrightarrow{GF}, \overrightarrow{AD}=\overrightarrow{HF}$ 得 $\overrightarrow{DE}=\overrightarrow{GH}$;由 $\overrightarrow{FI}=\overrightarrow{EJ}, \overrightarrow{BI}=\overrightarrow{CJ}$ 得 $\overrightarrow{BF}=\overrightarrow{CE}$;

由 $\overrightarrow{AB}=\overrightarrow{DC}, \overrightarrow{BF}=\overrightarrow{CE}$ 得 $\overrightarrow{AF}=\overrightarrow{DE}$;所以 $\overrightarrow{AF}=\overrightarrow{GH}$.

【例 4.6】 4-8,在矩形 $ABCD$ 的四边上分别取点 K, L, M, N,已知 $KL /\!/ MN, KM \perp NL$.求证:NL 和 MK 的交点在 BD 上.(1991 年苏联数学奥林匹克竞赛题)

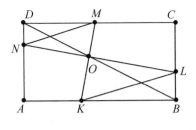

图 4-8

证明 设 NL 和 MK 的交点为 O,由 $KL /\!/ MN$ 得 $\overrightarrow{KL}=k\overrightarrow{NM}$,则 $\overrightarrow{KO}+\overrightarrow{OL}=k(\overrightarrow{NO}+\overrightarrow{OM})$,$\overrightarrow{KB}+\overrightarrow{BL}=k(\overrightarrow{ND}+\overrightarrow{DM})$,可得 $\overrightarrow{KO}=k\overrightarrow{OM}, \overrightarrow{KB}=k\overrightarrow{DM}$,从而 $\overrightarrow{KO}-\overrightarrow{KB}=k\overrightarrow{OM}-k\overrightarrow{DM}$,所以 $\overrightarrow{BO}=k\overrightarrow{OD}$,从而可得 NL 和 MK 的交点在 BD 上.

注:矩形 $ABCD$ 可推广为平行四边形 $ABCD$,条件 $KM \perp NL$ 多余.

【例4.7】 如图4-9,过平行四边形 $ABCD$ 的 4 个顶点向直线 MN 作垂线段,垂足分别为 E,F,G,H,求证:$HE=FG$;$AE-DH=CF-BG$.

图 4-9

证明 由 $\overrightarrow{AD}=\overrightarrow{BC}$ 即 $\overrightarrow{AE}+\overrightarrow{EH}+\overrightarrow{HD}=\overrightarrow{BG}+\overrightarrow{GF}+\overrightarrow{FC}$,得 $\overrightarrow{AE}+\overrightarrow{HD}=\overrightarrow{BG}+\overrightarrow{FC}$,$\overrightarrow{EH}=\overrightarrow{GF}$,所以 $HE=FG$,$AE-DH=CF-BG$.

【例4.8】 如图4-10,平行四边形 $ABCD$ 中,$AE \perp BD$ 于 E,$CF \perp BD$ 于 F,求证:$AE=CF$.

图 4-10

证明 由 $\overrightarrow{AD}=\overrightarrow{BC}$,即 $\overrightarrow{AE}+\overrightarrow{ED}=\overrightarrow{BF}+\overrightarrow{FC}$,所以 $AE=CF$.

以上给出的例题难度不大,但足以说明向量解题的优越性. 例4.8可看作例4.7的特例,常被选作全等三角形教学中例题. 与综合几何证法相比,向量证题显得简洁. 其原因也很简单,综合几何中,要证两条线段相等,首先要证线段所在的两个三角形全等,而证全等通常又得找 3 个相关条件,使得证题过程变得复杂,这就是综合几何证题常有的弊病:"证一找三",这中间明显信息不对等. 而向量法则要简单一些,根据关系列出等式,分解后立刻可得所需结论.

例 4.7 用"如图 4-9"来简化几何关系. 若不然,随着直线 MN 位置不同,线段的长度关系也在发生变化,需要讨论,但其向量关系始终有效,例 4.9、例 4.10 就是这样的例子.

【例 4.9】 如图 4-11,在正方形 $ABCD$ 中,点 E 是 BC 上一动点,点 F 是 AC 中点,联结 DE,作 $AG \perp DE$,$FH \perp DE$,$CI \perp DE$. 探究 AG,FH,CI 这三条线段长度之间的关系?

解 $2\overrightarrow{FH} = (\overrightarrow{FA} + \overrightarrow{AG} + \overrightarrow{GH}) + (\overrightarrow{FC} + \overrightarrow{CI} + \overrightarrow{IH}) = \overrightarrow{AG} + \overrightarrow{GH} + \overrightarrow{CI} + \overrightarrow{IH}$,即 $2\overrightarrow{FH} - \overrightarrow{AG} - \overrightarrow{CI} = \overrightarrow{GH} + \overrightarrow{IH}$,由于 $\overrightarrow{FH}$,$\overrightarrow{AG}$,$\overrightarrow{CI}$ 共线,$\overrightarrow{GH} + \overrightarrow{IH}$ 共线,所以 $2\overrightarrow{FH} - \overrightarrow{AG} - \overrightarrow{CI} = \mathbf{0}$. 当点 E 在 BC 延长线上时,$2FH = AG + CI$;当点 E 在 BC 上时,$2FH = AG - CI$;当点 E 在 CB 延长线上时,$2FH = CI - AG$.

显然题目中正方形可以推广到平行四边形.

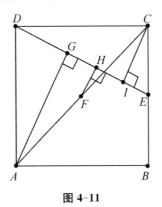

图 4-11

【例 4.10】 如图 4-12,设 AC 是平行四边形 $ABCD$ 的长对角线,作 $CE \perp AB$,$CF \perp AD$,求证:$AB \cdot AE + AD \cdot AF = AC^2$.

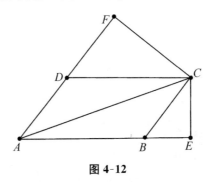

图 4-12

证明 $AC^2 = \overrightarrow{AC}^2 = \overrightarrow{AC} \cdot (\overrightarrow{AB} + \overrightarrow{AD}) = AB \cdot AE + AD \cdot AF.$

注意:题目强调 AC 是长对角线,如果 AC 是较短的对角线又如何? 分为两种情形,如图 4-13,点 C 在 AB 和 AD 上的射影都在 AB 和 AD 线段上(包括端点),则仍然有结论 $AB \cdot AE + AD \cdot AF = AC^2.$

图 4-13

如图 4-14,点 C 在 AB(或 AD)上的射影在 AB(或 AD)延长线上,则结论改为 $AD \cdot AF - AB \cdot AE = AC^2$(或 $AB \cdot AE - AD \cdot AF = AC^2$). 与其分情况这么复杂,不如写成向量形式 $\overrightarrow{AC}^2 = \overrightarrow{AB} \cdot \overrightarrow{AE} + \overrightarrow{AD} \cdot \overrightarrow{AF}$ 作一个统一.

图 4-14

【**例 4.11**】 如图 4-15,AB 是圆 O 的直径,过 A 和 B 引两条弦 AD,BE 交于 C,求证:$AB^2 = AD \cdot AC + BE \cdot BC.$

图 4-15

证明 $AB^2 = \overrightarrow{AB}^2 = \overrightarrow{AB} \cdot (\overrightarrow{AC} + \overrightarrow{CB}) = \overrightarrow{AD} \cdot \overrightarrow{AC} + \overrightarrow{EB} \cdot \overrightarrow{CB} = AD \cdot AC + BE \cdot BC.$

例 4.11 也是因为有"如图 4-15"来简化几何关系. 否则,各种情况是复杂的,用向量法则可省事不少.

【例 4.12】 BD 和 CE 是 $\triangle ABC$ 的两条高,探究 $BC^2, BE \cdot BA, CD \cdot CA$ 之间的关系.

证明 （1）如图 4-16,如果 $\triangle ABC$ 是锐角三角形,则

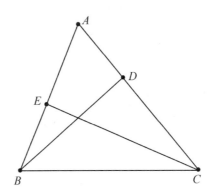

图 4-16

$BC^2 = \overrightarrow{BC} \cdot \overrightarrow{BC} = \overrightarrow{BC} \cdot (\overrightarrow{BA} + \overrightarrow{AC}) = BE \cdot BA + CD \cdot CA.$

（2）如图 4-17,如果 $\triangle ABC$ 是直角三角形,此时有两种情形,若 $\angle A$ 是直角,则

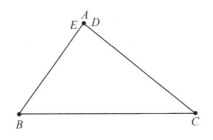

图 4-17

$BC^2 = \overrightarrow{BC} \cdot \overrightarrow{BC} = \overrightarrow{BC} \cdot (\overrightarrow{BA} + \overrightarrow{AC}) = BA^2 + AC^2,$

此即勾股定理:

如图 4-18,若 $\angle C$（或 $\angle B$）是直角,则

$BC^2 = \overrightarrow{BC} \cdot \overrightarrow{BC} = \overrightarrow{BC} \cdot (\overrightarrow{BA} + \overrightarrow{AC}) = BE \cdot BA,$

此即射影定理.

图 4-18

（3）如果△ABC是钝角三角形,此时有两种情形,若∠A是钝角,如图 4-19,则

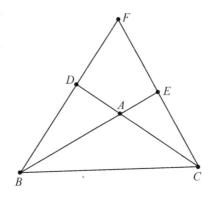

图 4-19

$$BC^2 = \overrightarrow{BC} \cdot \overrightarrow{BC} = \overrightarrow{BC} \cdot (\overrightarrow{BA} + \overrightarrow{AC}) = BE \cdot BA + CD \cdot CA;$$

若∠C(或∠B)是钝角,如图 4-20,则

图 4-20

$$\overrightarrow{BC} \cdot \overrightarrow{BC} = \overrightarrow{BC} \cdot (\overrightarrow{BA} + \overrightarrow{AC}) = BE \cdot BA - CD \cdot CA.$$

【例 4. 13】 如图 4-21，$\triangle ACD$ 中，E 和 F 分别为 AD 和 CD 的中点，R 和 T 分别为 AC 三等分点，ER 与 FT 交于 B，求证：四边形 $ABCD$ 是平行四边形.

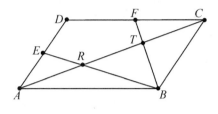

图 4-21

强调：看到此题，切莫以为是前言中已经出现过的那道题. 两个问题看似只不过条件和结论调换了一下，但题目步骤却要长不少！

证明 $\overrightarrow{EF} = \overrightarrow{ED} + \overrightarrow{DF} = \frac{1}{2}(\overrightarrow{AD} + \overrightarrow{DC}) = \frac{1}{2}\overrightarrow{AC} = \frac{3}{2}\overrightarrow{RT}$，即

$\overrightarrow{EB} + \overrightarrow{BF} = \frac{3}{2}(\overrightarrow{RB} + \overrightarrow{BT})$，则 $\overrightarrow{BF} = \frac{3}{2}\overrightarrow{BT}$，$\overrightarrow{FT} = \frac{1}{2}\overrightarrow{TB}$，所以

$\overrightarrow{FC} = \overrightarrow{FT} + \overrightarrow{TC} = \frac{1}{2}(\overrightarrow{TB} + \overrightarrow{AT}) = \frac{1}{2}\overrightarrow{AB}$，$\overrightarrow{AB} = \overrightarrow{DC}$，所以四边形 $ABCD$ 是平行四边形.

【例 4. 14】 如图 4-22，在四边形 $PQRS$ 的四边上各有一点 A, B, C, D，已知 $ABCD$ 是平行四边形而且其对角线与 $PQRS$ 的对角线（共 4 条线）交于一点 O. 求证四边形 $PQRS$ 是平行四边形. (1978 年北京竞赛题)

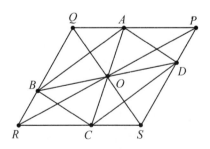

图 4-22

强调：切莫将此题与本章的例 4.1 混淆，条件和结论调换了顺序，题目的难度

相差很多. 看似简单的事情, 说清楚却并不容易.

证法 1 反证法. 如图 4-23, 若四边形 $PQRS$ 不是平行四边形, 则其对角线不能互相平分, OQ 和 OS 与 OP 和 OR 两段线段中至少有一对不相等. 不妨设 $OR<OP$, $OQ\leqslant OS$, 在 OP 上截取 $OL=OR$, 在 OS 上截取 $OM=OQ$ (M 可能与 S 重合). 由 $\overrightarrow{OB}=\overrightarrow{DO}$ 即 $\overrightarrow{OR}+\overrightarrow{RB}=\overrightarrow{DL}+\overrightarrow{LO}$ 可得 $\overrightarrow{RB}=\overrightarrow{DL}$; 同理 $\overrightarrow{QB}=\overrightarrow{DM}$, 所以 L,D,M 三点共线, L 和 M 应该在 SP 的两侧, 产生矛盾, 所以四边形 $PQRS$ 是平行四边形.

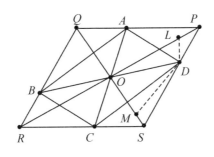

图 4-23

证法 2 反证法. 如图 4-24, 若四边形 $PQRS$ 不是平行四边形, 则其对角线不能互相平分, OQ 和 OS 与 OP 和 OR 两段线段中至少有一对不相等. 不妨设 $OR<OP$, $OQ\leqslant OS$, 在 OP 上截取 $OL=OR$, 在 OS 上截取 $OM=OQ$ (M 可能与 S 重合), 则 $QRML$ 是平行四边形. 设 ML 交 OD 于 N, 由 $\overrightarrow{OQ}=\overrightarrow{MO}$ 即 $\overrightarrow{OB}+\overrightarrow{BQ}=\overrightarrow{MN}+\overrightarrow{NO}$ 可得 $\overrightarrow{OB}=\overrightarrow{NO}$; 这与 $\overrightarrow{OB}=\overrightarrow{DO}$ 矛盾, 所以四边形 $PQRS$ 是平行四边形.

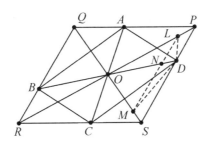

图 4-24

证法 3 正面证法. 设 $RO=uOP$, $SO=vOQ$, 不妨设 $u\geqslant v\geqslant 1$. $uvS_{\triangle POQ}=S_{\triangle ROS}=S_{\triangle ROC}+S_{\triangle SOC}=uS_{\triangle AOP}+vS_{\triangle AOQ}\leqslant uS_{\triangle POQ}$, 所以 $uv\leqslant u$, 推出 $v\leqslant 1$, 从而 $v=1$, 即

$\overrightarrow{SO}=\overrightarrow{OQ}$,于是 $\overrightarrow{SC}=\overrightarrow{SO}+\overrightarrow{OC}=\overrightarrow{OQ}+\overrightarrow{AO}=\overrightarrow{AQ}$,同理 $\overrightarrow{SD}=\overrightarrow{BQ}$. 所以四边形 $PQRS$ 是平行四边形.

【**例 4.15**】 如图 4-25,设 $ABCD$ 是一个平行四边形,E,F,G,H 分别是 AB, BC,CD,DA 上的任意一点,I,J,K,L 分别是 $\triangle AEH$,$\triangle BEF$,$\triangle CFG$,$\triangle DGH$ 的外心,求证:四边形 $IJKL$ 为平行四边形.(1992 年莫斯科世界城市联赛试题)

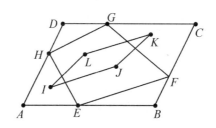

图 4-25

证明 设 $u=\overrightarrow{LK}-\overrightarrow{IJ}$,

$$u \cdot \overrightarrow{AB}=\overrightarrow{LK} \cdot \overrightarrow{DC}-\overrightarrow{IJ} \cdot \overrightarrow{AB}$$

$$=(\overrightarrow{LG}+\overrightarrow{GK}) \cdot \overrightarrow{DC}-(\overrightarrow{IE}+\overrightarrow{EJ}) \cdot \overrightarrow{AB}$$

$$=\frac{1}{2}DC^2-\frac{1}{2}AB^2=0,$$

则 $u \perp \overrightarrow{AB}$.

$$u \cdot \overrightarrow{AD}=\overrightarrow{LK} \cdot \overrightarrow{AD}-\overrightarrow{IJ} \cdot \overrightarrow{AD}$$

$$=(\overrightarrow{LD}+\overrightarrow{DC}+\overrightarrow{CK}) \cdot \overrightarrow{AD}-(\overrightarrow{IA}+\overrightarrow{AB}+\overrightarrow{BJ}) \cdot \overrightarrow{AD}$$

$$=\frac{1}{2}HD \cdot AD-\frac{1}{2}CF \cdot BC-(-\frac{1}{2}AH \cdot AD+\frac{1}{2}BF \cdot BC)$$

$$=0,$$

则 $u \perp \overrightarrow{AD}$.

由于 $\overrightarrow{AB}$ 和 $\overrightarrow{AD}$ 不共线,所以 $u=\boldsymbol{0}$,即 $\overrightarrow{LK}=\overrightarrow{IJ}$,所以四边形 $IJKL$ 为平行四边形. 可参看第 14 章的质点法的解法.

【**例 4.16**】 如图 4-26,设 E 为平行四边形 $ABCD$ 所在平面上的一点,证明:$AE^2+CE^2-BE^2-DE^2$ 的值与点 E 的位置无关,$EA^2+EC^2-EB^2-ED^2=2\overrightarrow{AB} \cdot \overrightarrow{AD}$.

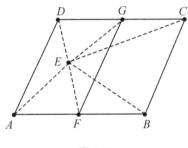

图 4-26

证法 1 由 $\overrightarrow{DE}+\overrightarrow{EC}=\overrightarrow{AE}+\overrightarrow{EB}$,

得 $\overrightarrow{AE}=\overrightarrow{DE}+\overrightarrow{EC}+\overrightarrow{BE}$.

$$AE^2=(\overrightarrow{DE}+\overrightarrow{EC}+\overrightarrow{BE})^2$$
$$=DE^2+EC^2+BE^2+2\overrightarrow{DE}\cdot\overrightarrow{EC}+2\overrightarrow{DE}\cdot\overrightarrow{BE}+2\overrightarrow{EC}\cdot\overrightarrow{BE},$$
$$EA^2+EC^2-EB^2-ED^2=2EC^2+2\overrightarrow{DE}\cdot\overrightarrow{EC}+2\overrightarrow{DE}\cdot\overrightarrow{BE}+2\overrightarrow{EC}\cdot\overrightarrow{BE}$$
$$=2(\overrightarrow{EC}+\overrightarrow{BE})\cdot(\overrightarrow{EC}+\overrightarrow{DE})$$
$$=2\overrightarrow{AB}\cdot\overrightarrow{AD}.$$

证法 2 设 AB 和 DC 中点为 F 和 G,

$$AE^2+CE^2-BE^2-DE^2=(\overrightarrow{AE}^2-\overrightarrow{EB}^2)+(\overrightarrow{CE}^2-\overrightarrow{ED}^2)$$
$$=2\overrightarrow{AB}\cdot\overrightarrow{FE}+2\overrightarrow{CD}\cdot\overrightarrow{GE}$$
$$=2\overrightarrow{AB}\cdot\overrightarrow{FE}+2\overrightarrow{AB}\cdot\overrightarrow{EG}$$
$$=2\overrightarrow{AB}\cdot\overrightarrow{FG}$$
$$=2\overrightarrow{AB}\cdot\overrightarrow{AD}.$$

显然与点 E 的位置无关.

可进一步求出 $\overrightarrow{AB}\cdot\overrightarrow{AD}=\dfrac{1}{4}(AC^2-BD^2)$. 当四边形 $ABCD$ 是矩形时,

$$AE^2+CE^2=BE^2+DE^2.$$

【例 4.17】 如图 4-27,过平行四边形 $ABCD$ 的顶点 A 作圆,分别交 AB,AC, AD 于 E,G,F,求证:$AG\cdot AC=AE\cdot AB+AF\cdot AD$.

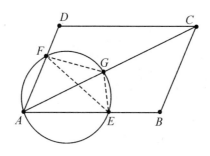

图 4-27

证法 1 $AG \cdot AC = AE \cdot AB + AF \cdot AD \Leftrightarrow \overrightarrow{AG} \cdot \overrightarrow{AC} = \overrightarrow{AE} \cdot \overrightarrow{AB} + \overrightarrow{AF} \cdot \overrightarrow{AD} \Leftrightarrow$

$\overrightarrow{AG} \cdot (\overrightarrow{AB} + \overrightarrow{AD}) = \overrightarrow{AE} \cdot \overrightarrow{AB} + \overrightarrow{AF} \cdot \overrightarrow{AD} \Leftrightarrow \overrightarrow{AB} \cdot \overrightarrow{EG} = \overrightarrow{AD} \cdot \overrightarrow{GF} \Leftrightarrow AB \cdot EG = AD \cdot$

$GF \Leftrightarrow \dfrac{AD}{AB} = \dfrac{EG}{GF} \Leftrightarrow \dfrac{BC}{AB} = \dfrac{\sin \angle GFE}{\sin \angle GEF} \Leftrightarrow \dfrac{\sin \angle CAB}{\sin \angle ACB} \Leftrightarrow \dfrac{\sin \angle GFE}{\sin \angle GEF}.$

证法 2 由 $\angle CAB = \angle EFG, \angle CBA = \angle EGF$，得 $\triangle CAB \backsim \triangle EFG$，于是 $\dfrac{CA}{EF} =$

$\dfrac{AB}{FG} = \dfrac{CB}{EG}$. 由托勒密定理可得 $AG \cdot EF = AE \cdot FG + AF \cdot EG$，所以 $AG \cdot EF \cdot \dfrac{CA}{EF}$

$= AE \cdot FG \cdot \dfrac{AB}{FG} + AF \cdot EG \cdot \dfrac{CB}{EG}$，即 $AG \cdot AC = AE \cdot AB + AF \cdot AD$.

证法 3：设 AK 是直径，则 $AG \cdot AC = \overrightarrow{AK} \cdot \overrightarrow{AC} = \overrightarrow{AK} \cdot (\overrightarrow{AB} + \overrightarrow{AD}) = AE \cdot AB$
$+ AF \cdot AD$.

证法 1 是希望利用向量的平行四边形法则来分解化简，与证法 2 相比并没有优势。因为证法 2 将三角形相似和托勒密定理一组合，马上得到结论。而证法 3 是最优的，既利用向量的平行四边形法则，又充分利用向量投影的性质，可谓一剑封喉。

反思后发现，用证法 3 可推出本题结论，而该结论再结合三角形相似就等价于托勒密定理。也就是说，我们找到了托勒密定理的一种证法。请读者自己写出来。

第五章

向量形式的定比分点公式

解析几何的创立,是数学的一次飞跃.从此,千变万化的几何问题可以转化成代数形式,化推理为计算.虽然转化成代数形式之后,可能因为计算量大,有些题目也未必变得简单,但多数情形还是有章可循了.所以把解析法看作解几何题的通法,有其道理.

解析法解题,通常的做法是建立直角坐标系,从而把平面内的点和实数对 (x,y) 一一对应起来.除直角坐标系外,还有斜坐标系、极坐标系、空间直角坐标系等.那其他的坐标系有何特别之处呢?我们可以通过一个高考题来说明斜坐标系的用法.

【**例 5.1**】 如图 5-1,在 $\triangle ABC$ 中,点 O 是 BC 的中点,过点 O 的直线分别交直线 AB 和 AC 于不同的两点 M 和 N,若 $\overrightarrow{AB}=m\overrightarrow{AM}$,$\overrightarrow{AC}=n\overrightarrow{AN}$,则 $m+n$ 的值为_____.(2007 年江西省高考试题)

斜坐标证法 以点 A 为原点,AB 所在直线为 x 轴,AC 所在直线为 y 轴建立斜坐标系,设 $B(1,0)$,$C(0,1)$,则有:

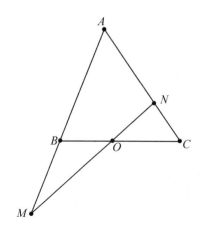

图 5-1

$O\left(\dfrac{1}{2}, \dfrac{1}{2}\right), M\left(\dfrac{1}{m}, 0\right), N\left(0, \dfrac{1}{n}\right), MN$ 所在直线为 $mx+ny=1$；将 $O\left(\dfrac{1}{2}, \dfrac{1}{2}\right)$ 代

入方程可得 $m+n=2$.

坐标法是数形结合的典范,但向量法解题在数形结合方面做得也不差.

向量证法 $2\overrightarrow{AO}=\overrightarrow{AB}+\overrightarrow{AC}=m\overrightarrow{AM}+n\overrightarrow{AN}$,由 M,N,O 三点共线可得 $m+n$ $=2$.

若直接用回路法,则有

$m(\overrightarrow{AN}+\overrightarrow{NM})=m\overrightarrow{AM}=\overrightarrow{AB}=\overrightarrow{AC}+\overrightarrow{CB}=\overrightarrow{AC}+2\overrightarrow{CO}=n\overrightarrow{AN}+2\overrightarrow{CN}+2\overrightarrow{NO}$；

比较两端得 $m\overrightarrow{AN}=n\overrightarrow{AN}+2\overrightarrow{CN}=n\overrightarrow{AN}+2(1-n)\overrightarrow{AN}$,即 $m=2-n$.

坐标法需要说明以何为基准建坐标系,这一说明不可缺少,少了别人就看不明白. 而向量法根据几何关系列出等式,别人容易理解这是以点 A 为原点,B 和 C 为单位点建立坐标系；或者说是以 $\overrightarrow{AB}$ 和 $\overrightarrow{AC}$ 为基准建立坐标系. 建立坐标系之后,线段之间的比例关系可直接代入等式,边写边算,而不要另作说明. 比较而言,向量法在表现形式上更先进.

可以把向量几何看作不依赖于坐标系的解析几何,它具备解析几何种种优点,却不被解析几何的种种形式所局限. 向量几何之运算,不仅仅是数的运算,还包括图形的运算；向量解题在一定程度上摆脱了辅助线. 这可能正是莱布尼茨所设想的几何:同时具有分析和综合的特点,而不像欧几里得几何与笛卡尔几何那样分别只具有综合的与分析的特点.

有人可能会问,你这里用到了向量形式的四边形中位线公式的特例,如果点 O 不是中点,而是 BC 上任意一点呢? 这就需要使用向量形式的定比分点公式.

定比形式的定比分点公式 如图 5-2,已知 $\overrightarrow{AP}=\lambda\overrightarrow{PB}$,则 $\overrightarrow{OP}=\dfrac{\overrightarrow{OA}+\lambda\overrightarrow{OB}}{1+\lambda}$.

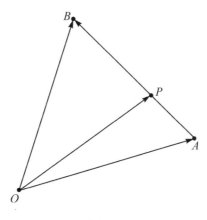

图 5-2

证明 将 $\overrightarrow{OP}=\overrightarrow{OA}+\overrightarrow{AP}$ 和 $\lambda\overrightarrow{OP}=\lambda(\overrightarrow{OB}+\overrightarrow{BP})$ 相加,应用条件 $\overrightarrow{AP}=\lambda\overrightarrow{PB}$ 即得结论. 这一公式得来轻松,只用到回路和数乘,但它却是消去定比分点的有效工具.

使用时要注意公式的特点:P,A,B 三点共线,$\overrightarrow{OP},\overrightarrow{OA},\overrightarrow{OB}$ 三向量共起点,且 $\overrightarrow{OP}$ 前的系数等于 $\overrightarrow{OA}$ 和 $\overrightarrow{OB}$ 前系数之和,所以更多时候是使用 $(1+\lambda)\overrightarrow{OP}=\overrightarrow{OA}+\lambda\overrightarrow{OB}$,省去分式之繁. 当 $\lambda=-1$ 时,$\overrightarrow{AP}=\overrightarrow{BP}$,$A$ 和 B 两点重合,对于这种退化情形,通常是不会发生的,稍微留意即可.

用向量解决平面几何问题,首先是在图形中选取两不平行向量 $\overrightarrow{OA}$ 和 $\overrightarrow{OB}$,那么平面内其他向量均可用 $\overrightarrow{OA}$ 和 $\overrightarrow{OB}$ 唯一表示,即 $\overrightarrow{OP}=m\overrightarrow{OA}+n\overrightarrow{OB}$. 有序实数对 (m,n) 可看成 $\overrightarrow{OP}$ 的"坐标". $\overrightarrow{OA}$ 和 $\overrightarrow{OB}$ 无需互相垂直,$|\overrightarrow{OA}|$ 和 $|\overrightarrow{OB}|$ 无需相等. 将"不共线的三点确定一平面"的性质发挥得淋漓尽致. 具备解析几何代数化的优点,解题更加灵活.

【例 5.2】 如图 5-3,$\triangle ABC$ 中,AM 是 BC 边上的中线. 任作一直线,使之顺

次交 AB,AC,AM 于 P,Q,N. 求证: $\dfrac{AB}{AP},\dfrac{AM}{AN},\dfrac{AC}{AQ}$ 成等差数列.

图 5-3

证明 由 $2\overrightarrow{AM}=\overrightarrow{AB}+\overrightarrow{AC}$ 得

$$2\frac{AM}{AN}\overrightarrow{AN}=\frac{AB}{AP}\overrightarrow{AP}+\frac{AC}{AQ}\overrightarrow{AQ},$$

由于 $\overrightarrow{AN},\overrightarrow{AP},\overrightarrow{AQ}$ 共起点,且 P,Q,N 三点共线,所以

$$2\frac{AM}{AN}=\frac{AB}{AP}+\frac{AC}{AQ}.$$

强调 若 $\overrightarrow{AM}$ 和 $\overrightarrow{AN}$ 同方向,那么 $\dfrac{\overrightarrow{AM}}{AM}=\dfrac{\overrightarrow{AN}}{AN}$,即 $\overrightarrow{AM}=\dfrac{AM}{AN}\overrightarrow{AN}$,这种转化是非常

有用的.

至于"由于 $\overrightarrow{AN},\overrightarrow{AP},\overrightarrow{AQ}$ 共起点,且 P,Q,N 三点共线"这样的说明,熟练之后,

可省略.

【例 5.3】 如图 5-4,经过 $\triangle ABC$ 重心 G 的直线分别交边 CA 和 CB 于 P 和

Q,若 $\dfrac{CP}{CA}=h$,若 $\dfrac{CQ}{CB}=k$,求证: $\dfrac{1}{h}+\dfrac{1}{k}=3$.

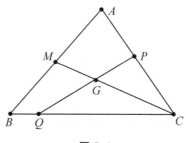

图 5-4

证明 设 AB 中点为 M，则 $\overrightarrow{CG}=\dfrac{2}{3}\overrightarrow{CM}=\dfrac{2}{3}\cdot\dfrac{1}{2}(\overrightarrow{CA}+\overrightarrow{CB})=\dfrac{1}{3}$

$\left(\dfrac{1}{h}\overrightarrow{CP}+\dfrac{1}{k}\overrightarrow{CQ}\right)$，则 $1=\dfrac{1}{3}\left(\dfrac{1}{h}+\dfrac{1}{k}\right)$，即 $\dfrac{1}{h}+\dfrac{1}{k}=3$.

【例 5.4】 如图 5-4，$\triangle ABC$ 中，CM 为中线，P 和 Q 分别在 CA 和 CB 上，且

$\dfrac{AP}{PC}+\dfrac{BQ}{QC}=1$，$PQ$ 交 CM 于 G，求证：G 为 $\triangle ABC$ 重心.

证明 由 $\dfrac{AP}{PC}+\dfrac{BQ}{QC}=1$ 得 $\dfrac{CA}{CP}+\dfrac{CB}{CQ}=3$；由 $2\overrightarrow{CM}=\overrightarrow{CA}+\overrightarrow{CB}$ 得 $2\dfrac{CM}{CG}\overrightarrow{CG}=\dfrac{CA}{CP}$

$\overrightarrow{CP}+\dfrac{CB}{CQ}\overrightarrow{CQ}$，于是 $2\dfrac{CM}{CG}=\dfrac{CA}{CP}+\dfrac{CB}{CQ}=3$，所以 G 为 $\triangle ABC$ 重心.

【例 5.5】 如图 5-5，平行四边形 $ABCD$ 的对角线交于点 O，在 AB 的延长线

上取点 E，联结 OE 交 BC 于 F，若 $AB=a$，$AD=c$，$BE=b$，则 $BF=$ _____.

（2001 年山东省竞赛题）

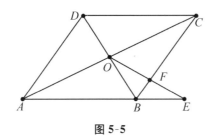

图 5-5

解法 1 设 $AF=\dfrac{1}{n+1}\overrightarrow{AC}+\dfrac{n}{n+1}\overrightarrow{AB}=\dfrac{2}{n+1}\overrightarrow{AO}+\dfrac{n}{n+1}\dfrac{a}{a+b}\overrightarrow{AE}$，由 O,F,E 三

点共线可得 $\dfrac{2}{n+1}+\dfrac{n}{n+1}\dfrac{a}{a+b}=1$，解得

$$n=\dfrac{a+b}{b},\quad BF=\dfrac{1}{n+1}BC=\dfrac{bc}{a+2b}.$$

解法 2 由

$$b\overrightarrow{BC}=b\overrightarrow{BA}+b\overrightarrow{AC}=a\overrightarrow{EB}+2b\overrightarrow{OC}=a(\overrightarrow{EF}+\overrightarrow{FB})+2b(\overrightarrow{OF}+\overrightarrow{FC}),$$

整理得

$$b\overrightarrow{BC}+a\overrightarrow{BF}-2b\overrightarrow{FC}=a\overrightarrow{EF}+2b\overrightarrow{OF}=\mathbf{0},$$

由 $\overrightarrow{FC}=\overrightarrow{FB}+\overrightarrow{BC}$，从而 $(a+2b)\overrightarrow{BF}-b\overrightarrow{BC}=\mathbf{0}$，故 $BF=\dfrac{bc}{a+2b}$.

这样可以避免设未知数，也减少分数计算.

【例 5.6】 如图 5-6，平面上有 P,Q 两点，从点 P 引出三条射线，由 Q 引出两条射线交于六点，$AB=BC$，求证：$\dfrac{XA}{XP}+\dfrac{ZC}{ZP}=2\dfrac{YB}{YP}$.（1991 年江汉杯数学竞赛试题）

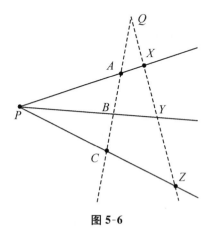

图 5-6

证明 由 $2\overrightarrow{PB}=\overrightarrow{PA}+\overrightarrow{PC}$，即 $2\,\overrightarrow{PY}\dfrac{PB}{PY}=\overrightarrow{PX}\dfrac{PA}{PX}+\overrightarrow{PZ}\dfrac{PC}{PZ}$，得 $2\dfrac{PB}{PY}=\dfrac{PA}{PX}+$

$\dfrac{PC}{PZ}$，即 $2-2\dfrac{PB}{PY}=2-\dfrac{PA}{PX}-\dfrac{PC}{PZ}$，得 $2\dfrac{BY}{PY}=\dfrac{AX}{PX}+\dfrac{CZ}{PZ}$.

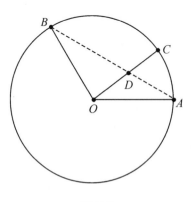

图 5-7

【例 5.7】 如图 5-7，给定两个长度为 1 的平面向量 $\overrightarrow{OA}$ 和 $\overrightarrow{OB}$，它们的夹角是

$120°$,点 C 在圆弧 $\overset{\frown}{AB}$ 上运动,若 $\overrightarrow{OC}=x\overrightarrow{OA}+y\overrightarrow{OB}$,其中 $x,y\in\mathbf{R}$,求 $x+y$ 的最大值.(2009 年安徽省高考试题)

解 设 OC 交 AB 于 D,由 $\overrightarrow{OC}=x\overrightarrow{OA}+y\overrightarrow{OB}$ 得 $\dfrac{OC}{OD}\overrightarrow{OD}=x\overrightarrow{OA}+y\overrightarrow{OB}$,则 $\dfrac{OC}{OD}$ $=x+y$,其中 $OC=1$,当 OD 取得最小值 $\dfrac{1}{2}$ 时,$x+y=2$.

【例 5.8】 如图 5-8,正六边形 $ABCDEF$ 中,M 和 N 分别是 CD 和 DE 的中点,AM 交 BN 于 P,求 $\dfrac{BP}{PN}$.

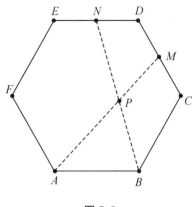

图 5-8

解法 1 设 $\overrightarrow{AN}=\overrightarrow{AE}+\dfrac{1}{2}\overrightarrow{AB}$,$\overrightarrow{AP}=m\overrightarrow{AN}+(1-m)\overrightarrow{AB}=m\overrightarrow{AE}+$ $\left(1-\dfrac{m}{2}\right)\overrightarrow{AB};\overrightarrow{AD}=\overrightarrow{AE}+\overrightarrow{AB},\overrightarrow{AC}=\overrightarrow{AB}+\overrightarrow{BC}=\overrightarrow{AB}+\dfrac{1}{2}(\overrightarrow{AB}+\overrightarrow{AE}),\overrightarrow{AM}=\dfrac{1}{2}(\overrightarrow{AC}+$ $\overrightarrow{AD})=\dfrac{3}{4}\overrightarrow{AE}+\dfrac{5}{4}\overrightarrow{AB}$,由 A,P,M 共线可得 $\dfrac{m}{\dfrac{3}{4}}=\dfrac{1-\dfrac{m}{2}}{\dfrac{5}{4}}$,解得 $m=\dfrac{6}{13}$,所以 $\dfrac{BP}{PN}$ $=\dfrac{6}{7}$.

解法 2 设

$$\overrightarrow{AP}=m\overrightarrow{AN}+(1-m)\overrightarrow{AB}=m\left(\overrightarrow{AD}-\dfrac{1}{2}\overrightarrow{AB}\right)+(1-m)\overrightarrow{AB}$$

$$=m\overrightarrow{AD}+\left(1-\frac{3}{2}m\right)\overrightarrow{AB}=m\overrightarrow{AD}+\left(1-\frac{3}{2}m\right)\left(\overrightarrow{AC}-\frac{1}{2}\overrightarrow{AD}\right)$$

$$=\left(1-\frac{3}{2}m\right)\overrightarrow{AC}+\left(\frac{1}{4}m-\frac{1}{2}\right)\overrightarrow{AD},$$

因为 P 在 $\triangle ACD$ 的中线上,所以 $1-\frac{3}{2}m=\frac{1}{4}m-\frac{1}{2}$,解得 $m=\frac{6}{13}$. 所以 $\frac{BP}{PN}=\frac{6}{7}$.

解法 3　直接用回路法,注意避免分数计算,则有

$$8(\overrightarrow{NP}+\overrightarrow{PM})=8(\overrightarrow{ND}+\overrightarrow{DM})=4\overrightarrow{ED}+4\overrightarrow{DC}=4\overrightarrow{AB}+2\overrightarrow{EB}$$

$$=4\overrightarrow{AB}+2\overrightarrow{EN}+2\overrightarrow{NB}=5\overrightarrow{AB}+2\overrightarrow{NB}$$

$$=5(\overrightarrow{AP}+\overrightarrow{PB})+2(\overrightarrow{NP}+\overrightarrow{PB})=5\overrightarrow{AP}+7\overrightarrow{PB}+2\overrightarrow{NP},$$

整理并比较两端,得 $6\overrightarrow{NP}=7\overrightarrow{PB}$.

【例 5.9】　如图 5-9,在线段 AB 和平行于 AB 的直线 m 外任取点 C,联结 AC 和 BC 分别交 m 于 D 和 E;联结 AE 和 BD,交点为 O;延长 CO 交 AB 于点 F,求证:F 即为 AB 的中点.

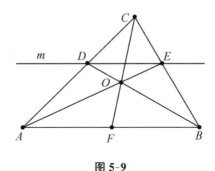

图 5-9

证明　设 $\dfrac{CD}{CA}=\dfrac{CE}{CB}=\dfrac{DE}{AB}=k$,则 $\overrightarrow{DE}=k\overrightarrow{AB}$,$\overrightarrow{DO}=k\overrightarrow{OB}$,$\overrightarrow{OE}=k\overrightarrow{AO}$,

$$\overrightarrow{CO}=\frac{1}{1+k}\overrightarrow{CD}+\frac{k}{1+k}\overrightarrow{CB}=\frac{k}{1+k}(\overrightarrow{CA}+\overrightarrow{CB})=\frac{2k}{1+k}\frac{\overrightarrow{CA}+\overrightarrow{CB}}{2},$$

所以 CO 通过 AB 中点.

题目背景:1978 年举行全国中学生数学竞赛时,数学大师华罗庚在北京主持命题工作. 著名数学家苏步青写信给华罗庚,建议出这样一个题目:在平面上给了两点 A 和 B 及平行于 AB 的一条直线,只用直尺求作 AB 的中点. 命题小组认为此

题太难,就改成"告诉你怎么找出 AB 中点,但要求你说出道理,即给出证明".

【例 5.10】 如图 5-10,$\triangle OAB$ 的边 OA 和 OB 上分别有点 C 和 D,且 $\overrightarrow{OC}=\frac{1}{4}\overrightarrow{OA},\overrightarrow{OD}=\frac{1}{2}\overrightarrow{OB},AD$ 和 BC 相交于点 M,过点 M 的直线分别交 OA 和 OB 于点 E 和 F. 如果 $\overrightarrow{OE}=x\overrightarrow{OA},\overrightarrow{OF}=y\overrightarrow{OB}$,试求 x 和 y 应满足的条件.

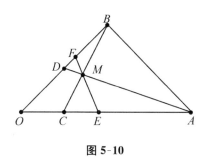

图 5-10

证明 $\overrightarrow{OM}=m\overrightarrow{OD}+(1-m)\overrightarrow{OA}=\frac{m}{2}\overrightarrow{OB}+(1-m)\overrightarrow{OA}$,

$\overrightarrow{OM}=n\overrightarrow{OB}+(1-n)\overrightarrow{OC}=n\overrightarrow{OB}+\frac{1-n}{4}\overrightarrow{OA}$,得 $\frac{m}{2}=n,1-m=\frac{1-n}{4}$,解得 $m=\frac{6}{7},n=\frac{3}{7}$. 所以 $\overrightarrow{OM}=\frac{3}{7}\overrightarrow{OB}+\frac{1}{7}\overrightarrow{OA}=\frac{3}{7y}\overrightarrow{OF}+\frac{1}{7x}\overrightarrow{OE}$,得 $\frac{3}{7y}+\frac{1}{7x}=1$.

【例 5.11】 如图 5-11,已知点 P 为平行四边形 $ABCD$ 所在平面上的一点,O 为 AC 和 BD 的交点,M 和 N 分别是 PB 和 PC 的中点,Q 为 AN 和 DM 的交点,求证:(1)P,Q,O 三点共线;(2)$PQ=2QO$. (1998 年全国数学联赛试题)

图 5-11

证明 设 $\overrightarrow{AP}=m\overrightarrow{AB}+n\overrightarrow{AD},\overrightarrow{AN}=\dfrac{\overrightarrow{AP}+\overrightarrow{AC}}{2}=\dfrac{(m+1)\overrightarrow{AB}+(n+1)\overrightarrow{AD}}{2},\overrightarrow{AM}$

$=\dfrac{\overrightarrow{AP}+\overrightarrow{AB}}{2}=\dfrac{(m+1)\overrightarrow{AB}+n\overrightarrow{AD}}{2}$；由 D,Q,M 三点共线可得

$$\overrightarrow{AQ}=p\overrightarrow{AD}+(1-p)\overrightarrow{AM}=\dfrac{(1-p)(m+1)}{2}\overrightarrow{AB}+\dfrac{(1-p)n+2p}{2}\overrightarrow{AD};$$

由 A,Q,N 三点共线可得

$$\dfrac{(m+1)}{2}:\dfrac{(1-p)(m+1)}{2}=\dfrac{(n+1)}{2}:\dfrac{(1-p)n+2p}{2},$$

解得 $p=1/3$.

所以

$$\overrightarrow{AQ}=\dfrac{m+1}{3}\overrightarrow{AB}+\dfrac{n+1}{3}\overrightarrow{AD}=\dfrac{1}{3}(m\overrightarrow{AB}+n\overrightarrow{AD})+\dfrac{2}{3}\left(\dfrac{\overrightarrow{AB}+\overrightarrow{AD}}{2}\right)$$

$$=\dfrac{1}{3}\overrightarrow{AP}+\dfrac{2}{3}\overrightarrow{AO}.$$

另证 设 AN 交 PO 于 K，显然 K 是 $\triangle ACP$ 的重心；在 $\triangle PDB$ 中，PO 是中线，且 $PK=2KO$，因此 K 也是 $\triangle PDB$ 的中线，也在中线 DM 上.所以 K 可看作是 AN,DM 的交点，即与题中的点 Q 是同一点.

【**例 5. 12**】 如图 5-12，设 M 为正方形 $ABCD$ 的边 AD 的中点，以点 A 为圆心，以 AB 为半径的圆与以 CD 为直径的圆交于 P,N 为 BP 与 CD 的交点，Q 为 AN 与 BM 的交点，求证：$\dfrac{QA}{QN}=\dfrac{3}{5}$.（《数学教学》(2007 年第 6 期)"数学问题与解答"第 706 题）

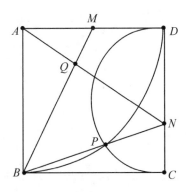

图 5-12

证明 如图 5-13,延长 DP 交 BC 于 K,由 $BK^2 = KP \cdot KD = KC^2$ 得 $BK = KC$. 设 $\overrightarrow{CP} = m\overrightarrow{CK} + (1-m)\overrightarrow{CD}$,由 $\overrightarrow{CP} \perp \overrightarrow{KD}$ 得

$$\overrightarrow{CP} \cdot \overrightarrow{KD} = (m\overrightarrow{CK} + (1-m)\overrightarrow{CD}) \cdot (\overrightarrow{KC} + \overrightarrow{CD}) = 0,$$

解得 $m = \dfrac{4}{5}$.

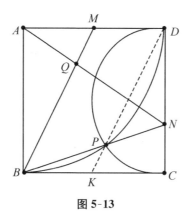

图 5-13

于是 $\overrightarrow{CP} = \dfrac{4}{5}\overrightarrow{CK} + \dfrac{1}{5}\overrightarrow{CD} = \dfrac{2}{5}\overrightarrow{CB} + t\overrightarrow{CN}$,解得 $t = \dfrac{3}{5}$,$CN = \dfrac{1}{3}CD$.

设 $\overrightarrow{BQ} = r\overrightarrow{BA} + (1-r)\overrightarrow{BN} = \dfrac{1+2r}{3}\overrightarrow{CD} - (1-r)\overrightarrow{CB}$,$\overrightarrow{BM} = \overrightarrow{CD} - \dfrac{1}{2}\overrightarrow{CB}$,

由 B,Q,M 三点共线得 $\dfrac{1+2r}{3} = 2(1-r)$,$r = \dfrac{5}{8}$,即 $\dfrac{QA}{QN} = \dfrac{3}{5}$.

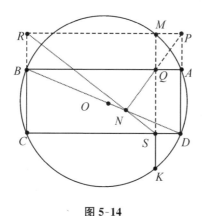

图 5-14

【**例 5.13**】 如图 5-14,在矩形 $ABCD$ 外接圆的弧 AB 上取一个不同于顶点 A

和 B 的点 M. 点 P,Q,R,S 分别是 M 在直线 AD,AB,BC 与 CD 上的投影. 证明:PQ $\perp RS$,并且它们与矩形的某条对角线交于一点. (1983 年南斯拉夫数学竞赛题)

证明 延长 MS 交圆于点 K,

$$\overrightarrow{PQ} \cdot \overrightarrow{RS} = (\overrightarrow{PM} + \overrightarrow{PA}) \cdot (\overrightarrow{RC} + \overrightarrow{RM}) = \overrightarrow{PM} \cdot \overrightarrow{RM} + \overrightarrow{PA} \cdot \overrightarrow{PD}$$

$$= \overrightarrow{DS} \cdot \overrightarrow{CS} + \overrightarrow{SK} \cdot \overrightarrow{MS} = 0,$$

所以 $PQ \perp RS$. 设 $\overrightarrow{PR} = m\overrightarrow{PM}, \overrightarrow{PD} = n\overrightarrow{PA}$,设 RS 和 BD 交于点 N,则

$$\overrightarrow{PN} = s\overrightarrow{PB} + (1-s)\overrightarrow{PD} = s(m\overrightarrow{PM} + \overrightarrow{PA}) + (1-s)n\overrightarrow{PA}$$

$$= sm\overrightarrow{PM} + (s + (1-s)n)\overrightarrow{PA},$$

$$\overrightarrow{PN} = t\overrightarrow{PR} + (1-t)\overrightarrow{PS} = tm\overrightarrow{PM} + (1-t)(n\overrightarrow{PA} + \overrightarrow{PM})$$

$$= (tm + 1 - t)\overrightarrow{PM} + (1-t)n\overrightarrow{PA},$$

则 $sm = tm + 1 - t, s + (1-s)n = (1-t)n$,解得

$$s = t + \frac{1-t}{m}, t = \frac{n-1}{m+n-1};$$

所以

$$\overrightarrow{PN} = (tm + 1 - t)\overrightarrow{PM} + (1-t)n\overrightarrow{PA}$$

$$= \left(\frac{n-1}{m+n-1}m + 1 - \frac{n-1}{m+n-1}\right)\overrightarrow{PM} + \left(1 - \frac{n-1}{m+n-1}\right)n\overrightarrow{PA}$$

$$= \frac{mn}{m+n-1}\overrightarrow{PM} + \frac{mn}{m+n-1}\overrightarrow{PA} = \frac{mn}{m+n-1}(\overrightarrow{PM} + \overrightarrow{PA})$$

$$= \frac{mn}{m+n-1}\overrightarrow{PQ},$$

所以 RS 和 PQ 及 BD 交于点 N.

【例 5.14】 如图 5-15,在平行四边形 $ABCD$ 中有点 E,过点 E 作平行四边形两边的平行线段 FG 和 HI,设 AI 和 CF 交于点 J,求证:D,E,J 三点共线.

证明 设 $\overrightarrow{DG} = m\overrightarrow{DC}, \overrightarrow{DH} = n\overrightarrow{DA}$;

$$\overrightarrow{DJ} = p\overrightarrow{DI} + (1-p)\overrightarrow{DA} = p\overrightarrow{DC} + pn\overrightarrow{DA} + (1-p)\overrightarrow{DA},$$

$$\overrightarrow{DJ} = q\overrightarrow{DF} + (1-q)\overrightarrow{DC} = q\overrightarrow{DA} + qm\overrightarrow{DC} + (1-q)\overrightarrow{DC},$$

则 $p = qm + 1 - q, q = pn + 1 - p, pn = qm$;设 $p = mk, q = nk$,所以

$$\overrightarrow{DJ}=p\overrightarrow{DC}+q\overrightarrow{DA}=k(m\overrightarrow{DC}+n\overrightarrow{DA})=k(\overrightarrow{DG}+\overrightarrow{DH})=k\overrightarrow{DE},$$

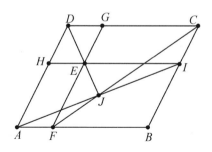

图 5-15

所以 D,E,J 三点共线.

下面给出回路法证明.

如图 5-15,设 $\overrightarrow{DA}=u\overrightarrow{DH},\overrightarrow{DC}=v\overrightarrow{HE}$,则有

$$\overrightarrow{AJ}+\overrightarrow{JC}=\overrightarrow{AD}+\overrightarrow{DC}=u\overrightarrow{IC}+v\overrightarrow{AF}=u\overrightarrow{IJ}+u\overrightarrow{JC}+v\overrightarrow{AJ}+v\overrightarrow{JF};$$

比较两端得 $\overrightarrow{AJ}=u\overrightarrow{IJ}+v\overrightarrow{AJ}$,整理得 $(u+v-1)\overrightarrow{AJ}=u\overrightarrow{AI}$,于是有

$$(u+v-1)\overrightarrow{DJ}=(u+v-1)\overrightarrow{DA}+(u+v-1)\overrightarrow{AJ}=(u+v-1)\overrightarrow{DA}+u\overrightarrow{AI}$$

$$=(u+v-1)\overrightarrow{DA}+u(\overrightarrow{AB}+\overrightarrow{BI})=uv(\overrightarrow{DH}+\overrightarrow{HE})=uv\overrightarrow{DE},$$

所以 D,E,J 三点共线.

【例 5.15】 如图 5-16,四边形 $ABCD$ 的对角线交于点 O,过 O 作直线与四边形四边相交,若 $OE=OF$,求证:$OG=OH$.

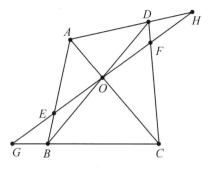

图 5-16

证明 先将题目条件"三个三点共线"向量化表示,得到一些约束关系,然后化

简即可得到答案.

设 $\overrightarrow{OC}=m\overrightarrow{OA}$，$\overrightarrow{OD}=n\overrightarrow{OB}$，$\overrightarrow{OG}=p\overrightarrow{OE}$，$\overrightarrow{OH}=q\overrightarrow{OE}$，$\overrightarrow{OE}=(1-r)\overrightarrow{OA}+r\overrightarrow{OB}$，

C,D,F 三点共线：由 $\overrightarrow{OE}=\overrightarrow{FO}$ 得 $-\overrightarrow{OF}=\dfrac{1-r}{m}\overrightarrow{OC}+\dfrac{r}{n}\overrightarrow{OD}$，则 $(1-r)n+mr+$

$mn=0$.

G,B,C 三点共线：

$$\overrightarrow{OG}=p\overrightarrow{OE}=p(1-r)\overrightarrow{OA}+pr\overrightarrow{OB}=\dfrac{p(1-r)}{m}\overrightarrow{OC}+pr\overrightarrow{OB},$$

所以 $1-\dfrac{p(1-r)}{m}=pr$，即 $p=\dfrac{m}{1-r+mr}$.

A,D,H 三点共线：

$$\overrightarrow{OH}=q\overrightarrow{OE}=q(1-r)\overrightarrow{OA}+\dfrac{qr}{n}\overrightarrow{OD},$$

所以 $1-q(1-r)=\dfrac{qr}{n}$，即 $q=\dfrac{n}{(1-r)n+r}$.

$$p+q=\dfrac{n}{(1-r)n+r}+\dfrac{m}{1-r+mr}=\dfrac{(1-r)n+mr+mn}{[(1-r)n+r](1-r+mr)}=0,$$

得 $p=-q$，所以 $OG=OH$.

【例 5.16】 如图 5-17，在 $\triangle ABC$ 中，$\angle B$ 与 $\angle C$ 的角平分线相等，求证：$AB=AC$.

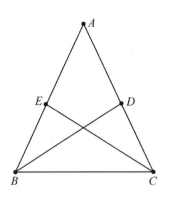

图 5-17

证明 $\overrightarrow{BD}=\dfrac{a\overrightarrow{BA}+c\overrightarrow{BC}}{a+c}$，$\overrightarrow{CE}=\dfrac{a\overrightarrow{CA}+b\overrightarrow{CB}}{a+b}$，由 $\overrightarrow{BD}^2=\overrightarrow{CE}^2$ 得

$$\frac{2a^2c^2(1+\cos B)}{(a+c)^2}=\frac{2a^2b^2(1+\cos C)}{(a+b)^2},$$

即
$$\frac{c^2(a+b)^2}{b^2(a+c)^2}=\frac{1+\cos C}{1+\cos B}=\frac{1+\dfrac{a^2+b^2-c^2}{2ab}}{1+\dfrac{a^2+c^2-b^2}{2ac}}=\frac{c[(a+b)^2-c^2]}{b[(a+c)^2-b^2]},$$

化简得
$$c(a+b)^2[(a+c)^2-b^2]-b(a+c)^2[(a+b)^2-c^2]=0,$$

即
$$(c-b)(a+b+c)[a^3+a^2(b+c)+3abc+bc(b+c)]=0,$$

所以 $b=c$，即 $AB=AC$.

等腰三角形两底角的角平分线相等，这是很显然的事实. 反之，则不太容易证明. 此问题提出后，引起世界各地很多数学爱好者的兴趣，已有证法数十种之多，常见的思想是反证法，大多数证法都来之不易. 相比之下，向量证法显得简单自然. 因为向量法表示角平分线较为容易，剩下的就是计算而已. 此问题被一些资料称为斯坦纳－雷米欧斯定理.

【例 5.17】 如图 5-18，在四边形 $ABCD$ 中，对角线交于点 O，$AE\,/\!/\,DC$，$DF\,/\!/\,AB$，求证：$EF\,/\!/\,BC$.

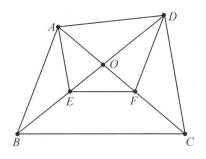

图 5-18

证明 设 $\overrightarrow{AE}=m\overrightarrow{DC}$，$\overrightarrow{DF}=n\overrightarrow{AB}$，则 $\overrightarrow{EO}=m\overrightarrow{OD}$，$\overrightarrow{AO}=m\overrightarrow{OC}$，$\overrightarrow{OF}=n\overrightarrow{AO}$，$\overrightarrow{OD}=n\overrightarrow{BO}$；

$$\overrightarrow{BC}=\overrightarrow{BO}+\overrightarrow{OC}=\frac{1}{n}\overrightarrow{OD}+\frac{1}{m}\overrightarrow{AO}$$

$$=\frac{1}{mn}(m\overrightarrow{OD}+n\overrightarrow{AO})=\frac{1}{mn}(\overrightarrow{EO}+\overrightarrow{OF})=\frac{1}{mn}\overrightarrow{EF},$$

所以 $EF /\!/ BC$.

【例 5.18】 如图 5-19,已知两直线交于点 O,A,B,C 三点共线,D,E,F 三点共线,若 $AE /\!/ BF$,$BD /\!/ CE$,求证:$AD /\!/ CF$.

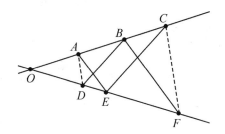

图 5-19

证明 设 $\overrightarrow{OB}=m\overrightarrow{OA}$,$\overrightarrow{OC}=n\overrightarrow{OB}$,则 $\overrightarrow{OF}=m\overrightarrow{OE}$,$\overrightarrow{OE}=n\overrightarrow{OD}$,$\overrightarrow{OC}=mn\overrightarrow{OA}$,$\overrightarrow{OF}=mn\overrightarrow{OD}$;$\overrightarrow{CF}=\overrightarrow{CO}+\overrightarrow{OF}=mn\overrightarrow{AO}+mn\overrightarrow{OD}=mn\overrightarrow{AD}$,所以 $AD /\!/ CF$.

例 5.17 和例 5.18 看似不同,但解法却极其相似. 若用动态几何软件来探究,就会发现这两题本质是一致的.

下面给出几个高考题.

【例 5.19】 如图 5-20,$OM /\!/ AB$,点 P 在由射线 OM、线段 OB 及 AB 的延长线围成的区域内(不含边界)运动,且 $\overrightarrow{OP}=x\overrightarrow{OA}+y\overrightarrow{OB}$,则 x 的取值范围是_____;当 $x=-\dfrac{1}{2}$ 时,y 的取值范围是_____.

图 5-20

解 如图 5-21,延长 AO 至 C,使得 $OC=\dfrac{1}{2}AO$;过 C 作 OB 的平行线交 OM 于 D,交 AB 于 E. 由向量加法的平行四边形法则,OP 为平行四边形的对角线,该四边形应是以 OB 和 OA 的反向延长线为两邻边,所以 x 的取值范围是 $(-\infty,0)$;

当 $x=-\dfrac{1}{2}$ 时,要使 P 点落在指定区域内,即 P 点应落在 DE 上,$CD=\dfrac{1}{2}OB,CE$

$=\dfrac{3}{2}OB$,所以 y 的取值范围是 $\left(\dfrac{1}{2},\dfrac{3}{2}\right)$.

图 5-21

【例 5. 20】 如图 5-22,平面内有三个向量 $\overrightarrow{OA}$,$\overrightarrow{OB}$,$\overrightarrow{OC}$,其中 $\overrightarrow{OA}$ 与 $\overrightarrow{OB}$ 的夹角

为 120°,$\overrightarrow{OA}$ 与 $\overrightarrow{OC}$ 的夹角为 30°,且 $|\overrightarrow{OA}|=|\overrightarrow{OB}|=1$,$|\overrightarrow{OC}|=2\sqrt{2}$. 若 $\overrightarrow{OC}=\lambda\overrightarrow{OA}+\mu$

$\overrightarrow{OB}$,则 $\lambda+\mu$ 的值为 _____.

图 5-22

解 过 C 作 $\overrightarrow{OA}$ 与 $\overrightarrow{OB}$ 的平行线与它们的延长线相交,可得平行四边形,由

$\angle BOC=90°,\angle AOC=30°,|\overrightarrow{OC}|=2\sqrt{2}$ 得平行四边形的边长为 $\dfrac{2\sqrt{6}}{3}$ 和 $\dfrac{4\sqrt{6}}{3}$,$\lambda+\mu=$

$\dfrac{2\sqrt{6}}{3}+\dfrac{4\sqrt{6}}{3}=2\sqrt{6}$.

【例 5. 21】 如图 5-23,设点 O 是 $\triangle ABC$ 内一点,则

$$S_{\triangle BOC}\overrightarrow{OA}+S_{\triangle COA}\overrightarrow{OB}+S_{\triangle AOB}\overrightarrow{OC}=\mathbf{0}.$$

证明

$$\overrightarrow{AO}=\dfrac{AO}{AD}\overrightarrow{AD}=\dfrac{AO}{AD}\dfrac{DC}{BC}\overrightarrow{AB}+\dfrac{AO}{AD}\dfrac{BD}{BC}\overrightarrow{AC}=\dfrac{S_{\triangle COA}}{S_{\triangle ACD}}\dfrac{S_{\triangle ACD}}{S_{\triangle ABC}}\overrightarrow{AB}+\dfrac{S_{\triangle AOB}}{S_{\triangle ABD}}\dfrac{S_{\triangle ABD}}{S_{\triangle ABC}}\overrightarrow{AC}$$

$$=\dfrac{S_{\triangle COA}}{S_{\triangle ABC}}\overrightarrow{AB}+\dfrac{S_{\triangle AOB}}{S_{\triangle ABC}}\overrightarrow{AC}=\dfrac{S_{\triangle COA}}{S_{\triangle ABC}}(\overrightarrow{OB}-\overrightarrow{OA})+\dfrac{S_{\triangle AOB}}{S_{\triangle ABC}}(\overrightarrow{OC}-\overrightarrow{OA}),$$

所以 $S_{\triangle BOC}\overrightarrow{OA}+S_{\triangle COA}\overrightarrow{OB}+S_{\triangle AOB}\overrightarrow{OC}=\mathbf{0}.$

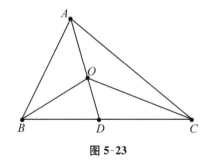

图 5-23

此题详细说来,已经牵涉重心坐标的知识了.近几年来,竞赛、考试中,此题反复出现,容易推得以下性质:

(1)点 O 在 $\triangle ABC$ 内部,且 $m\overrightarrow{OA}+n\overrightarrow{OB}+p\overrightarrow{OC}=\mathbf{0}$,则

$$S_{\triangle BOC}:S_{\triangle COA}:S_{\triangle AOB}=m:n:p.$$

(2)若点 O 为重心:则

$$S_{\triangle BOC}=S_{\triangle COA}=S_{\triangle AOB},\ m=n=p,\ \overrightarrow{OA}+\overrightarrow{OB}+\overrightarrow{OC}=\mathbf{0}.$$

(3)若点 O 为内心:则 $a\overrightarrow{OA}+b\overrightarrow{OB}+c\overrightarrow{OC}=\mathbf{0}$,或写作

$$\sin A\overrightarrow{OA}+\sin B\overrightarrow{OB}+\sin C\overrightarrow{OC}=\mathbf{0}.$$

(4)若点 O 为外心:则 $\sin2A\overrightarrow{OA}+\sin2B\overrightarrow{OB}+\sin2C\overrightarrow{OC}=\mathbf{0}.$

(5)若点 O 为非直角三角形垂心:则

$$\tan A\overrightarrow{OA}+\tan B\overrightarrow{OB}+\tan C\overrightarrow{OC}=\mathbf{0}.$$

【例 5.22】 如图 5-24,点 P 为 $\triangle ABC$ 的内心,点 A,B,C 所对边长为 a,b,c,O 为平面上任意一点,请用 $\overrightarrow{OA},\overrightarrow{OB},\overrightarrow{OC}$ 来表示 $\overrightarrow{OP}$.

解 对于此问题,如果对定比分点公式的几何意义掌握较好,无需计算,直接就能写出答案.可以这样分析:如图 5-24,点 P 在角平分线 AD 上,那么 B 和 C 两点对 P 影响力的大小比为 $CD:BD=b:c$,同理得 C 和 A 两点对 P 影响力的大小比为 $c:a$,那么 $\overrightarrow{OP}=k(a\overrightarrow{OA}+b\overrightarrow{OB}+c\overrightarrow{OC})$,而又要保证 $k(a+b+c)=1$,所以

$$k=\frac{1}{a+b+c},\ \overrightarrow{OP}=\frac{a\overrightarrow{OA}+b\overrightarrow{OB}+c\overrightarrow{OC}}{a+b+c}.$$

从以上例题可看出,如果好好运用向量形式的定比分点公式,能解不少难题,但不少中学老师掌握的还不是很理想.下面这道题及原解法抄自某资料.

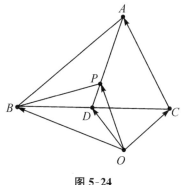

图 5-24

【例 5.23】 如图 5-25,在 $\triangle ABC$ 中,已知 D 是 AB 边上一点,若 $\overrightarrow{AD}=2\overrightarrow{DB}$,$\overrightarrow{CD}=\dfrac{1}{3}\overrightarrow{CA}+\lambda\overrightarrow{CB}$,求 λ. (2007 年全国高考试题)

图 5-25

原解 过 D 作 $DE\,/\!/\,CA$ 交 BC 于 E,作 $DF\,/\!/\,BC$ 交 AC 于 F,则 $\overrightarrow{CD}=\overrightarrow{CE}+\overrightarrow{CF}$;由题意得 $\dfrac{BD}{DA}=\dfrac{BE}{EC}=\dfrac{CF}{FA}=\dfrac{1}{2}$,所以 $\overrightarrow{CF}=\dfrac{1}{3}\overrightarrow{CA}$,$\overrightarrow{CE}=\dfrac{2}{3}\overrightarrow{CB}$,则 $\lambda=\dfrac{2}{3}$.

评论 此题根本无需作辅助线,甚至连图都可以不看,掌握了向量形式的定比分点公式,由 $\overrightarrow{CD}=\dfrac{1}{3}\overrightarrow{CA}+\lambda\overrightarrow{CB}$ 即可得 $1=\dfrac{1}{3}+\lambda$;或者用回路法 $\overrightarrow{CD}=\overrightarrow{CA}+\overrightarrow{AD}=\overrightarrow{CA}+2\overrightarrow{DB}=\overrightarrow{CA}+2(\overrightarrow{DC}+\overrightarrow{CB})$,变形得 $\overrightarrow{CD}=\dfrac{1}{3}\overrightarrow{CA}+\dfrac{2}{3}\overrightarrow{CB}$.

第六章

向量数量积

　　用回路法配合平面向量基本定理能够解决的问题,属于仿射几何的范围,所涉及的几何量,限于平行或共线的线段之比.若问题涉及垂直以及角度的大小,或涉及不平行的线段的比值,则属于度量几何范围,一般要用到向量的内积和绝对值才能解决.

　　向量的数量积常常用来证明两线垂直,这是大家熟悉的用法.

　　数量积的另一种用法,是用某个向量 a 点乘一个向量等式的两端,把和 a 垂直的向量消去,达到简化等式的目的.例如,用垂直于 $\overrightarrow{BC}$ 的向量 a 点乘等式 $\overrightarrow{AB}+\overrightarrow{BC}=\overrightarrow{AC}$ 的两端,立刻得到等式 $a\cdot\overrightarrow{AB}=a\cdot\overrightarrow{AC}$;这种手法在解决较复杂的几何问题时常常用到.

　　向量数量积的相关性质,前面已经有所介绍.

　　我们现在要强调其几何意义: $a\cdot b$ 等于 a 的长度与 b 在 a 方向上的投影的乘积.而 $a\cdot b=b\cdot a$,所以 $a\cdot b$ 又可以等于: b 的长度与 a 在 b 方向上的投影的乘积.通俗说来,就是 a 与 b,谁往谁身上靠,结果都一样!

　　一些资料都指出了 $(a+b)^2=a^2+b^2+2a\cdot b$ 暗藏余弦定理,此事值得进一步研究. 在实数运算中, 我们容易构建图形说明 $(a+b)^2 = a^2 + b^2 + 2ab$. 在向量运算中, 如何构造图形说明 $(a+b)^2 = a^2 + b^2 + 2a \cdot b$ 呢?

如图 6-1, 以 $\triangle ABC$ 的三边为边长向外作三个正方形, 三高的延长线将三个正方形分为六个矩形, 由 $a \cdot b = b \cdot a$ 得 $\overrightarrow{BA} \cdot \overrightarrow{BC} = BA \cdot BL = BJ \cdot BC$, 即 $S_{BFMJ} = S_{BLPE} = ac\cos B$, 同理

$$S_{CJMG} = S_{CHNK} = ab\cos C, \quad S_{AKNI} = S_{ADPL} = bc\cos A,$$

则

$$b^2 + c^2 = 2bc\cos A + ac\cos B + ab\cos C = 2bc\cos A + a^2.$$

注意到 J, C, A, L 四点共圆, 则 $\overrightarrow{BA} \cdot \overrightarrow{BC} = BA \cdot BL = BJ \cdot BC$ 等价于圆幂定理. 所以说, 别小看 $a \cdot b = b \cdot a$, 不只是交换顺序那么简单, 中间值得研究的东西多着呢!

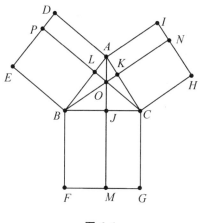

图 6-1

用向量法来证勾股定理, 那肯定也没问题. 下面勾股定理的向量法证明, 源自 1985 年法国国民教育部数学教育委员会马蒂内访华讲演.

证明 预备知识: 由一个角的两边的任何一点向另一边作投影, 其压缩的比值相同.

如图 6-2, 已知 BD 是 $\text{Rt}\triangle ABC$ 斜边 AC 上的高, 在 $\angle A$ 中, $AB = \alpha AC, AD = \alpha AB$, 则 $AD = \alpha^2 AC$. 在 $\angle C$ 中, $CB = \beta CA, CD = \beta CB$, 则 $CD = \beta^2 CA$. 由于 $AC = AD$

$+CD=\alpha^2 AC+\beta^2 CA$，因此 $\alpha^2+\beta^2=1$，于是

$$AB^2+CB^2=AC^2(\alpha^2+\beta^2)=AC^2.$$

张奠宙先生认为此证法"将线段投影、三角的余弦，以及未来的向量分解和数量积等知识都拧在一起，并用来证明勾股定理，在思想上更简约、更紧密了"．对于"多知识点融合"这一看法，我们是赞同的．但勾股定理作为平面几何的基石，不能够出现得太晚，这也是以前的教材使用相似三角形证明勾股定理，而现在改用面积法证明的原因．

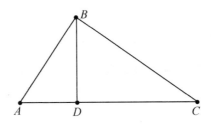

图 6-2

我们来看看中国古代数学名著《九章算术》中关于勾股定理的一个几何题：今有二人同所立．甲行率七，乙行率三．乙东行．甲南行十步而邪（通斜）东北与乙会．问甲乙行各几何？ 如图 6-3，假设二人的初始位置为 A，后来会合位置为 B，中间存在关系：$\overrightarrow{AB}=\overrightarrow{AC}+\overrightarrow{CB}$，即 $\overrightarrow{CB}=\overrightarrow{CA}+\overrightarrow{AB}$．将等式两边进行平方得到余弦定理，再运用直角这一条件，即得勾股定理：$CB^2=CA^2+AB^2-2CA\cdot AB\cos\angle CAB=AB^2+BC^2$．

图 6-3

这种证明思路是极其自然的.既然是三角形,必然存在闭合回路;而结论牵涉到线段平方,所以将等式两边平方,得到的本是一般三角形所具有的余弦定理的性质,再加上直角这一条件,可得勾股定理.证明过程将已知条件都用了一遍,且只用了一遍,没有作任何辅助图形,应该是比较简单的了.

这是不是暗示古代数学家已经不自觉地在使用回路呢?有观点认为:"勾股定理的出现,显示了人类已经能够初步地掌握方向的变化.两千六百多年前的人已经知道,如果从起点开始向东走四步,再向北走三步,则最后到达的地方离原出发点为五步之遥.也就是说人们已经会变换方向,而不再是单线地在前进".

勾股定理的证法虽说有 400 多种,但无需添加辅助线的证法恐怕不多.而对于勾股定理的逆定理,证法就没那么多了.对勾股定理逆定理的经典证明,是在原三角形外,另外构造一个两直角边与原三角形相等的直角三角形,然后通过三角形全等,说明原三角形是直角三角形.一些老师认为此构造法学生难以想到,于是纷纷进行再创造,结果也不是很理想.但如果采用向量法,其证明是显然的.

【例 6.1】 如图 6-4,$\triangle ABC$ 中,$AB \perp BC$,$BD \perp AC$,求证:$AB^2 = AD \cdot AC$,$CB^2 = CD \cdot CA$,$BD^2 = DA \cdot DC$.(直角三角形中射影定理)

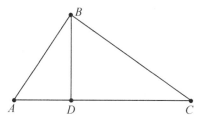

图 6-4

证明 $\overrightarrow{AB} \cdot \overrightarrow{AC} = AD \cdot AC$;$\overrightarrow{AB} \cdot \overrightarrow{AC} = \overrightarrow{AB} \cdot (\overrightarrow{AB} + \overrightarrow{BC}) = AB^2$,所以 $AB^2 = AD \cdot AC$.同理 $CB^2 = CD \cdot CA$;$\overrightarrow{BD}^2 = (\overrightarrow{BA} + \overrightarrow{AD}) \cdot (\overrightarrow{BC} + \overrightarrow{CD}) = DA \cdot DC$.

【例 6.2】 如图 6-5,$\triangle ABC$ 中,$AB \perp BC$,$AD = DC$,求证:$BD = DA = DC$.(直角三角形斜边上的中线等于斜边的一半)

证明 $\overrightarrow{BA} \cdot \overrightarrow{BC} = (\overrightarrow{BD} + \overrightarrow{DA}) \cdot (\overrightarrow{BD} - \overrightarrow{DA}) = BD^2 - DA^2 = 0$,所以 $BD = DA$

$=DC.$

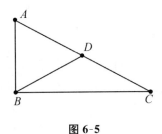

图 6-5

【例 6.3】 如图 6-6,设直线 l 与 $\triangle ABC$ 的边 AB 成 α 角,问 $\triangle ABC$ 的各角与边及 α 之间有何关系?

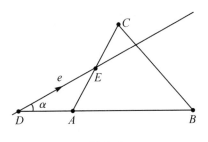

图 6-6

解 设 e 是 l 上的一个单位向量. 因为 $\overrightarrow{AB}+\overrightarrow{BC}+\overrightarrow{CA}=0$,故 $\overrightarrow{AB}\cdot e+\overrightarrow{BC}\cdot e+\overrightarrow{CA}\cdot e=0$,即 $c\cos\alpha+a\cos(\pi-\alpha-\beta)+b\cos(\pi-A+\alpha)=0$,化简得 $a\cos(\alpha+B)+b\cos(A-\alpha)=c\cos\alpha$.

当 $\alpha=0°$ 时,$a\cos B+b\cos A=c$,此即一般三角形中的射影定理;

当 $\alpha=90°$ 时,$\dfrac{a}{\sin A}=\dfrac{b}{\sin B}$,此即正弦定理.

【例 6.4】 求证:

$$\cos\theta+\cos\left(\theta+\frac{2\pi}{n}\right)+\cos\left(\theta+\frac{4\pi}{n}\right)+\cdots+\cos\left[\theta+\frac{2(n-1)\pi}{n}\right]=0.$$

证明 作一个边长为 1 的正 n 多边形 $A_1A_2\cdots A_n$,设直线 l 与 $\overrightarrow{A_1A_2}$ 夹角为 θ,e 是 l 上的一个单位向量,由 $\overrightarrow{A_1A_2}+\overrightarrow{A_2A_3}+\cdots+\overrightarrow{A_nA_1}=0$ 得,

$$\overrightarrow{A_1A_2}\cdot e+\overrightarrow{A_2A_3}\cdot e+\cdots+\overrightarrow{A_nA_1}\cdot e=0$$

即

$$\cos\theta+\cos\left(\theta+\frac{2\pi}{n}\right)+\cos\left(\theta+\frac{4\pi}{n}\right)+\cdots+\cos\left[\theta+\frac{2(n-1)\pi}{n}\right]=0.$$

【例 6.5】 求证直径所对的圆周角是直角.

证明 如图 6-7,已知 O 为圆心,AB 为直径,则

$$\overrightarrow{PA}\cdot\overrightarrow{PB}=(\overrightarrow{PO}+\overrightarrow{OA})\cdot(\overrightarrow{PO}+\overrightarrow{OB})$$

$$=OP^2-OA^2=0,$$

即 $\overrightarrow{PA}\perp\overrightarrow{PB}$.

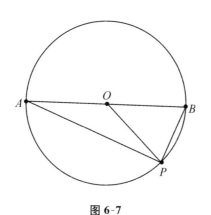

图 6-7

【例 6.6】 圆幂定理:过任意点 P 向圆 O 引两条直线,分别与圆交于 A 和 B（可重合,即切线)与 C 和 D,则

$$PA\cdot PB=PC\cdot PD=|PO^2-R^2|.$$

其中,圆幂的定义:平面上任意一点对于圆的幂为这个点到圆心的距离与圆的半径的平方差,即 PO^2-OC^2. 点在圆内,幂为负数;圆外的点的幂为正数,圆上的点的幂为零. 圆幂定理是相交弦定理、切割线定理及割线定理的统称.

证法 1 $\overrightarrow{PC}\cdot\overrightarrow{PB}=(\overrightarrow{PO}+\overrightarrow{OC})\cdot(\overrightarrow{PO}+\overrightarrow{OB})=(\overrightarrow{PO}+\overrightarrow{OC})\cdot(\overrightarrow{PO}-\overrightarrow{OC})=PO^2-OC^2$,

如图 6-8,$\overrightarrow{PC}\cdot\overrightarrow{PB}=PC\cdot PB\cdot\cos\angle CPA=PA\cdot PB$;

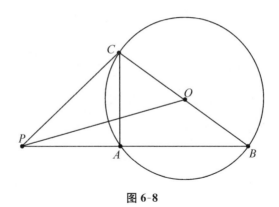

图 6-8

如图 6-9，$\overrightarrow{PC} \cdot \overrightarrow{PB} = PC \cdot PB \cdot \cos\angle CPB = -PA \cdot PB$；

所以 $PA \cdot PB = |PO^2 - OC^2|$.

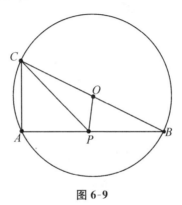

图 6-9

证法 2　如图 6-10，过点 P 向圆 O 引两条直线，与圆交于 A 和 B，C 是 AB 的中点，则

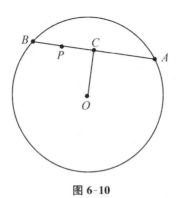

图 6-10

$$\overrightarrow{PA} \cdot \overrightarrow{PB} = (\overrightarrow{PC} + \overrightarrow{CA}) \cdot (\overrightarrow{PC} + \overrightarrow{CB})$$

$$= PC^2 - CA^2 = OP^2 - R^2,$$

所以

$$PA \cdot PB = |PO^2 - R^2|.$$

【例 6.7】 如图 6-11,设非零向量 $\overrightarrow{OA} = a, \overrightarrow{OB} = b$,在平面 AOB 内,P 是线段 AB 的垂直平分线 l 上的动点,设非零向量 $\overrightarrow{OP} = p, |a| = 3, |b| = 2$,求 $p \cdot (a - b)$.

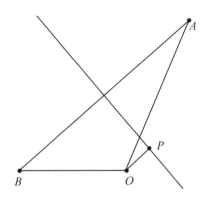

图 6-11

证法 1 设 $A(a\cos\alpha, a\sin\alpha), B(b\cos\beta, b\sin\beta), P(x, y)$,由 $PA = PB$ 得

$$\sqrt{(a\cos\alpha - x)^2 + (a\sin\alpha - y)^2} = \sqrt{(b\cos\beta - x)^2 + (b\sin\beta - y)^2},$$

即

$$ax\cos\alpha - bx\cos\beta + ay\sin\alpha - by\sin\beta = \frac{a^2 - b^2}{2}.$$

所以

$$p \cdot (a - b) = (x, y) \cdot (a\cos\alpha - b\cos\beta, a\sin\alpha - b\sin\beta)$$

$$= ax\cos\alpha - bx\cos\beta + ay\sin\alpha - by\sin\beta = \frac{a^2 - b^2}{2} = \frac{5}{2}.$$

证法 2 如图 6-12,设 O 和 P 在 BA 上的投影是 C 和 D,则

$$\overrightarrow{OP} \cdot (\overrightarrow{OA} - \overrightarrow{OB}) = \overrightarrow{CD} \cdot (\overrightarrow{CA} - \overrightarrow{CB})$$

$$= \frac{\overrightarrow{CA} + \overrightarrow{CB}}{2} \cdot (\overrightarrow{CA} - \overrightarrow{CB})$$

$$= \frac{OA^2 - OB^2}{2} = \frac{a^2 - b^2}{2} = \frac{5}{2}.$$

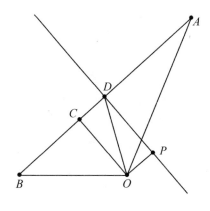

图 6-12

分析：已知 $\dfrac{\overrightarrow{CA}+\overrightarrow{CB}}{2}\cdot(\overrightarrow{CA}-\overrightarrow{CB})=\dfrac{a^2-b^2}{2}$，如果注意到 $\dfrac{\overrightarrow{OA}+\overrightarrow{OB}}{2}=\overrightarrow{OD}$，则可

以得出证法 3.

证法 3 如图 6-12,

$$\overrightarrow{OP}\cdot(\overrightarrow{OA}-\overrightarrow{OB})=(\overrightarrow{OD}+\overrightarrow{DP})\cdot(\overrightarrow{OA}-\overrightarrow{OB})=\overrightarrow{OD}\cdot(\overrightarrow{OA}-\overrightarrow{OB})$$

$$=\frac{\overrightarrow{OA}+\overrightarrow{OB}}{2}\cdot(\overrightarrow{OA}-\overrightarrow{OB})=\frac{a^2-b^2}{2}=\frac{5}{2}.$$

由三种证法对比可知,"设 $\overrightarrow{OA}=\boldsymbol{a}$"并不能使解题变得简单,反而让人看不到图

形之间的几何关系.

【**例 6.8**】 设 $A(a,1),B(2,b),C(4,5)$ 为坐标平面上三点,O 为坐标原点,若

$\overrightarrow{OA}$ 与 $\overrightarrow{OB}$ 在 $\overrightarrow{OC}$ 方向上的投影相同,则 a 与 b 满足的关系为_____.

解 由 $\overrightarrow{OA}$ 与 $\overrightarrow{OB}$ 在 $\overrightarrow{OC}$ 方向上的投影相同可得 $\overrightarrow{OA}\cdot\overrightarrow{OC}=\overrightarrow{OB}\cdot\overrightarrow{OC}$,即 $(a,1)\cdot$

$(4,5)=(2,b)\cdot(4,5)$,得 $4a-5b=3$.

【**例 6.9**】 在 $\triangle ABC$ 中,O 为坐标原点,$A(1,\cos\theta),B(\sin\theta,1),\theta\in\left(0,\dfrac{\pi}{2}\right]$,则

$\triangle OAB$ 的面积取得最大值时,$\theta=$_____.

解法 1 $|\overrightarrow{OA}|^2|\overrightarrow{OB}|^2=(1+\cos^2\theta)(1+\sin^2\theta),(\overrightarrow{OA}\cdot\overrightarrow{OB})^2=(\sin\theta+\cos\theta)^2,$

$$S_{\triangle OAB}=\frac{1}{2}ab\sin\angle AOB=\frac{1}{2}\sqrt{|\overrightarrow{OA}|^2|\overrightarrow{OB}|^2-(\overrightarrow{OA}\cdot\overrightarrow{OB})^2}$$

$$=\frac{1}{2}-\frac{1}{4}\sin 2\theta,$$

当 $\theta=\frac{\pi}{2}$ 时，面积最大.

解法 2 如图 6-13，

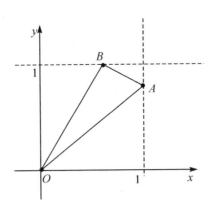

图 6-13

$S_{\triangle OAB}=1-\frac{1}{2}\sin\theta-\frac{1}{2}\cos\theta-\frac{1}{2}(1-\cos\theta)(1-\sin\theta)=\frac{1}{2}-\frac{1}{4}\sin 2\theta$，当 $\theta=\frac{\pi}{2}$

时，面积最大.

【例 6.10】 如图 6-14，在 Rt$\triangle ABC$ 中，已知 $BC=a$，若长为 $2a$ 的线段 PQ 以点 A 为中点，问 $\overrightarrow{PQ}$ 与 $\overrightarrow{BC}$ 的夹角 θ 取何值时，$\overrightarrow{BP}\cdot\overrightarrow{CQ}$ 的值最大？并求出这个最大值.

图 6-14

解法1

$$\overrightarrow{BP} \cdot \overrightarrow{CQ} = (\overrightarrow{AP} - \overrightarrow{AB}) \cdot (\overrightarrow{AQ} - \overrightarrow{AC})$$

$$= \overrightarrow{AP} \cdot \overrightarrow{AQ} - \overrightarrow{AP} \cdot \overrightarrow{AC} - \overrightarrow{AB} \cdot \overrightarrow{AQ} + \overrightarrow{AB} \cdot \overrightarrow{AC}$$

$$= -a^2 - \overrightarrow{AP} \cdot \overrightarrow{AC} + \overrightarrow{AB} \cdot \overrightarrow{AP} = -a^2 + \overrightarrow{AP} \cdot (\overrightarrow{AB} - \overrightarrow{AC})$$

$$= -a^2 + \frac{1}{2}\overrightarrow{PQ} \cdot \overrightarrow{BC} = -a^2 + a^2\cos\theta,$$

当 $\cos\theta = 1$,即 $\theta = 0$ 时,$\overrightarrow{BP} \cdot \overrightarrow{CQ}$ 取得最大值 0.

解法2 如图 6-15 建立直角坐标系,则 $A(0,0)$,$B(c,0)$,$C(0,b)$,$P(x,y)$,$Q(-x,-y)$,$\overrightarrow{BP}=(x-c,y)$,$\overrightarrow{CQ}=(-x,-y-b)$,$\overrightarrow{BC}=(-c,b)$,$\overrightarrow{PQ}=(-2x,-2y)$.

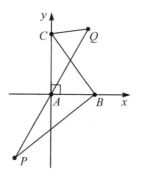

图 6-15

由 $\cos\theta = \dfrac{\overrightarrow{PQ} \cdot \overrightarrow{BC}}{|\overrightarrow{PQ}||\overrightarrow{BC}|} = \dfrac{cx-by}{a^2}$ 得 $cx-by=a^2\cos\theta$.

$$\overrightarrow{BP} \cdot \overrightarrow{CQ} = (x-c)(-x) + y(-y-b)$$

$$= -(x^2+y^2) + cx - by = -a^2 + a^2\cos\theta.$$

当 $\cos\theta = 1$,即 $\theta = 0$ 时,$\overrightarrow{BP} \cdot \overrightarrow{CQ}$ 取得最大值 0.

【例 6.11】 求证对角线相等的平行四边形是矩形,即:已知平行四边形 AB-CD 中,$AC=BD$,则四边形 ABCD 是矩形.

证明 由 $AC=BD$ 得 $(\overrightarrow{AB}+\overrightarrow{AD})^2 = (\overrightarrow{AB}-\overrightarrow{AD})^2$,化简得 $\overrightarrow{AB} \cdot \overrightarrow{AD}=0$,$AB \perp AD$.

【例 6.12】 一个四边形,两条邻边相等,另两条邻边也相等,这样的四边形叫做筝形. 求证筝形的对角线互相垂直. 即如图 6-16,已知四边形 $ABCD$ 中,$AD=AB,CD=CB$,求证:$AC\perp BD$.

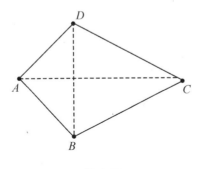

图 6-16

证明 由 $DC^2=BC^2$ 得 $(\overrightarrow{DA}+\overrightarrow{AC})^2=(\overrightarrow{BA}+\overrightarrow{AC})^2$,化简得 $\overrightarrow{BD}\cdot\overrightarrow{AC}=0$,$AC\perp BD$.

【**例 6.13**】 如图 6-17,在 $\triangle ABC$ 中,$BC^2+CA^2=5AB^2$,证明:BC 和 CA 边上的中线 AD 与 BE 相互垂直.

图 6-17

证明

$$\overrightarrow{AD}\cdot\overrightarrow{BE}=\frac{1}{4}(\overrightarrow{AB}+\overrightarrow{AC})\cdot(\overrightarrow{BA}+\overrightarrow{BC})$$

$$=\frac{1}{4}\left(-AB^2-\frac{AB^2+BC^2-AC^2}{2}-\frac{AB^2+CA^2-BC^2}{2}+\frac{BC^2+AC^2-AB^2}{2}\right)$$

$$=0,$$

所以 $AD\perp BE$.

【**例 6.14**】 如图 6-18,在四边形 $ABCD$ 中,E 和 F 是 DC 和 CB 上的点,AB $=AD$,$DF \perp AE$,$AB \perp BC$,$AD \perp DC$,求证:$AF \perp BE$.(1995 年俄罗斯联邦区域竞赛试题)

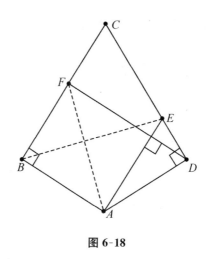

图 6-18

证明

$$\overrightarrow{AF} \cdot \overrightarrow{BE} = (\overrightarrow{AD} + \overrightarrow{DF}) \cdot (\overrightarrow{BA} + \overrightarrow{AE})$$

$$= \overrightarrow{AD} \cdot \overrightarrow{BA} + \overrightarrow{AD}^2 + \overrightarrow{DF} \cdot \overrightarrow{BA}$$

$$= \overrightarrow{AB} \cdot (\overrightarrow{DA} + \overrightarrow{AB} + \overrightarrow{FD}) = \overrightarrow{AB} \cdot \overrightarrow{FB} = 0,$$

所以 $AF \perp BE$.

【**例 6.15**】 如图 6-19,正三角形 ABC 中,D,E 分别是 AB,BC 上的一个三等分点,扔下 AE 和 CD 交于点 P,求证:$BP \perp DC$.

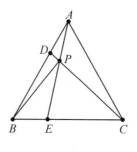

图 6-19

证明 设正三角形边长为 a, $\overrightarrow{AC}=\overrightarrow{AB}+\overrightarrow{BC}=3(\overrightarrow{AP}+\overrightarrow{PD})-\dfrac{3}{2}(\overrightarrow{CP}+\overrightarrow{PE})=$

$\overrightarrow{AP}+\overrightarrow{PC}$,则 $\overrightarrow{AP}=3\overrightarrow{AP}-\dfrac{3}{2}\overrightarrow{PE}$,即 $\overrightarrow{AP}=\dfrac{3}{7}\overrightarrow{AE}$.

$$\overrightarrow{BP}\cdot\overrightarrow{DC}=(\overrightarrow{BA}+\overrightarrow{AP})\cdot(\overrightarrow{DB}+\overrightarrow{BC})$$

$$=\left(\overrightarrow{BA}+\dfrac{3}{7}(\overrightarrow{AB}+\overrightarrow{BE})\right)\cdot\left(\dfrac{2}{3}\overrightarrow{AB}+\overrightarrow{BC}\right)$$

$$=\dfrac{1}{21}(\overrightarrow{BC}-4\overrightarrow{AB})\cdot(2\overrightarrow{AB}+3\overrightarrow{BC})$$

$$=\dfrac{1}{21}(2a^2\cos120°+3a^2-8a^2-12a^2\cos120°)=0.$$

【**例 6.16**】 如图 6-20, BD 和 CE 是 △ABC 的两条高,分别在 BD 和 CE 的延长线上取点 F 和 G(或者两者都在反向延长线上取点),使得 $BF=AC$, $CG=AB$,求证: $AF\perp AG$.

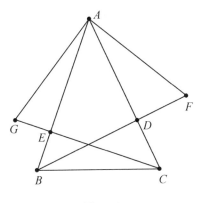

图 6-20

证明

$$\overrightarrow{AF}\cdot\overrightarrow{AG}=(\overrightarrow{AB}+\overrightarrow{BF})\cdot(\overrightarrow{AC}+\overrightarrow{CG})$$

$$=\overrightarrow{AB}\cdot\overrightarrow{AC}+\overrightarrow{BF}\cdot\overrightarrow{CG}=0,$$

所以 $AF\perp AG$.

【**例 6.17**】 如图 6-21,△ABC 应满足什么条件,才使得 ∠A 的角平分线和从 B 引出的中线互相垂直.

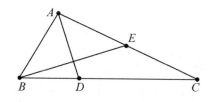

图 6-21

证明 由 $\overrightarrow{AD} \cdot \overrightarrow{BE} = \overrightarrow{AD} \cdot (\overrightarrow{BA} + \overrightarrow{AE}) = \overrightarrow{AD} \cdot \overrightarrow{BA} + \overrightarrow{AD} \cdot \overrightarrow{AE} = 0$，得 $\overrightarrow{AD} \cdot \overrightarrow{AB} = \overrightarrow{AD} \cdot \overrightarrow{AE}$，即

$$AD \cdot AB\cos\angle BAD = AD \cdot AE\cos\angle EAD,$$

所以 $AB = AE = \dfrac{1}{2}AC.$

【例 6.18】 如图 6-22，D 是 $\triangle ABC$ 边 AC 上一点，且 $AD:DC = 2:1$，$\angle ACB = 45°$，$\angle ADB = 60°$，作 $\triangle BCD$ 的外接圆，圆心为 O，求证：AB 是 $\odot O$ 的切线.

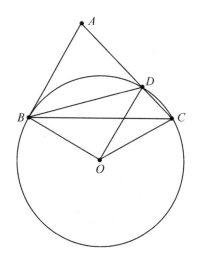

图 6-22

证明 由 $\angle ACB = 45°$，$\angle ADB = 60°$ 得 $\angle BOC = 120°$，$\angle BOD = 90°$；

$$\overrightarrow{OA} = \overrightarrow{OC} + \overrightarrow{CA} = \overrightarrow{OC} + 3\overrightarrow{CD} = \overrightarrow{OC} + 3(\overrightarrow{OD} - \overrightarrow{OC}) = 3\overrightarrow{OD} - 2\overrightarrow{OC},$$

$$\overrightarrow{AB} = \overrightarrow{OB} - \overrightarrow{OA} = \overrightarrow{OB} - 3\overrightarrow{OD} + 2\overrightarrow{OC},$$

$\overrightarrow{AB} \cdot \overrightarrow{OB} = (\overrightarrow{OB} - 3\overrightarrow{OD} + 2\overrightarrow{OC}) \cdot \overrightarrow{OB} = \overrightarrow{OB}^2 + 2\overrightarrow{OB}^2\cos120° = 0$，所以 $AB \perp$

OB,AB 是 ⊙O 的切线.

【例 6.19】 如图 6-23，△ABC 中，$AC \perp CB$，CD 为角平分线，$DE \perp BC$，$DF \perp AC$，AE 交 BF 于 G，求证：$CG \perp AB$.

证明

$$\vec{CG} = m\vec{CF} + (1-m)\vec{CB} = m\frac{CF}{CA}\vec{CA} + (1-m)\vec{CB}$$

$$= m\frac{DB}{AB}\vec{CA} + (1-m)\vec{CB}$$

$$= m\frac{BC}{BC+AC}\vec{CA} + (1-m)\vec{CB},$$

$$\vec{CG} = n\vec{CE} + (1-n)\vec{CA}$$

$$= n\frac{CE}{CB}\vec{CB} + (1-n)\vec{CA} = n\frac{AD}{AB}\vec{CB} + (1-n)\vec{CA}$$

$$= n\frac{AC}{AC+BC}\vec{CB} + (1-n)\vec{CA},$$

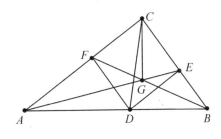

图 6-23

所以 $m\dfrac{BC}{BC+AC} = 1-n$，$n\dfrac{AC}{BC+AC} = 1-m$，解得 $m = \dfrac{-BC(BC+AC)}{AC \cdot BC - (BC+AC)^2}$.

$$\vec{CG} \cdot \vec{AB} = \left(m\frac{BC}{BC+AC}\vec{CA} + (1-m)\vec{CB} \right) \cdot (\vec{AC} + \vec{CB}) = 0,$$

所以 $CG \perp AB$.

【例 6.20】 如图 6-24，在正方形 $ABCD$ 和 $CGEF$ 中，点 M 是线段 AE 的中点，联结 MD 和 MF，试探究线段 MD 与 MF 的关系.

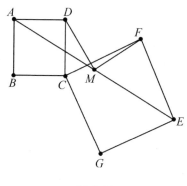

图 6-24

证明

$$\overrightarrow{DM}=\frac{1}{2}(\overrightarrow{DA}+\overrightarrow{DE})=\frac{1}{2}(\overrightarrow{DA}+\overrightarrow{DF}+\overrightarrow{FE}),$$

$$\overrightarrow{FM}=\frac{1}{2}(\overrightarrow{FA}+\overrightarrow{FE})=\frac{1}{2}(\overrightarrow{FD}+\overrightarrow{DA}+\overrightarrow{FE}),$$

以 DM 和 FM 为边构造平行四边形,则 $\overrightarrow{FM}+\overrightarrow{DM}$ 和 $\overrightarrow{DF}$ 为平行四边形的对角线,

$$(\overrightarrow{FM}+\overrightarrow{DM})\cdot\overrightarrow{DF}=\frac{1}{2}(\overrightarrow{FD}+\overrightarrow{DA}+\overrightarrow{FE}+\overrightarrow{DA}+\overrightarrow{DF}+\overrightarrow{FE})\cdot\overrightarrow{DF}$$

$$=(\overrightarrow{DA}+\overrightarrow{FE})\cdot(\overrightarrow{DC}+\overrightarrow{CF})$$

$$=\overrightarrow{CB}\cdot\overrightarrow{CF}-\overrightarrow{CG}\cdot\overrightarrow{CD}=0,$$

所以该平行四边形为菱形. 又由于

$$\overrightarrow{DM}\cdot\overrightarrow{FM}=\frac{1}{4}(\overrightarrow{DA}+\overrightarrow{DF}+\overrightarrow{FE})\cdot(\overrightarrow{FD}+\overrightarrow{DA}+\overrightarrow{FE})$$

$$=\frac{1}{4}(DA^2+FE^2+2\overrightarrow{DA}\cdot\overrightarrow{FE}-DF^2)=0,$$

则该菱形为正方形,所以 $DM=FM$ 且 $DM\perp FM$.

注意:MF 和 MD 既垂直又相等,是否可将 MD 看作 MF 旋转 $90°$ 所得呢. 另证:

$$\overrightarrow{FM}=\frac{1}{2}(\overrightarrow{FA}+\overrightarrow{FE})=\frac{1}{2}(\overrightarrow{FC}+\overrightarrow{CD}+\overrightarrow{DA}+\overrightarrow{FE}),$$

$$\overrightarrow{DM}=\frac{1}{2}(\overrightarrow{DA}+\overrightarrow{DE})=\frac{1}{2}(\overrightarrow{DA}+\overrightarrow{DC}+\overrightarrow{CF}+\overrightarrow{FE}),$$

$$\overrightarrow{FM} \cdot i = \frac{1}{2}(\overrightarrow{FC} + \overrightarrow{CD} + \overrightarrow{DA} + \overrightarrow{FE}) \cdot i$$

$$= \frac{1}{2}(\overrightarrow{FE} + \overrightarrow{DA} + \overrightarrow{DC} + \overrightarrow{CF}) = \overrightarrow{DM},$$

所以 $DM = FM$ 且 $DM \perp FM$.

此方法利用了向量旋转,减少了很多运算.更多相关案例,参看第 8 章复数.

【例 6.21】 如图 6-25,分别以 $\triangle ABC$ 的两边 AB 和 AC 向外作两个正方形, AH 为 BC 边上的高,延长 HA 交 DG 于 I,求证 $DI = IG$. 反之,若点 I 为 DG 中点,延长 IA 交 BC 于 H,求证 $AH \perp BC$.

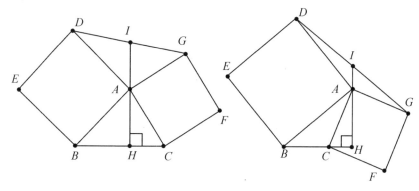

图 6-25

证明 若 $\overrightarrow{AI} \perp \overrightarrow{BC}$,则 $\overrightarrow{AI} \cdot \overrightarrow{BC} = 0$,而

$$(\overrightarrow{AD} + \overrightarrow{AG}) \cdot (\overrightarrow{BA} + \overrightarrow{AC}) = \overrightarrow{AD} \cdot \overrightarrow{AC} + \overrightarrow{AG} \cdot \overrightarrow{BA} = 0,$$

所以 $\overrightarrow{AD} + \overrightarrow{AG} = t\overrightarrow{AI}$;又由于 $\overrightarrow{AD}, \overrightarrow{AG}, \overrightarrow{AI}$ 共起点,且 D, G, I 三点共线,所以 $t = 2$, 即 $DI = IG$.

若 $DI = IG$,则 $2\overrightarrow{AI} \cdot \overrightarrow{BC} = (\overrightarrow{AD} + \overrightarrow{AG}) \cdot (\overrightarrow{BA} + \overrightarrow{AC}) = \overrightarrow{AD} \cdot \overrightarrow{AC} + \overrightarrow{AG} \cdot \overrightarrow{BA} = 0$,所以 $AH \perp BC$.

【例 6.22】 如图 6-26,已知四边形 $ABCD$ 中 $AD = BC$,E 和 F 分别是 AB 和 CD 的中点,设 AD 与 EF 交于 G,BC 与 EF 交于 H. 求证:$\angle AGE = \angle BHE$.

证明 由 $2\overrightarrow{EF} = \overrightarrow{AD} + \overrightarrow{BC}$ 得 $2\overrightarrow{EF} \cdot \overrightarrow{AD} = AD^2 + \overrightarrow{BC} \cdot \overrightarrow{AD}$,$2\overrightarrow{EF} \cdot \overrightarrow{BC} = BC^2 + \overrightarrow{AD} \cdot \overrightarrow{BC}$;由 $AD = BC$ 得 $\overrightarrow{EF} \cdot \overrightarrow{AD} = \overrightarrow{EF} \cdot \overrightarrow{BC}$,即

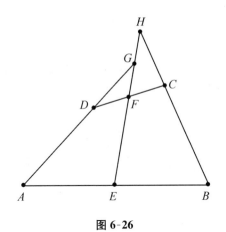

图 6-26

$$|\overrightarrow{EF}|\,|\overrightarrow{AD}|\cos\angle AGE=|\overrightarrow{EF}|\,|\overrightarrow{BC}|\cos\angle BHE,$$

所以 $\angle AGE=\angle BHE$.

综合几何解题思路:如图 6-27,联结 BD,作中点 I,联结 EI 和 FI,易证 $\angle AGE$ $=\angle IEF=\angle IFE=\angle BHE$. 添加辅助线不是很容易想到.

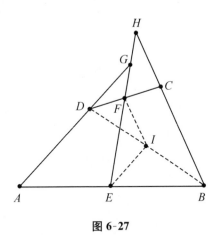

图 6-27

此题更一般的形式:如图 6-26,已知四边形 $ABCD$ 中,E 和 F 分别是 AB 和 CD 上的点,$\dfrac{AD}{BC}=\dfrac{AE}{EB}=\dfrac{DF}{FC}$,设 AD 与 EF 交于 G,BC 与 EF 交于 H. 求证:$\angle AGE$ $=\angle BHE$.

【例 6.23】 如图 6-28,在等边 $\triangle ABC$ 中,$AD=BE=CF$,AE,BF,CD 相交得

到 H,I,G,求证:$\triangle HIG$ 是等边三角形.

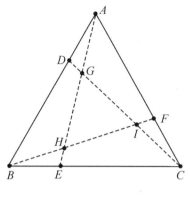

图 6-28

证明 证明三角形为等边三角形,可证三边相等或证三个角都为 $60°$. 此题中证三边相等,则会牵涉较多的线段交点,运算较繁;证三个角为 $60°$则简单一些.

设 $BC=1$,$BE=k$,$\overrightarrow{BF}=\overrightarrow{BC}+\overrightarrow{CF}=\overrightarrow{BC}+k\overrightarrow{CA}$,

$$\overrightarrow{DC}=\overrightarrow{DA}+\overrightarrow{AC}=k\overrightarrow{BA}+\overrightarrow{AC},$$

$$\cos\angle CIF=\frac{\overrightarrow{BF}\cdot\overrightarrow{DC}}{|\overrightarrow{BF}||\overrightarrow{DC}|}=\frac{(\overrightarrow{BC}+k\overrightarrow{CA})\cdot(k\overrightarrow{BA}+\overrightarrow{AC})}{|\overrightarrow{BC}+k\overrightarrow{CA}|\cdot|k\overrightarrow{BA}+\overrightarrow{AC}|}=\frac{1}{2},$$

所以 $\angle HIG=\angle CIF=60°$;同理可证 $\angle GHI=\angle HGI=60°$,所以 $\triangle HIG$ 是等边三角形.

【例 6.24】 平面上四点 A,B,C,D 满足 $(\overrightarrow{AB}-\overrightarrow{BC})\cdot(\overrightarrow{AD}-\overrightarrow{CD})=0$,求 $\triangle ABC$ 的形状.

解法 1 $(\overrightarrow{AB}-\overrightarrow{BC})\cdot(\overrightarrow{AD}-\overrightarrow{CD})=0$,即 $(\overrightarrow{AB}-\overrightarrow{BC})\cdot\overrightarrow{AC}=0$,即 $\overrightarrow{AB}\cdot\overrightarrow{AC}=\overrightarrow{BC}\cdot\overrightarrow{AC}$,即 $AB\cos A=BC\cos C$,即 $\sin C\cos A=\sin A\cos C$,于是 $\sin(A-C)=0$,所以 $\triangle ABC$ 是等腰三角形.

解法 2 $(\overrightarrow{AB}-\overrightarrow{BC})\cdot(\overrightarrow{AD}-\overrightarrow{CD})=0$,即 $(\overrightarrow{AB}-\overrightarrow{BC})\cdot\overrightarrow{AC}=0$,即 $(\overrightarrow{AB}-\overrightarrow{BC})\cdot(\overrightarrow{AB}+\overrightarrow{BC})=0$,即 $AB^2-BC^2=0$,所以 $\triangle ABC$ 是等腰三角形.

先利用回路,消去与 $\triangle ABC$ 无关的点 D;再利用回路消去向量符号,得到边长之间的关系. 解法 2 显然比解法 1 过程简单,而且少用一次三角公式.

从解答过程中,我们看到 A,B,C,D 完全可以不在一个平面.

解法 3 设 AC 中点为 M,$(\overrightarrow{AB}-\overrightarrow{BC}) \cdot (\overrightarrow{AD}-\overrightarrow{CD})=0$,即 $-(\overrightarrow{BA}+\overrightarrow{BC}) \cdot \overrightarrow{AC}$ $=0$,即 $-\overrightarrow{BM} \cdot \overrightarrow{AC}=0$,说明 BM 既是中线又是高,所以 $\triangle ABC$ 是等腰三角形.

【例 6.25】 求证 $\triangle ABC$ 为正三角形的充要条件是
$$\overrightarrow{AB} \cdot \overrightarrow{BC}=\overrightarrow{BC} \cdot \overrightarrow{CA}=\overrightarrow{CA} \cdot \overrightarrow{AB}.$$

充分性.

证法 1 由 $\overrightarrow{AB} \cdot \overrightarrow{BC}=\overrightarrow{BC} \cdot \overrightarrow{CA}=\overrightarrow{CA} \cdot \overrightarrow{AB}$ 得 $\overrightarrow{AB} \cdot \overrightarrow{BC}+\overrightarrow{BC} \cdot \overrightarrow{CA}=2\overrightarrow{CA} \cdot \overrightarrow{AB}$,$\overrightarrow{BC}^2=2\overrightarrow{AC} \cdot \overrightarrow{AB}$;同理 $\overrightarrow{AB}^2=2\overrightarrow{CB} \cdot \overrightarrow{CA}$,$\overrightarrow{AC}^2=2\overrightarrow{BA} \cdot \overrightarrow{BC}$,所以 $AB=BC=CA$.

证法 2 $\overrightarrow{AB} \cdot \overrightarrow{BC}=\overrightarrow{BC} \cdot \overrightarrow{CA}$,即 $\overrightarrow{BC} \cdot (\overrightarrow{AB}+\overrightarrow{AC})=0$,设 BC 中点为 D,则 $\overrightarrow{BC} \cdot 2\overrightarrow{AD}=0$,所以 $BC \perp AD$,$AB=AC$. 同理可证 $BA=BC$.

证法 3 $\overrightarrow{AB} \cdot \overrightarrow{BC}=\overrightarrow{BC} \cdot \overrightarrow{CA}$,即 $\overrightarrow{BC} \cdot (\overrightarrow{AB}+\overrightarrow{AC})=0$,即 $(\overrightarrow{AC}-\overrightarrow{AB}) \cdot (\overrightarrow{AB}+\overrightarrow{AC})=0$,即 $\overrightarrow{AC}^2-\overrightarrow{AB}^2=0$,所以 $AB=AC$. 同理可证 $BA=BC$.

必要性. 由 $AB=BC=CA$ 得 $BC^2=2CA \cdot AB\cos 60°$,即 $\overrightarrow{BC}^2=2\overrightarrow{AC} \cdot \overrightarrow{AB}$;同理 $\overrightarrow{AB}^2=2\overrightarrow{CB} \cdot \overrightarrow{CA}$,$\overrightarrow{AC}^2=2\overrightarrow{BA} \cdot \overrightarrow{BC}$,所以 $\overrightarrow{AB} \cdot \overrightarrow{BC}=\overrightarrow{BC} \cdot \overrightarrow{CA}=\overrightarrow{CA} \cdot \overrightarrow{AB}$.

基于此题,我们可以类比.

【例 6.26】 在四边形 $ABCD$ 中,若 $\overrightarrow{AB} \cdot \overrightarrow{BC}=\overrightarrow{BC} \cdot \overrightarrow{CD}=\overrightarrow{CD} \cdot \overrightarrow{DA}=\overrightarrow{DA} \cdot \overrightarrow{AB}$,判定四边形 $ABCD$ 的形状.

常规证法 由 $\overrightarrow{AB} \cdot \overrightarrow{BC}=\overrightarrow{BC} \cdot \overrightarrow{CD}$ 得 $(\overrightarrow{AB}-\overrightarrow{CD}) \cdot \overrightarrow{BC}=0$,于是 $\overrightarrow{AB}-\overrightarrow{CD} \perp \overrightarrow{BC}$;同理 $\overrightarrow{AB}-\overrightarrow{CD} \perp \overrightarrow{DA}$;于是 $\overrightarrow{BC}//\overrightarrow{DA}$;同理 $\overrightarrow{AB}//\overrightarrow{CD}$. 所以四边形 $ABCD$ 是平行四边形,于是 $\overrightarrow{AB}-\overrightarrow{CD}=2\overrightarrow{AB}$,得 $\overrightarrow{AB} \perp \overrightarrow{BC}$,所以平行四边形 $ABCD$ 是矩形.

巧证 设 $\overrightarrow{AB} \cdot \overrightarrow{BC}=\overrightarrow{BC} \cdot \overrightarrow{CD}=\overrightarrow{CD} \cdot \overrightarrow{DA}=\overrightarrow{DA} \cdot \overrightarrow{AB}=k$,若 $k>0$,则四边形 $ABCD$ 四个内角都是钝角,内角和大于 $360°$;若 $k<0$,则四边形 $ABCD$ 四个内角都是锐角,内角和小于 $360°$;这都不可能,所以 $k=0$.

【例 6.27】 如图 6-29,$\angle AFE=\angle ACB$,$\triangle AEF$ 和 $\triangle ABC$ 的面积相等,$EC \perp AB$,$FB \perp AE$. 求证:$AB=AE$.

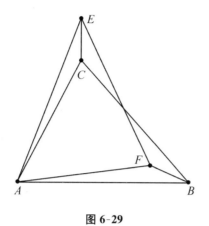

图 6-29

证明

$$\vec{AE} \cdot \vec{FB} = (\vec{AF} + \vec{FE}) \cdot (\vec{FA} + \vec{AC} + \vec{CB})$$

$$= -\vec{AF}^2 + \vec{AF} \cdot \vec{AC} + \vec{AF} \cdot \vec{CB} + \vec{FE} \cdot \vec{FA}$$

$$+ \vec{FE} \cdot \vec{AC} + \vec{FE} \cdot \vec{CB},$$

$$\vec{AB} \cdot \vec{CE} = (\vec{AC} + \vec{CB}) \cdot (\vec{CA} + \vec{AF} + \vec{FE})$$

$$= -\vec{AC}^2 + \vec{AC} \cdot \vec{AF} + \vec{AC} \cdot FE$$

$$+ \vec{CB} \cdot \vec{CA} + \vec{CB} \cdot \vec{AF} + \vec{CB} \cdot \vec{FE},$$

从而 $\vec{AE} \cdot \vec{FB} - \vec{AB} \cdot \vec{CE} = AC^2 - AF^2 + \vec{FE} \cdot \vec{FA} - \vec{CB} \cdot \vec{CA} = AC^2 - AF^2 = 0$，所以 $AC = AF, CB = FE$；$AB^2 = AC^2 + CB^2 - 2AC \cdot CB \cdot \cos\angle ACB$，$AE^2 = AF^2 + FE^2 - 2AF \cdot FE \cdot \cos\angle AFE$，所以 $AB = AE$。

【例 6.28】 如图 6-30，四面体 $ABCD$ 中，$\angle BAC = \angle ACD$，$\angle ABD = \angle BDC$，求证：$AB = CD$。

图 6-30

证明 由 $\angle BAC=\angle ACD$ 得 $\cos\angle BAC=\cos\angle ACD$,即

$$\frac{\overrightarrow{AB}\cdot\overrightarrow{AC}}{AB\cdot AC}=\frac{\overrightarrow{CA}\cdot\overrightarrow{CD}}{CA\cdot CD},\left(\frac{\overrightarrow{AB}}{AB}+\frac{\overrightarrow{CD}}{CD}\right)\cdot\overrightarrow{AC}=0;$$

同理可得 $\left(\dfrac{\overrightarrow{AB}}{AB}+\dfrac{\overrightarrow{CD}}{CD}\right)\cdot\overrightarrow{BD}=0$;两式相减得 $\left(\dfrac{\overrightarrow{AB}}{AB}+\dfrac{\overrightarrow{CD}}{CD}\right)\cdot(\overrightarrow{AC}-\overrightarrow{BD})=0$,即

$\left(\dfrac{\overrightarrow{AB}}{AB}+\dfrac{\overrightarrow{CD}}{CD}\right)\cdot(\overrightarrow{AB}-\overrightarrow{CD})=0$,即 $\overrightarrow{AB}-\overrightarrow{CD}+\dfrac{\overrightarrow{AB}\cdot\overrightarrow{CD}}{CD}-\dfrac{\overrightarrow{AB}\cdot\overrightarrow{CD}}{AB}=0$,亦即 $(\overrightarrow{AB}-$

$\overrightarrow{CD})\left(1+\dfrac{\overrightarrow{AB}\cdot\overrightarrow{CD}}{AB\cdot CD}\right)=0$;若 $1+\dfrac{\overrightarrow{AB}\cdot\overrightarrow{CD}}{AB\cdot CD}=0$,则 $\overrightarrow{AB}=-\overrightarrow{CD}$,此时 $ABCD$ 四点共

面,与题意矛盾;所以只能 $AB=CD$.

向量法处理线段和问题较为困难,但也并不是不可能,如下例.

【例 6.29】 如图 6-31,已知正方形 $ABCD$ 中,E 为 BC 上任一点,$\angle EAD$ 的

平分线交 DC 于 F.求证:$BE+DF=AE$.

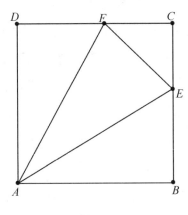

图 6-31

证明 由 $\overrightarrow{AE}=\overrightarrow{AB}+\overrightarrow{BE}$ 得 $\overrightarrow{AE}\cdot\overrightarrow{AF}=\overrightarrow{AB}\cdot\overrightarrow{AF}+\overrightarrow{BE}\cdot\overrightarrow{AF}$,令 $\angle DAF=$

$\angle FAE=\theta$,则 $AE\cdot AF\cos\theta=AB\cdot AF\cos\left(\dfrac{\pi}{2}-\theta\right)+BE\cdot AF\cos\theta$,化简得 $BE+$

$DF=AE$.

【例 6.30】 如图 6-32,设点 O 在 $\triangle ABC$ 内部,且有 $\overrightarrow{OA}+2\overrightarrow{OB}+3\overrightarrow{OC}=\mathbf{0}$,求

$\triangle ABC$ 和 $\triangle AOC$ 面积之比.(2004 年希望杯竞赛训练题)

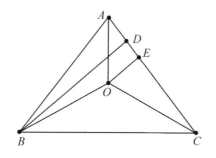

图 6-32

解 设 e 为 $\overrightarrow{AC}$ 的单位法向量,作 $BD \perp AC, OE \perp AC$,

$$BD = \overrightarrow{AB} \cdot e = (\overrightarrow{AO} + \overrightarrow{OB}) \cdot e = \left(\overrightarrow{AO} + \frac{\overrightarrow{AO} + 3\overrightarrow{CO}}{2} \right) \cdot e$$

$$= OE + \frac{OE + 3OE}{2} = 3OE.$$

所以 $\triangle ABC$ 面积是 $\triangle AOC$ 面积的三倍.

【例 6.31】 如图 6-33,F 为 $\triangle ABC$ 中位线上一点,BF 交 AC 于 G,CF 交 AB 于 H. 求证 $\dfrac{AG}{GC} + \dfrac{AH}{HB} = 1.$ (1985 年齐齐哈尔、大庆市竞赛题)

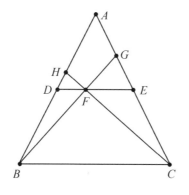

图 6-33

证法 1 设 $\overrightarrow{BG}$ 的单位法向量为 e,则

$$\frac{AG}{GC} = \frac{\overrightarrow{AG} \cdot e}{\overrightarrow{GC} \cdot e} = \frac{\overrightarrow{AB} \cdot e}{\overrightarrow{BC} \cdot e} = \frac{\overrightarrow{DB} \cdot e}{\overrightarrow{DE} \cdot e} = \frac{\overrightarrow{DF} \cdot e}{\overrightarrow{DE} \cdot e} = \frac{DF}{DE},$$

同理 $\dfrac{AH}{HB} = \dfrac{EF}{ED}$,所以

$$\frac{AG}{GC}+\frac{AH}{HB}=\frac{DF}{DE}+\frac{EF}{ED}=1.$$

证法 2

$$2\overrightarrow{AF}=m\overrightarrow{AB}+(1-m)\overrightarrow{AC}=m\frac{AB}{AH}\overrightarrow{AH}+(1-m)\overrightarrow{AC}$$

$$=m\overrightarrow{AB}+(1-m)\frac{AC}{AG}\overrightarrow{AG},$$

所以

$$m\frac{AB}{AH}+(1-m)=2,m+(1-m)\frac{AC}{AG}=2,$$

解得$\frac{AH}{HB}=m,\frac{AG}{GC}=1-m$,所以$\frac{AG}{GC}+\frac{AH}{HB}=1.$

证法 3　直接用回路法,注意到$(1-m)\overrightarrow{HA}=2m\overrightarrow{DH}$,则有

$$(1-m)(\overrightarrow{HF}+\overrightarrow{FE})=(1-m)(\overrightarrow{HA}+\overrightarrow{AE})=2m\overrightarrow{DH}+(1-m)\overrightarrow{EC}$$

$$=2m(\overrightarrow{DF}+\overrightarrow{FH})+(1-m)(\overrightarrow{EF}+\overrightarrow{FC}),$$

比较两端得$(1-m)\overrightarrow{FE}=2m\overrightarrow{DF}+(1-m)\overrightarrow{EF}$,即$(1-m)\overrightarrow{FE}=m\overrightarrow{DF}$,同理有

$(1-n)\overrightarrow{DF}=n\overrightarrow{FE}$,从而$(1-m)(1-n)=mn$,即$m+n=1.$

证法 4　用面积法较简单:

$$\frac{AG}{GC}+\frac{AH}{HB}=\frac{S_{\triangle ABF}}{S_{\triangle CBF}}+\frac{S_{\triangle ACF}}{S_{\triangle BCF}}=\frac{S_{\triangle ABE}}{S_{\triangle CBE}}=1.$$

高考对向量数量积考察较多,但难度不大,举数例说明(例 6-32～6-35).

【例 6.32】　已知向量$\boldsymbol{a}=(\cos\alpha,\sin\alpha),\boldsymbol{b}=(\cos\beta,\sin\beta)$,且$\boldsymbol{a}\neq\boldsymbol{b}$,那么$\boldsymbol{a}+\boldsymbol{b}$ 和 $\boldsymbol{a}-\boldsymbol{b}$的夹角大小是_____.

解

$$\cos\langle\boldsymbol{a}+\boldsymbol{b},\boldsymbol{a}-\boldsymbol{b}\rangle=\frac{(\boldsymbol{a}+\boldsymbol{b})\cdot(\boldsymbol{a}-\boldsymbol{b})}{|\boldsymbol{a}+\boldsymbol{b}||\boldsymbol{a}-\boldsymbol{b}|}=\frac{\boldsymbol{a}^2-\boldsymbol{b}^2}{|\boldsymbol{a}+\boldsymbol{b}||\boldsymbol{a}-\boldsymbol{b}|}=0,$$

所以$\langle\boldsymbol{a}+\boldsymbol{b},\boldsymbol{a}-\boldsymbol{b}\rangle=90°.$

其实此题根本无需动笔,$\boldsymbol{a}+\boldsymbol{b}$ 和 $\boldsymbol{a}-\boldsymbol{b}$是以$\boldsymbol{a}$ 和 $\boldsymbol{b}$为邻边的平行四边形的两对角线,由于$|\boldsymbol{a}|=|\boldsymbol{b}|$,平行四边形是菱形,对角线互相垂直.

【例 6.33】 若向量 a 与 b 不共线，$a \cdot b \neq 0$，且 $c = a - \left(\dfrac{a \cdot a}{a \cdot b}\right)b$，则向量 a 与 c 的夹角为_____.

解 $c \cdot a = a \cdot a - \left(\dfrac{a \cdot a}{a \cdot b}\right)b \cdot a = a^2 - a^2 = 0$，所以夹角为 $90°$.

【例 6.34】 P 是 $\triangle ABC$ 所在平面上一点，若 $\overrightarrow{PA} \cdot \overrightarrow{PB} = \overrightarrow{PB} \cdot \overrightarrow{PC} = \overrightarrow{PC} \cdot \overrightarrow{PA}$，则 P 是 $\triangle ABC$ 的（　　）.

A. 外心 　　　　 B. 内心 　　　　 C. 重心 　　　　 D. 垂心

解 由 $\overrightarrow{PA} \cdot \overrightarrow{PB} = \overrightarrow{PB} \cdot \overrightarrow{PC}$ 得 $\overrightarrow{CA} \cdot \overrightarrow{PB} = (\overrightarrow{PA} - \overrightarrow{PC}) \cdot \overrightarrow{PB} = 0$，$CA \perp PB$；同理可证 $CB \perp PA$，$BA \perp PC$，所以点 P 是 $\triangle ABC$ 的垂心.

【例 6.35】 已知向量 $a \neq e$，$|e| = 1$，对任意 $t \in \mathbf{R}$，恒有 $|a - te| \geqslant |a - e|$，则（　　）.

A. $a \perp e$ 　　　　　　 B. $a \perp (a - e)$

C. $e \perp (a - e)$ 　　　　 D. $(a + e) \perp (a - e)$

解 由 $|a - te| \geqslant |a - e|$ 得 $t^2 - 2e \cdot at + 2e \cdot a - e^2 \geqslant 0$；因为该不等式对任意 $t \in \mathbf{R}$ 恒成立，则 $\Delta = 4(e \cdot a)^2 - 8e \cdot a + 4e^2 \leqslant 0$，即 $(e \cdot a - 1)^2 \leqslant 0$. 于是 $e \cdot a - e^2 = 0$，$e \cdot (a - e) = 0$，所以 $e \perp (a - e)$.

另解 此题实质是考察"点到直线的距离以垂线段最短". 如图 6-34，$CA \perp CB$，P 为 BC 上任意一点，$\overrightarrow{BP} = te$，$AP = |a - te|$，AP 始终大于 AC.

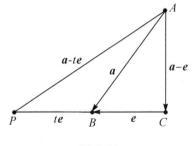

图 6-34

第七章

向量坐标证垂直

向量法与解析法的联系和区别,前面已经有所论述.向量回路法是向量法解题的根本,但向量法并不排斥与其他方法合作,譬如向量法与坐标法合作,就会产生向量坐标法,大家可以通过后面的例题分析,比较它与一般坐标法的异同.

在几何中,垂直是一种特殊的位置关系.很多几何题都涉及垂直的证明,沈文选先生对此作了较为详细的总结,认为可从角、线、形等多方面考虑.这其中需要牵涉到很多的几何知识.而向量法证垂直,思路简单,无需灵光一现的顿悟,只需按部就班操作;无需用到繁杂的几何性质,只需用到向量回路和点乘的基本知识.

本章将以垂直问题为例,给出向量回路证法,以及向量转成的坐标解法.

一些资料上介绍的坐标法常会碰到计算烦琐的麻烦.其实,不少问题是可以采取设而不求的思想,列式相消,不在中间作不必要停留,直奔结果而去.对坐标法感兴趣或是有疑问的读者,应该是能从本章给出的坐标解法有所获取.

向量坐标还是有一般坐标没有的好处:形式上要好一些,便于计算.譬如证垂直,一般坐标法写作两直线斜率之积为 -1,式子左边会出现分式,右边是 -1;而向量坐标化,左边是关于 x 和 y 的一般线性方程形式,右边是 0.另外,向量坐标避开了斜率不存在的情形.

向量证垂直,最经典的案例就是证明垂心定理.我们就将此题详细分析,比较向量回路法和向量坐标法.

【例 7.1】 如图 7-1,$\triangle ABC$ 中,$AF\perp BC$,$BF\perp AC$,求证:$CF\perp AB$.

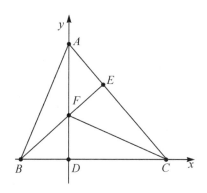

图 7-1

证法 1 由 $BF\perp AC$ 得 $\overrightarrow{BF}\cdot(\overrightarrow{AF}+\overrightarrow{FC})=0$;由 $AF\perp BC$ 得 $\overrightarrow{AF}\cdot(\overrightarrow{BF}+\overrightarrow{FC})=0$,两式相减得 $\overrightarrow{BA}\cdot\overrightarrow{FC}=0$,所以 $CF\perp AB$.

证法 2
$$\overrightarrow{CF}\cdot\overrightarrow{AB}=\overrightarrow{CF}\cdot(\overrightarrow{AC}+\overrightarrow{CB})=(\overrightarrow{CB}+\overrightarrow{BF})\cdot\overrightarrow{AC}+(\overrightarrow{CA}+\overrightarrow{AF})\cdot\overrightarrow{CB}$$
$$=\overrightarrow{CB}\cdot\overrightarrow{AC}+\overrightarrow{CA}\cdot\overrightarrow{CB}=0,\text{所以 } CF\perp AB.$$

证法 3 $\overrightarrow{CF}\cdot\overrightarrow{AB}=\overrightarrow{CF}\cdot(\overrightarrow{AC}+\overrightarrow{CB})=-CE\cdot CA+CD\cdot CB=0$,所以 $CF\perp AB$.

证法 4 设 $A(0,a)$,$B(-1,0)$,$C(c,0)$,$D(0,0)$,$F(0,f)$,由 $BE\perp AC$ 得 $BF\perp AC$,即 $\overrightarrow{BF}\cdot\overrightarrow{AC}=0$,即 $(1,f)\cdot(c,-a)=0$,即 $c-af=0$(注:到此所有条件已经用了一遍).而需要求证的 $CF\perp AB$,即 $\overrightarrow{CF}\cdot\overrightarrow{AB}=0$,即 $(-c,f)\cdot(-1,-a)=0$,即 $c-af=0$.命题得证.

比较这 4 种证法,证法 4 建立坐标系时,利用了一个垂直条件,使得剩下的垂直条件和要证明的垂直结论是等价的.写法上吸取了向量的优势,比较简练.证法 1 属于综合法,是较常见的证法,先将条件用一次,然后将所得式子向求证式子靠拢.证法 2、证法 3 和证法 1 相比,显得目标更明确一些.证法 2 只用到向量回路,但回路选取上有一定技巧;证法 3 用到圆幂定理,写法上显得简练.

判断一个解法是否好,其中一个评价标准就是能否广泛应用于同一类型的题目以及变式.由于本题难度不大,四种解法看起来差不多.我们尝试来解本题的两个推广形式.看看哪种解法的可移植性更强!

推广 1　如图 7-1 四边体 $ABCF$ 中,$AD \perp BC$,$BE \perp AC$,AD 交 BE 于 F,求证:$CF \perp AB$.

题目条件虽然已经从平面换到空间,但还是可以一字不改照搬证法 1 和证法 2.从这可以看出向量法解题有利于从平面到空间的推广.证法 4 则需要重新建立坐标系.

推广 2　如图 7-2,设 $ABCD$ 为矩形,点 E 为平面上一点,联结 AE 和 BE,作 $GF \perp AE$,$DG \perp BE$,CF 和 DG 交于点 H,求证:$EH \perp AB$.(1991 年第 17 届苏联数学奥林匹克竞赛试题)

图 7-2

回路证法

$$\overrightarrow{EH} \cdot \overrightarrow{AB} = \overrightarrow{EH} \cdot (\overrightarrow{AE} + \overrightarrow{EB})$$

$$= -EF \cdot EA + EG \cdot EB = 0.$$

最后一步用到 $ABGF$ 四点共圆,而这可以由 $ABCD$ 四点共圆和 $ABCF$ 四点共圆及 $ABGD$ 四点共圆得到.

坐标证法　如图 7-3,建立坐标系,设 E 在 DC 的射影为 O,设 $O(0,0)$,$A(a,$

$b),B(1,b),C(1,0),D(a,0),E(0,e),H(x,y)$,需求证 $x=0$.

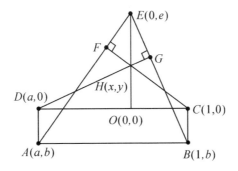

图 7-3

由 $CF\perp AE$ 得 $\overrightarrow{CH}\cdot\overrightarrow{AE}=0$，即 $(x-1,y)\cdot(-a,e-b)=0$，亦即

$$-a(x-1)+y(e-b)=0.$$

由 $DG\perp BE$ 得 $\overrightarrow{DH}\cdot\overrightarrow{BE}=0$，即 $(x-a,y)\cdot(-1,e-b)=0$，亦即

$$-(x-a)+y(e-b)=0.$$

将所得两式相减得 $(1-a)x=0$，若 $a=1$ 则矩形退化，所以只能是 $x=0$.

单从此题来看，向量回路法要稍占上风. 我们将以更多的例子来论述. 下面所选案例从易到难，循序渐进. 读者也可尝试用其他方法证明，以比较解法优劣. 为节省篇幅，建立坐标系就没有重新作图和详细叙述了.

【例 7.2】 如图 7-4，在正方形 $ABCD$ 中，E 是 AB 中点，$3BF=FC$，求证：$DE\perp EF$.

图 7-4

回路证法

$$\overrightarrow{DE} \cdot \overrightarrow{EF} = (\overrightarrow{DA} + \overrightarrow{AE}) \cdot (\overrightarrow{EB} + \overrightarrow{BF})$$

$$= (-\overrightarrow{AD} + \frac{1}{2}\overrightarrow{AB}) \cdot (\frac{1}{2}\overrightarrow{AB} + \frac{1}{4}\overrightarrow{AD}) = 0,$$

所以 $DE \perp EF$.

坐标证法 设 $\overrightarrow{DE} = (2, -4), \overrightarrow{EF} = (2, 1)$,则 $\overrightarrow{DE} \cdot \overrightarrow{EF} = 2 \times 2 + (-4) \times 1 = 0$.

【例 7.3】 如图 7-5,以 $\triangle ABC$ 的 AB 和 BC 边分别向外作等边 $\triangle ABD$ 和 $\triangle BCE, AB \perp BC$,求证:$BE \perp AD$.

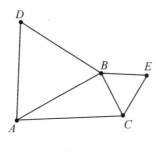

图 7-5

回路证法 由

$\overrightarrow{BE} \cdot \overrightarrow{DA} = \overrightarrow{BE} \cdot (\overrightarrow{DB} + \overrightarrow{BA}) = BE \cdot DB\cos30° + BE \cdot AB\cos150° = 0$,得 $BE \perp AD$.

坐标证法 设 $B(0,0), A(-2a,0), C(0,-2), D(-a,ak), E(k,-1)$,其中 $k^2 = 3$,则 $\overrightarrow{AD} = (a,ak), \overrightarrow{BE} = (k,-1), \overrightarrow{AD} \cdot \overrightarrow{BE} = ak - ak = 0$.

此证法中的坐标来之不易,请仔细琢磨. 譬如已知 $A(-2a,0)$,根据几何关系 D 在 BA 上的投影长为 $-a$,所以 D 的横坐标为 $-a$. 而 BD 距离要等于 $4a^2$,所以可设 D 的纵坐标为 ak,其中 $k^2 = 3$.

这种设未知数的方法,对于解等边三角形问题,是一种新思路,特别是对于这种无需求出 D 的具体位置,只需以 D 来过渡的题目尤其有效.

【例 7.4】 如图 7-6,BD 和 CE 是 $\triangle ABC$ 的两条高,F 和 G 分别是 BC 和 ED 的中点,求证:$FG \perp ED$.

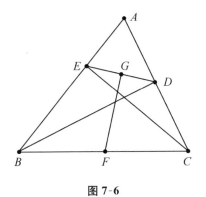

图 7-6

回路证法

$$2\overrightarrow{FG} \cdot \overrightarrow{ED} = (\overrightarrow{BE} + \overrightarrow{CD}) \cdot \overrightarrow{ED} = \overrightarrow{BE} \cdot (\overrightarrow{EC} + \overrightarrow{CD}) + \overrightarrow{CD} \cdot (\overrightarrow{EB} + \overrightarrow{BD})$$
$$= \overrightarrow{BE} \cdot \overrightarrow{CD} + \overrightarrow{CD} \cdot \overrightarrow{EB} = 0,$$

所以 $FG \perp ED$.

坐标证法 设 $D(0,0), A(2,0), B(0,2h), C(2a,0), F(a,h)$,则

$\overrightarrow{AB} = (-2,2h), \overrightarrow{AE} = k\overrightarrow{AB} = k(-2,2h), E(2-2k,2kh), G(1-k,kh), \overrightarrow{CE} = (2-2k-2a,2kh), \overrightarrow{DE} = (2-2k,2kh), \overrightarrow{FG} = (1-k-a,(k-1)h),$ 由 $\overrightarrow{AB} \cdot \overrightarrow{CE} = 4(a+k-1+kh^2) = 0,$

得 $\overrightarrow{FG} \cdot \overrightarrow{DE} = 2(1-k)(1-k-a) + 2k(k-1)h^2 = 2(k-1)(a+k-1+kh^2) = 0.$

【例 7.5】 如图 7-7,在 $\triangle ABC$ 中,$AB = AC$,D 是 BC 的中点,E 是从 D 作 AC 的垂线的垂足,F 是 DE 的中点,求证:$AF \perp BE$.(1962 年苏联数学竞赛试题)

图 7-7

回路证法

$$\overrightarrow{AF} \cdot \overrightarrow{BE} = \frac{1}{2}(\overrightarrow{AD} + \overrightarrow{AE}) \cdot (\overrightarrow{BD} + \overrightarrow{DE}) = \frac{1}{2}(\overrightarrow{AD} \cdot \overrightarrow{DE} + \overrightarrow{AE} \cdot \overrightarrow{BD})$$

$$= \frac{1}{2}((\overrightarrow{AE} + \overrightarrow{ED}) \cdot \overrightarrow{DE} + \overrightarrow{AE} \cdot (\overrightarrow{DE} - \overrightarrow{CE}))$$

$$= \frac{1}{2}(-ED \cdot DE + AE \cdot CE) = 0,$$

故 $\overrightarrow{AF} \perp \overrightarrow{BE}$.

坐标证法 设 $D(0,0), A(0,2h), C(2,0)$, 则

$$\overrightarrow{CA} = (-2, 2h), \overrightarrow{CE} = k\overrightarrow{CA} = k(-2, 2h),$$

$$\overrightarrow{DE} = (2-2k, 2kh), F(1-k, kh),$$

由 $\overrightarrow{DE} \cdot \overrightarrow{CA} = 4(k-1+kh^2) = 0$, 得

$$\overrightarrow{AF} \cdot \overrightarrow{BE} = (1-k, kh-2h) \cdot (4-2k, 2kh)$$

$$= 2(k-2)(k-1+kh^2) = 0.$$

【例 7.6】 如图 7-8, $AB \perp BC$, 点 D 是 AC 中点, E 和 F 分别是 BC 和 AB 上的点, 作 $EH \perp AC, FG \perp AC$, 且 $2GH = AC$, 求证: $DE \perp DF$.

图 7-8

回路证法

$$\overrightarrow{DE} \cdot \overrightarrow{DF} = (\overrightarrow{DC} + \overrightarrow{CE}) \cdot (\overrightarrow{DA} + \overrightarrow{AF})$$

$$= -DA^2 + AG \cdot AD + CH \cdot CD$$

$$= -DA^2 + DA^2 = 0,$$

所以 $DE \perp DF$.

坐标证法 设 $D(0,0),A(-1,0),C(1,0),E(x,h),F(x-1,k)$,由

$$\overrightarrow{AF} \cdot \overrightarrow{CE} = (x,k) \cdot (x-1,h) = x(x-1)+kh=0,$$

故

$$\overrightarrow{DF} \cdot \overrightarrow{DE} = (x-1,h) \cdot (x,k) = x(x-1)+kh=0.$$

【例 7.7】 如图 7-9,过 $\angle AOB$ 内点 C,作 $CD \perp OA,CE \perp OB,EF \perp OA,DG \perp OB$,求证: $OC \perp FG$.

图 7-9

回路证法

$$\overrightarrow{OC} \cdot \overrightarrow{FC} = \overrightarrow{OC} \cdot (\overrightarrow{FO}+\overrightarrow{OG}) = -OD \cdot OF + OG \cdot OE$$

$$= -OD \cdot OE\cos\angle AOB + OD\cos\angle AOB \cdot OE = 0,$$

所以 $OC \perp FG$.

坐标证法 设 $F(0,0),D(1,0),C(1,h),E(0,H),O(-a,0),\overrightarrow{OG}=k\overrightarrow{OE}=k(a,H),\overrightarrow{FG}=((k-1)a,kH)$,

由 $\overrightarrow{CE} \cdot \overrightarrow{OE} = (-1,H-h) \cdot (a,H) = -a+H(H-h)=0$,即 $H^2=a+hH$;

$$\overrightarrow{DG} \cdot \overrightarrow{OE} = (a(k-1)-1,kH) \cdot (a,H) = 0$$

即

$$(1+a)(k-1)a+khH=0,$$

故

$$\overrightarrow{OC} \cdot \overrightarrow{FG} = (1+a,h) \cdot ((k-1)a,kH) = (1+a)(k-1)+khH=0.$$

【例 7.8】 如图 7-10,在矩形 $ABCD$ 的两边 AB 和 BC 上向外作等边 $\triangle ABE$ 和 $\triangle BCF$, EA 和 FC 的延长线交于 M. 求证: $BM \perp EF$.

此题可看作是例 7.3 的演变升级.

图 7-10

回路证法

$$\overrightarrow{BF} \cdot \overrightarrow{AE} = \overrightarrow{BF} \cdot (\overrightarrow{AB} + \overrightarrow{BE}) = \overrightarrow{BF} \cdot \overrightarrow{AB} + \overrightarrow{BF} \cdot \overrightarrow{BE} = 0,$$

所以 $BF \perp AE$;同理可证 $BE \perp CF$;于是点 B 为 $\triangle EFM$ 的垂心,所以 $BM \perp EF$.

坐标证法 设 $B(0,0),A(-2,0),C(0,2h),E(-1,-k),F(kh,h),M(x,y)$,其中 $k^2=3$;由共线条件 $x=k(2h-y),y=k(-2-x)$,得 $x=2hk+3(2+x)$ 即 $x+hk+3=0$,故

$$\overrightarrow{BM} \cdot \overrightarrow{EF} = (x,y) \cdot (kh+1,h+k) = (1+kh)x + (k+h)y$$

$$= (1+kh)x + (k+h)k(-2-x) = -2x - 2kh - 6 = 0.$$

【例 7.9】 如图 7-11,已知等腰直角 $\triangle ABC$ 斜边 BC 上任一点 D,过 D 分别作 $DE \perp AB$ 于 E,作 $DF \perp AC$ 于 F,BC 的中点为 M. 求证:D,E,F,M 四点共圆,$ME \perp MF$.

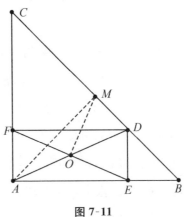

图 7-11

回路证法 设 $\overrightarrow{AD}=m\overrightarrow{AB}+(1-m)\overrightarrow{AC}$,则

$$\overrightarrow{OM}=\overrightarrow{AM}-\overrightarrow{AO}=\frac{1}{2}(\overrightarrow{AB}+\overrightarrow{AC})-\frac{m}{2}\overrightarrow{AB}-\frac{(1-m)}{2}\overrightarrow{AC}$$

$$=\frac{1-m}{2}\overrightarrow{AB}+\frac{m}{2}\overrightarrow{AC},$$

由于 $AB=AC,AB\perp AC$,所以 $OM^2=AO^2$;又由于 $AEDF$ 是矩形,所以 $OD=OE=OF=OM,D,E,F,M$ 四点共圆,而 EF 是直径,所以 $ME\perp MF$.

坐标证法 设 $A(0,0),D(2x,2),B(2x+2,0),C(0,2x+2),M(x+1,x+1),E(2x,0),F(0,2)$,则

$$\overrightarrow{EM}\cdot\overrightarrow{FM}=(1-x,1+x)\cdot(1+x,x-1)=1-x^2+x^2-1=0.$$

【**例 7.10**】 如图 7-12,在 $\triangle ABC$ 中,O 是外心,三高交于 H,D,E,F 为垂足,直线 ED 和 AB 交于 M,直线 FD 和 AC 交于 N. 求证:$OB\perp DF,OC\perp DE,OH\perp MN$.(2001 年全国高中数学联赛题)

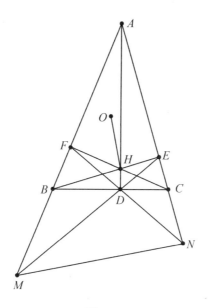

图 7-12

回路证法

$$\overrightarrow{BO}\cdot\overrightarrow{DF}=\overrightarrow{BO}\cdot(\overrightarrow{DB}+\overrightarrow{BF})=\frac{1}{2}(-BC\cdot BD+BF\cdot BA)$$

$$= \frac{1}{2}(-\overrightarrow{BA} \cdot \overrightarrow{BC} + \overrightarrow{BA} \cdot \overrightarrow{BC}) = 0,$$

所以 $OB \perp DF$;同理 $OC \perp DE$;

$$\overrightarrow{OH} \cdot \overrightarrow{MN} = (\overrightarrow{OA} + \overrightarrow{OB} + \overrightarrow{OC}) \cdot (\overrightarrow{MA} + \overrightarrow{AN})$$

$$= (\overrightarrow{OA} + \overrightarrow{OC}) \cdot \overrightarrow{AN} + (\overrightarrow{OA} + \overrightarrow{OB}) \cdot \overrightarrow{MA} + \overrightarrow{OC} \cdot \overrightarrow{MA} + \overrightarrow{OB} \cdot \overrightarrow{AN}$$

$$= \overrightarrow{OC} \cdot \overrightarrow{MA} + \overrightarrow{OB} \cdot \overrightarrow{AN} = \overrightarrow{OC} \cdot (\overrightarrow{ME} + \overrightarrow{EA}) + \overrightarrow{OB} \cdot (\overrightarrow{AF} + \overrightarrow{FN})$$

$$= \overrightarrow{OC} \cdot \overrightarrow{EA} + \overrightarrow{OB} \cdot \overrightarrow{AF} = \frac{1}{2}(-AC \cdot AE + AF \cdot BA)$$

$$= \frac{1}{2}(-\overrightarrow{AB} \cdot \overrightarrow{AC} + \overrightarrow{AB} \cdot \overrightarrow{AC}) = 0,$$

所以 $OH \perp MN$.

坐标证法 设 $D(0,0)$, $A(0,2)$, $B(2a,0)$, $C(2b,0)$, $H(0,c)$, $O(a+b,d)$, $P(a,1)$ 其中 P 为 AB 的中点.

由 $\overrightarrow{OP} \cdot \overrightarrow{AB} = (-b, 1-d) \cdot (2a, -2) = -2ab - 2(1-d) = 0 \Rightarrow d = 1 + ab$,

由 $\overrightarrow{CH} \cdot \overrightarrow{AB} = (-2b, c) \cdot (2a, -2) = -2(2ab+c) = 0 \Rightarrow c = -2ab$.

(1) $\overrightarrow{AF} = m\overrightarrow{AB} = (2ma, -2m)$, $\overrightarrow{AE} = n\overrightarrow{AC} = (2nb, -2n)$,

由 $\overrightarrow{CF} \cdot \overrightarrow{AB} = (2ma - 2b, 2 - 2m) \cdot (2a, -2) = 4a(ma-b) + 4(m-1) = 0 \Rightarrow (1+a^2)m = 1 + ab$;

(2) 故

$$\overrightarrow{BO} \cdot \overrightarrow{DF} = (b-a, 1+ab) \cdot (2ma, 2(1-m))$$

$$= 2ma(b-a) + 2(ab+1)(1-m)$$

$$= 2ma(b-a) + 2ab(1-m) + 2a(ma-b) = 0;$$

(3) $\overrightarrow{BE} \cdot \overrightarrow{AC} = (2nb - 2a, 2 - 2n) \cdot (2b, -2) = 0 \Rightarrow n(1+b^2) = 1 + ab$;

(4) 设 $\overrightarrow{AM} = p\overrightarrow{AB} = (2pa, -2p)$, $\overrightarrow{AN} = q\overrightarrow{AC} = (2qb, -2q)$,

$\overrightarrow{DM} = \overrightarrow{DA} + \overrightarrow{AM} = (2pa, 2(1-p))$, $\overrightarrow{DN} = \overrightarrow{DA} + \overrightarrow{AN} = (2qb, 2(1-q))$,

比较 $\overrightarrow{DF} = \overrightarrow{DA} + \overrightarrow{AF} = (2ma, 2(1-m))$, $\overrightarrow{DE} = \overrightarrow{DA} + \overrightarrow{AE} = (2nb, 2(1-n))$,

得到 $ma(1-q) = qb(1-m)$, $pa(1-n) = nb(1-p)$,

$$q=\frac{1+ab}{1+2ab-b^2},\ p=\frac{1+ab}{1+2ab-a^2};$$

故

$$\overrightarrow{HO}\cdot\overrightarrow{MN}$$

$$=(a+b,1+3ab)\cdot(2(qb-pa),2(p-q))$$

$$=\frac{2(1+ab)\big[(a+b)(b-a+3ab^2-3a^2b)+(1+3ab)(a^2-b^2)\big]}{(1+2ab-b^2)(1+2ab-a^2)}=0.$$

【例 7.11】　如图 7-13,在正方形 $ABCD$ 中,E 是 DA 边上的点,联结 CE,作 $DF\perp CE$,在 DC 作点 G,使得 $DE=DG$. 求证:$FG\perp FB$.

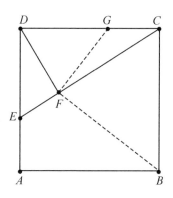

图 7-13

回路证法　设 $\overrightarrow{DE}=m\overrightarrow{DA}$,$\overrightarrow{DG}=m\overrightarrow{DC}$,$\overrightarrow{DF}=n\overrightarrow{DE}+(1-n)\overrightarrow{DC}=mn\overrightarrow{DA}+(1-n)\overrightarrow{DC}$,由 $DF\perp CE$ 得 $\overrightarrow{DF}\cdot\overrightarrow{CE}=0$,即 $[mn\overrightarrow{DA}+(1-n)\overrightarrow{DC}]\cdot[\overrightarrow{CD}+m\overrightarrow{DA}]=0$,得 $m^2n+n-1=0$.

$$\overrightarrow{GF}\cdot\overrightarrow{FB}=(\overrightarrow{GD}+\overrightarrow{DF})\cdot(\overrightarrow{DA}+\overrightarrow{DC}-\overrightarrow{DF})$$

$$=[mn\overrightarrow{DA}+(1-n-m)\overrightarrow{DC}]\cdot[(1-mn)\overrightarrow{DA}+n\overrightarrow{DC}]$$

$$=-n(m^2n+n-1)\overrightarrow{DA}^2=0,$$

所以 $FG\perp FB$.

坐标证法　设 $A(0,0)$,$B(1,0)$,$C(1,1)$,$D(0,1)$,$E(0,1-h)$,$G(h,1)$,

$$\overrightarrow{EF}=k\overrightarrow{EC}=k(1,h),\ \overrightarrow{DF}=\overrightarrow{DE}+\overrightarrow{EF}=(k,kh-h),$$

$$\overrightarrow{DF}\cdot\overrightarrow{EC}=(k,kh-h)\cdot(1,h)=k+(k-1)h^2=0,$$

$$\overrightarrow{AF}=\overrightarrow{AD}+\overrightarrow{DF}=(k,1+kh-h),$$

$$\overrightarrow{FG}\cdot\overrightarrow{FB}=(h-k,h-kh)\cdot(1-k,-1-kh+h)$$

$$=(1-k)[h-k-h(1+kh-h)]$$

$$=-(1-k)[k+(k-1)h^2]=0.$$

【例7.12】 如图7-14,设 O 是 $\triangle ABC$ 的外心, D 是 AB 的中点, E 是 $\triangle ACD$ 的重心,且 $AB=AC$.求证: $OE \perp CD$.(1983年英国奥林匹克竞赛试题)

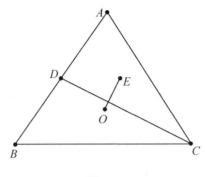

图 7-14

回路证法 已知 $\overrightarrow{OD}=\dfrac{1}{2}(\overrightarrow{OA}+\overrightarrow{OB}),\overrightarrow{OE}=\dfrac{1}{3}(\overrightarrow{OA}+\overrightarrow{OD}+\overrightarrow{OC})$,则

$$\overrightarrow{OE}\cdot\overrightarrow{CD}=\frac{1}{3}(\overrightarrow{OA}+\overrightarrow{OD}+\overrightarrow{OC})\cdot(\overrightarrow{OD}-\overrightarrow{OC})$$

$$=\frac{1}{3}\left(\frac{3}{2}\overrightarrow{OA}+\overrightarrow{OC}+\frac{1}{2}\overrightarrow{OB}\right)\cdot\left(\frac{1}{2}(\overrightarrow{OA}+\overrightarrow{OB})-\overrightarrow{OC}\right)$$

$$=\frac{1}{3}\left(\left(\frac{3}{4}\overrightarrow{OA}^2+\frac{1}{4}\overrightarrow{OB}^2-\overrightarrow{OC}^2\right)+\overrightarrow{OA}\cdot\overrightarrow{CB}\right)=0.$$

坐标证法 $A(0,2h),B(-12,0),C(12,0),O(0,d),D(-6,h),E(2,h)$,

由 $\overrightarrow{OD}\cdot\overrightarrow{BA}=(-6,h-d)\cdot(12,2h)=2[-36+h(h-d)]=0$ 得

$$\overrightarrow{OE}\cdot\overrightarrow{CD}=(2,h-d)\cdot(-18,h)=-36+h(h-d)=0.$$

【例7.13】 如图7-15,四边形 $ABCD$ 的两对角线交于点 O, $\triangle ADO$ 和 $\triangle BCO$ 的垂心分别为 M 和 N, $\triangle ABO$ 和 $\triangle CDO$ 的重心分别为 S 和 R,求证: $SR \perp MN$.

(1972年第3届苏联数学奥林匹克竞赛试题)

回路证法 设 P 为平面上任意一点，由重心性质得

$3\overrightarrow{PR}=\overrightarrow{PD}+\overrightarrow{PC}+\overrightarrow{PO},3\overrightarrow{PS}=\overrightarrow{PA}+\overrightarrow{PB}+\overrightarrow{PO}$，则 $3\overrightarrow{SR}=3\overrightarrow{PR}-3\overrightarrow{PS}=\overrightarrow{AC}+\overrightarrow{BD}$.

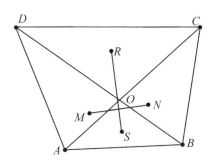

图 7-15

$$3\overrightarrow{SR}\cdot\overrightarrow{MN}=\overrightarrow{AC}\cdot(\overrightarrow{MD}+\overrightarrow{DB}+\overrightarrow{BN})+\overrightarrow{BD}\cdot(\overrightarrow{MA}+\overrightarrow{AC}+\overrightarrow{CN})$$

$$=\overrightarrow{AC}\cdot\overrightarrow{DB}+\overrightarrow{BD}\cdot\overrightarrow{AC}=0,$$

所以 $SR\perp MN$.

图 7-16 将几条高线作出来了. 本来从证明过程来看无需用到 E,F,G,I 四点，但添加辅助线使证明过程更有利于理解.

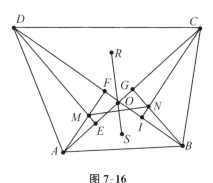

图 7-16

坐标证法 $O(0,0),A(3a,0),C(3,0),B(3x,3y),R(1+kx,ky),S(a+x,y)$，$M(3kx,h),N(3x,g)$，

由条件得 $\overrightarrow{OM}\cdot\overrightarrow{AD}=(3kx,h)\cdot(3kx-3a,3ky)=0\Rightarrow hy=-3x(kx-a)$，

$$\overrightarrow{ON}\cdot\overrightarrow{BC}=(3x,g)\cdot(3-3x,-3y)=0\Rightarrow gy=3x(1-x)$$

$$\Rightarrow(g-h)y=3x(1+kx-a-x)),$$

故

$$\overrightarrow{SR} \cdot \overrightarrow{BC} = (1+kx-a-x, kx-y) \cdot (3x-3kx, g-h)$$

$$= (1-k)[3x(1+kx-a-x)-(g-h)y] = 0.$$

【例 7. 14】 如图 7-17,在△ABC 中,CP 和 BQ 是高,PQ 与中位线 MN 交于点 E,H 是垂心,O 是外心,求证:AE⊥OH.

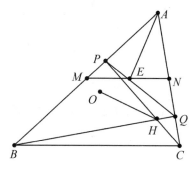

图 7-17

回路证法 如图 7-18,作 PR∥BC,点 O 和 H 在 BC 边上的射影为 S 和 T,

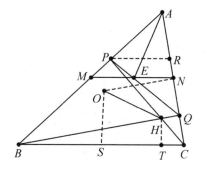

图 7-18

$$\overrightarrow{AE} \cdot \overrightarrow{OH} = \overrightarrow{AN} \cdot \overrightarrow{OH} + \overrightarrow{NE} \cdot \overrightarrow{OH} = \overrightarrow{AN} \cdot (\overrightarrow{ON} + \overrightarrow{NQ} + \overrightarrow{QH})$$

$$+ \overrightarrow{NE} \cdot (\overrightarrow{OS} + \overrightarrow{ST} + \overrightarrow{TH})$$

$$= \overrightarrow{AN} \cdot \overrightarrow{NQ} + \overrightarrow{NE} \cdot \overrightarrow{ST} = k(\overrightarrow{AN} \cdot \overrightarrow{RQ} + \overrightarrow{PR} \cdot \overrightarrow{ST})$$

$$= k\left[\frac{b}{2}(c\cos A - AR) - \frac{AP}{c}a\left(c\cos B - \frac{a}{2}\right)\right]$$

$$=k\left[\frac{b}{2}\left(c\cos A-\frac{b\cos A}{c}b\right)-\frac{b\cos A}{c}a\left(c\cos B-\frac{a}{2}\right)\right]$$

$$=kb\cos A\left(\frac{c^2-b^2-2ac\cos B+a^2}{2c}\right)=0,$$

所以 $AE\perp OH$.

坐标证法 设 $Q(0,0),A(2,0),C(2a,0),B(0,2h),N(a+1,0),M(1,h),H(0,d),O(a+1,c),E(a+1,b),\overrightarrow{AP}=t\overrightarrow{AB}=(-2t,2ht),\overrightarrow{NE}=k\overrightarrow{NM}=(-ka,kh),\overrightarrow{QE}=\overrightarrow{QN}+\overrightarrow{NE}=(1+a-ka,kh)$，由条件得

(1) $\overrightarrow{CH}\cdot\overrightarrow{AB}=(-2a,d)\cdot(-2,2h)=4a+2hd=0\Rightarrow dh=-2a$；

(2) $\overrightarrow{OM}\cdot\overrightarrow{AB}=(-a,h-c)\cdot(-2,2h)=2a+2h(h-c)=0\Rightarrow ch=a+h^2$；

(3) $(\overrightarrow{CA}+\overrightarrow{AP})\cdot\overrightarrow{AB}=(2-2a-2t,2ht)\cdot(-2,2h)=4(th^2-1+a+t)=0$；

(4) 由 E 在 QP 上得 $ht(1+a-ka)=kh(1-t)\Rightarrow t(1+a)=k(1-t+at)$，所以

$$(\overrightarrow{AQ}+\overrightarrow{QE})\cdot\overrightarrow{OH}=(a-ka-1,kh)\cdot(-a-1,d-c)$$

$$=(1+a)(1-a+ka)+kh(d-c)$$

$$=(1+a)(1-a+ka)+k(3a+h^2)$$

$$=(1+a)[(1-a)(1-t+at)+at(1+a)]$$

$$-t(1+a)(3a+h^2)=-(1+a)(th^2-1+a+t)=0.$$

【例 7.15】 如图 7-19，AD,BE,CF 是 $\triangle ABC$ 的三高，过点 D 作 $DG\perp BE$，$DH\perp CF,DI\perp AB,DJ\perp AC$，求证：$G,H,I,J$ 四点共线；$GH\parallel FE$.

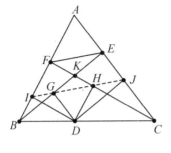

图 7-19

回路证法 （i）设 $\overrightarrow{AK}=t\overrightarrow{AD}$，则 $\overrightarrow{KE}=t\overrightarrow{DJ},\overrightarrow{FK}=t\overrightarrow{ID}$；

于是 $\overrightarrow{FE}=\overrightarrow{FK}+\overrightarrow{KE}=t\overrightarrow{ID}+t\overrightarrow{DJ}=t\overrightarrow{IJ}$，即 $FE/\!/IJ$；

（ⅱ）同理，设 $\overrightarrow{AK}=u\overrightarrow{DK}$，则 $\overrightarrow{FK}=u\overrightarrow{HK}$，$\overrightarrow{KE}=u\overrightarrow{KG}$，

于是 $\overrightarrow{FE}=\overrightarrow{FK}+\overrightarrow{KE}=u\overrightarrow{HK}+u\overrightarrow{KG}=u\overrightarrow{HG}$，即 $FE/\!/GH$；

（ⅲ）类似地，设 $\overrightarrow{BD}=v\overrightarrow{BC}$，则 $\overrightarrow{GD}=v\overrightarrow{EC}$，$\overrightarrow{DI}=v\overrightarrow{CF}$，

于是 $\overrightarrow{GI}=\overrightarrow{GD}+\overrightarrow{DI}=v\overrightarrow{EC}+v\overrightarrow{CF}=v\overrightarrow{EF}$，即 $IG/\!/EF$；

坐标证法 $F(0,0)$，$A(a,0)$，$B(b,0)$，$C(0,1)$，$\overrightarrow{BD}=k\overrightarrow{BC}=(-kb,k)$，$D(b-kb,k)$，$H(0,k)$，$I(b-kb,0)$，$\overrightarrow{AE}=t\overrightarrow{AC}=(-at,t)$，$E(a-at,t)$，$\overrightarrow{AJ}=s\overrightarrow{AC}=(-as,s)$，$J(a-as,s)$，注意 $DG/\!/CE$，故

$$\overrightarrow{BG}=k\overrightarrow{BE}=(k(a-at-b),kt),$$

$$\overrightarrow{FG}=\overrightarrow{FB}+\overrightarrow{BG}=(b+k(a-b-at),kt).$$

以下记 $X=1+a^2$，$Y=1+b^2$.

由 $AD\perp BC$，$BE\perp AC$，$DJ\perp AC$，$DG\perp BE$，得

(1) $AD\cdot BC=(b-kb-a,k)\cdot(-b,1)=k+ab+kb^2-b^2=0\Rightarrow Yk=b(b-a)$；

(2) $BE\cdot AC=(a-at-b,t)\cdot(-a,1)=ab+ta^2-a^2+t=0\Rightarrow tX=a(a-b)$；

(3) $DJ\cdot AC=(a(1-s)-b(1-k),s-k)\cdot(-a,1)$

$\qquad=-a^2(1-s)+ab(1-k)+s-k=0$

$\qquad\Rightarrow s(1+a^2)=k+a^2-ab+kab$

$\qquad\Rightarrow sXY=b(b-a)+(a^2-ab)(1+b^2)$

$\qquad\quad+ab^2(b-a)=(a-b)^2.$

以下只要证明 IG，IH，IJ 都平行于 FE 即可；

（ⅰ）$IH=(bk-b,k)$，$FE=(a-at,t)$，由(1)和(2)得

$XY(ka(1-t)+tb(k-1))=ab(b-a)((1+a^2)-a(a-b))-ab(a-b)(b(b-a)-(1+b^2))=0$，

即 $ka(1-t)=tb(1-k)$，$IH/\!/FE$.

（ⅱ）$IG=(k(a-at),kt)=k(a-at,t)$，$FE=(a-at,t)$，故 $IG/\!/FE$.

（ⅲ）$IJ=(a-b+kb-as,s)$，$FE=(a-at,t)$，于是

$$X^2Y(s(a-at)-t(a-b+kb-as))$$
$$=sXY(aX-atX)-tX((a-b)XY+Xb(kY)-a(sXY))$$
$$=a(b-a)^2(1+ab)-a(a-b)^2((1+a^2)(1+b^2)$$
$$-(1+a^2)b^2-a(a-b))=0.$$

这证明 $IJ /\!/ FE.$

一般使用的坐标法，常常需要借助题目本身的垂直关系，比起斜坐标系来，局限不小. 而向量回路法则更灵活一些，譬如下面这道题. 多一个和少一个直角关系，对向量证法都没什么影响.

【例 7.16】 如图 7-20，以 $\mathrm{Rt}\triangle ABC$ 的两条直角边 AB 和 BC 向形外分别作正方形 $ABED$ 和正方形 $BFGC.$ 联结 DC 和 AG，两条直线交于点 $I.$ 求证：$BI \perp AC.$

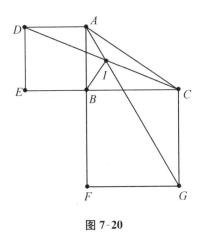

图 7-20

这是一本教材上的一个例题. 教材的编写者可能是看中了直角三角形以及正方形中包含了不少的垂直关系，容易建立直角坐标系. 与该小节所要讲的知识点比较切合，所以选用了此题.

其实，此题条件多余，因为该结论对于任意三角形也成立.

证明 如图 7-21，设四边形 $FBEH$ 是平行四边形，则 $\overrightarrow{HC} \cdot \overrightarrow{AG} = (\overrightarrow{HF}+\overrightarrow{FB}+\overrightarrow{BC}) \cdot (\overrightarrow{AB}+\overrightarrow{BC}+\overrightarrow{CG}) = 0$，从而 $HC \perp AG$，同理 $HA \perp CD$，所以点 I 是 $\triangle AHC$ 的垂心，$HI \perp AC.$ 又由于 $\overrightarrow{HB} \cdot \overrightarrow{AC} = (\overrightarrow{HF}+\overrightarrow{FB}) \cdot (\overrightarrow{AB}+\overrightarrow{BC}) = 0$，所以 $HB \perp AC,$

从而 H,B,I 三点共线，$BI \perp AC$.

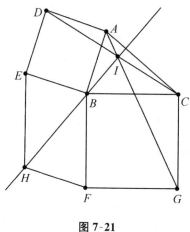

图 7-21

从上述解法来看，向量回路法解题确实是好生了得. 而向量坐标法充分发挥斜坐标系的优势，题目也都解决了，但过程要显得复杂一些. 当然，就此否定向量坐标法还为时过早，还需选择更多类型的题目来做比较.

下面这道题由于有天然的垂直关系，而向量回路法使用条件 $BC+CE=AE$ 较为困难，而用坐标法则很简单.

【例 7.17】 如图 7-22，在正方形 $ABCD$ 的 CD 边上取点 E，使得 $BC+CE=AE$，若 H 为 CD 中点，求证：$\angle BAE=2\angle HAD$.

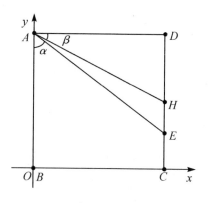

图 7-22

证明 如图建立直角坐标系，$A(0,1)$,$B(0,0)$,$C(1,0)$,$D(1,1)$,$H(1,1/2)$,E

$(1,y)$,$\overrightarrow{AE}=(1,y-1)$,由 $BC+CE=AE$ 得 $1+y=\sqrt{1+(y-1)^2}$,解得 $y=1/4$,故

$$\overrightarrow{AE}=\left(1,-\frac{3}{4}\right),\overrightarrow{AB}=(0,-1),\overrightarrow{AD}=(1,0),\overrightarrow{AH}=\left(1,-\frac{1}{2}\right),$$

$$\cos\alpha=\frac{\overrightarrow{AE}\cdot\overrightarrow{AB}}{AE\cdot AB}=\frac{3}{5},\cos\beta=\frac{\overrightarrow{AH}\cdot\overrightarrow{AD}}{AH\cdot AD}=\frac{2}{\sqrt{5}},$$

$$\cos2\beta=2\cos^2\beta-1=2\cdot\left(\frac{2}{\sqrt{5}}\right)^2-1=\frac{3}{5}=\cos\alpha,$$

且 α 和 β 为锐角,所以 $2\beta=\alpha$,即 $\angle BAE=2\angle HAD$.

其实,此题老老实实用基本的几何三角形知识计算起来很简单. 设 $AB=1$,CE $=x$,根据条件 $BC+CE=AE$ 列方程 $(1+x)^2=1+(1-x)^2$,解得 $CE=x=1/4$,由 H 为 CD 中点得 $\tan\beta=0.5$,故

$$\tan\alpha=\frac{4}{3}=\frac{1}{1-0.25}=\frac{2\tan\beta}{1-\tan^2\beta},$$

即 $2\beta=\alpha$. 可见基本功的重要.

第八章

向量法与复数

复数 $z=a+bi(a,b\in\mathbf{R})$ 与复平面上的点 $Z(a,b)$ ——对应,而点 $Z(a,b)$ 与向量 $\overrightarrow{OZ}$ ——对应,可以将 $Z(a,b)$ 和 $\overrightarrow{OZ}$ 都看成是复数 $z=a+bi$ 的几何形式.

从向量发展历史来看,向量能够进入数学并得到发展,复数在其中出力不少. 复数的几何表示的提出,既使得"虚幻"的复数有了实际的模型,不再虚幻,又使得人们在逐步接受复数的同时,学会利用复数来表示和研究平面中的向量,向量从此得到发展.

发展至今天的向量,如果与复数再度携手,又能在哪些方面有所作为呢?

有不少资料在引入复数的时候,总强调数学家引入复数的目的是使得 x^2+1 $=0$ 有解. 其实,从数学史来看,数学家原来认为对于 $x^2+1=0$ 这样的方程是无解的,也没想到过引入复数;直到解三次方程时,才被迫引入了新的虚数单位. 这是因为数学崇尚简单,主张:如无必要,莫增实体!

而在教学中,由于教科书之前过多强调一个数的平方非负,所以当引入虚数单位 i 的时候,很多学生觉得难以接受. 为了说明 $i^2=-1$ 这一基本性质并不神秘,可以将 i 解释为"向左转". 湖南教育出版社高中数学教材上有诗云:平方得负岂荒唐,左转两番朝后方,和$(-1)^2=1$相对照:后转两次转向前,负负为正很显然."左转两番朝后方"是众所周知的知识,又有什么荒唐的呢? 就这样,把复数与旋转联系起来.

定义 $\overrightarrow{OP} \cdot (\cos\alpha + i\sin\alpha)$是指以$O$为旋转中心,将$OP$逆时针旋转$\alpha$所得的向量. 特别地,$\overrightarrow{OP} \cdot i$为以点$O$为中心,将$OP$逆时针旋转$90°$所得的向量;

通常记$e^{i\alpha}=\cos\alpha + i\sin\alpha$,容易验证$e^{i\alpha} \cdot e^{i\beta} = e^{i(\alpha+\beta)}$.

复数的相关性质,一般资料上都有,此处从略.

向量法解垂直问题,前已举例不少. 但若要证两线段既垂直,且相等,又有什么好办法呢? 这种情形在有多个正方形的问题中,出现较多.

【例8.1】 如图8-1,以$\triangle ABC$的边AB和AC分别为一边,向形内作正方形$ABDE$和$ACGF$. 求证$BF=CE$且$BF \perp CE$.(1985年扬州竞赛试题)

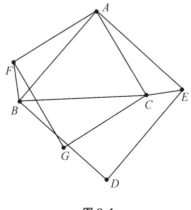

图 8-1

证明 $\overrightarrow{BF} \cdot i = (\overrightarrow{BA} + \overrightarrow{AF}) \cdot i = \overrightarrow{EA} + \overrightarrow{AC} = \overrightarrow{EC}$,所以$BF=CE$且$BF \perp CE$.

【例8.2】 如图8-2,已知$ABCD$是平行四边形,以CD为边作正方形$CDEF$,以BC为边作正方形$CBHG$,联结GF和AC,求证:$AC=FG$且$AC \perp FG$.

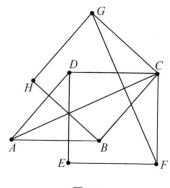

图 8-2

证明 $\overrightarrow{AC}\cdot \mathbf{i}=(\overrightarrow{AB}+\overrightarrow{BC})\cdot \mathbf{i}=\overrightarrow{FC}+\overrightarrow{CG}=\overrightarrow{FG}$,所以 $AC=FG$ 且 $AC\perp FG$.

【例 8.3】 如图 8-3,已知 $ABCD$ 和 $EFGH$ 都是正方形,点 I,J,K,L 分别为 AE,BF,CG,DH 的中点,求证: $IJKL$ 为正方形.

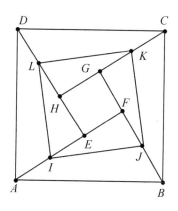

图 8-3

证明 $\overrightarrow{IJ}\cdot \mathbf{i}=\dfrac{1}{2}(\overrightarrow{AB}+\overrightarrow{EF})\cdot \mathbf{i}=\dfrac{1}{2}(\overrightarrow{AD}+\overrightarrow{EH})=\overrightarrow{IL}$,同理 $\overrightarrow{LI}\cdot \mathbf{i}=\overrightarrow{LK}$,

$\overrightarrow{KL}\cdot \mathbf{i}=\overrightarrow{KJ}$,所以 $IJKL$ 为正方形.

【例 8.4】 如图 8-4,在正方形 $ABCD$ 和 $AEFG$ 中,联结 BE,CF,DG .求 BE : CF : DG .(2002 年武汉竞赛试题)

证明 $\overrightarrow{BE}\cdot \mathbf{i}=(\overrightarrow{BA}+\overrightarrow{AE})\cdot \mathbf{i}=\overrightarrow{DA}+\overrightarrow{AG}=\overrightarrow{DG}$,

$$\overrightarrow{CF}=\overrightarrow{CB}+\overrightarrow{BE}+\overrightarrow{EF}=\overrightarrow{BE}+\overrightarrow{DG}=\overrightarrow{BE}(1+\mathbf{i}),$$

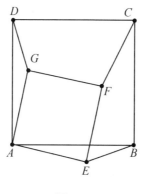

图 8-4

所以 $BE:CF:DG=1:\sqrt{2}:1$.

【例 8.5】 如图 8-5,在正方形 $ABCD$ 中任取点 E,并分别以 BE 和 AE 为边作正方形 $BFGE$ 和 $AEHI$,联结 AF 和 IC,求证四边形 $AFCI$ 是平行四边形.(1984 年武汉竞赛试题改编)

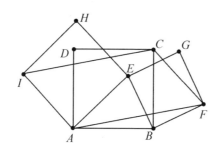

图 8-5

证明 $\overrightarrow{AF}=\overrightarrow{AB}+\overrightarrow{BF}$, $\overrightarrow{IC}=\overrightarrow{ID}+\overrightarrow{DC}$,只需证 $\overrightarrow{BF}=\overrightarrow{ID}$.

而 $\overrightarrow{BF}=\overrightarrow{EG}=\overrightarrow{EB} \cdot i=(\overrightarrow{EA}+\overrightarrow{AB}) \cdot i=\overrightarrow{IA}+\overrightarrow{AD}=\overrightarrow{ID}$,所以四边形 $AFCI$ 是平行四边形.

【例 8.6】 如图 8-6,在正方形 $ABCD$ 和 $CGEF$ 中,点 M 是线段 AE 的中点,联结 MD 和 MF,求证 $DM=FM$ 且 $DM \perp FM$.

证明 $\overrightarrow{FM} \cdot i=\dfrac{1}{2}(\overrightarrow{FC}+\overrightarrow{CD}+\overrightarrow{DA}+\overrightarrow{FE}) \cdot i=\dfrac{1}{2}(\overrightarrow{FE}+\overrightarrow{DA}+\overrightarrow{DC}+\overrightarrow{CF})=\overrightarrow{DM}$,所以 $DM=FM$ 且 $DM \perp FM$.

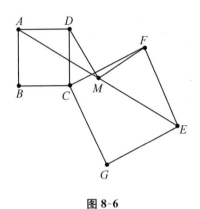

图 8-6

【**例 8.7**】 如图 8-7,已知 $ABED$ 和 $ACFG$ 都是正方形,它们的中心分别是 H 和 J,点 I 和 K 分别为 BC 和 DG 的中点,求证:$HIJK$ 为正方形.

图 8-7

证明　$\overrightarrow{HI} \cdot \mathbf{i} = \dfrac{1}{2}(\overrightarrow{EB} + \overrightarrow{AC}) \cdot \mathbf{i} = \dfrac{1}{2}(\overrightarrow{ED} + \overrightarrow{AG}) = \overrightarrow{HK}$,同理 $\overrightarrow{KH} \cdot \mathbf{i} = \overrightarrow{KJ}$,$\overrightarrow{IJ} \cdot \mathbf{i} = \overrightarrow{IH}$,所以 $HIJK$ 为正方形.

【**例 8.8**】 如图 8-8,分别以 $\triangle ABC$ 的两边 AB 和 AC 向外作两个正方形,点 I 为 DG 中点,延长 IA 交 BC 于 H,求证 $AI \perp BC$ 且 $2AI = BC$.

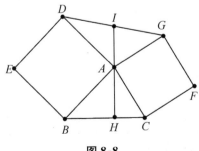

图 8-8

证明 $2\overrightarrow{AI}\cdot i=(\overrightarrow{AD}+\overrightarrow{AG})\cdot i=\overrightarrow{AB}+\overrightarrow{CA}=\overrightarrow{CB}$,所以 $AI\perp BC$ 且 $2AI=BC$.

【例 8.9】   如图 8-9,正方形 $ABCD$,$DEFG$,$FHIJ$ 共顶点 D 和 F;点 K 为 AJ 中点,求证:$\overrightarrow{EK}\perp\overrightarrow{HC}$ 且 $2EK=HC$.

图 8-9

证明 $2\overrightarrow{EK}\cdot i=(\overrightarrow{ED}+\overrightarrow{DA}+\overrightarrow{EF}+\overrightarrow{FJ})\cdot i=\overrightarrow{FE}+\overrightarrow{DC}+\overrightarrow{ED}+\overrightarrow{HF}=\overrightarrow{HC}$,所以 $\overrightarrow{EK}\perp\overrightarrow{HC}$ 且 $2EK=HC$. 显然例 8.8 是例 8.9 的特例.

【例 8.10】   如图 8-10,分别以四边形 $ABCD$ 各边为一边向外作正方形,它们的中心分别是 Q,M,O 和 P,求证 $PM=QO$ 且 $PM\perp QO$.

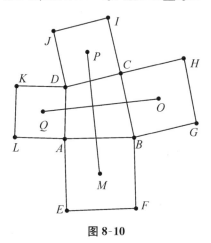

图 8-10

证明 $\overrightarrow{PM}\cdot i=\dfrac{1}{2}(\overrightarrow{JD}+\overrightarrow{DA}+\overrightarrow{AE}+\overrightarrow{CB})\cdot i=\dfrac{1}{2}(\overrightarrow{DC}+\overrightarrow{KD}+\overrightarrow{AB}+\overrightarrow{CH})=\overrightarrow{QO}$,所以 $PM=QO$ 且 $PM\perp QO$.

例 8.10 是平面几何中著名的奥倍儿(Aubel)定理. 即使四边形的一条边长度为 0,命题仍然成立. 如果分别以四边形 $ABCD$ 各边向内作正方形,也有同样的结论.

【例8.11】 如图8-11,以平行四边形的各边向外作正方形.求证:所得4个正方形的中心围成一个正方形.(第7届莫斯科数学奥林匹克竞赛试题)

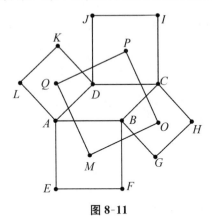

图8-11

证明 $\overrightarrow{PQ} \cdot i = \frac{1}{2}(\overrightarrow{JD}+\overrightarrow{DK}+\overrightarrow{CB}+\overrightarrow{BA}) \cdot i = \frac{1}{2}(\overrightarrow{DC}+\overrightarrow{CB}+\overrightarrow{CH}+\overrightarrow{IC}) = \overrightarrow{PO}$,

同理$\overrightarrow{QM} \cdot i = \overrightarrow{QP}$,所以所得4个正方形的中心围成一个正方形.

【例8.12】 如图8-12,分别以△ABC各边向外作正方形BADE,ACFG和HICB,再分别以BE和BH及CF和CI为邻边作平行四边形HBEJ及CIKF,求证:△JAK是等腰直角三角形.

证明 $\overrightarrow{AJ} \cdot i = (\overrightarrow{AD}+\overrightarrow{DE}+\overrightarrow{EJ}) \cdot i = \overrightarrow{AB}+\overrightarrow{DA}+\overrightarrow{BC} = \overrightarrow{DC}$,

$\overrightarrow{DC} \cdot i = (\overrightarrow{DA}+\overrightarrow{AC}) \cdot i = \overrightarrow{BA}+\overrightarrow{AG} = \overrightarrow{BG}$,

$\overrightarrow{AK} \cdot i = (\overrightarrow{AC}+\overrightarrow{CF}+\overrightarrow{FK}) \cdot i = \overrightarrow{AG}+\overrightarrow{CA}+\overrightarrow{BC} = \overrightarrow{BG}$,

所以$AK=AJ$且$AK \perp AJ$,△JAK是等腰直角三角形.

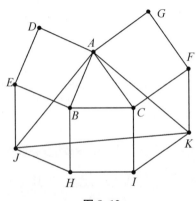

图8-12

【例 8.13】 如图 8-13，△ABC 和△ADE 都是等腰直角三角形，M 是 EC 的中点，求证 BM＝DM 且 BM⊥DM.

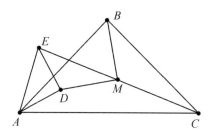

图 8-13

证明 $2\overrightarrow{BM} \cdot \mathrm{i} = (\overrightarrow{BA} + \overrightarrow{AD} + \overrightarrow{DE} + \overrightarrow{BC}) \cdot \mathrm{i} = \overrightarrow{BC} + \overrightarrow{DE} + \overrightarrow{DA} + \overrightarrow{AB} = 2\overrightarrow{DM}$，
所以 BM＝DM 且 BM⊥DM.

此题虽然没有出现正方形，但我们可以以将等腰直角三角形看作半个正方形，依照正方形的办法处理. 而且这种关联正方形的向量解法，也适用于关联正三角形问题.

【例 8.14】 如图 8-14，设 D 是等腰直角△ABC 底边 BC 的中点，E 是 BC 上任意一点，EF⊥AB，EG⊥AC，求证：DF＝DG.

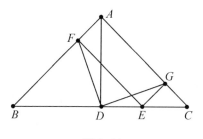

图 8-14

证明 设 CG＝kCA，则 AF＝kAB，$\overrightarrow{DG} = \overrightarrow{DC} + \overrightarrow{CG} = \overrightarrow{DC} + k\overrightarrow{CA}$，$\overrightarrow{DF} = \overrightarrow{DA} + \overrightarrow{AF} = \overrightarrow{DA} + k\overrightarrow{AB}$，显然 $\overrightarrow{DG} \cdot \mathrm{i} = \overrightarrow{DF}$.

如果不用旋转，那么就要计算：

$$\overrightarrow{DG}^2 = \overrightarrow{DF}^2 = \overrightarrow{DC}^2 + k^2\overrightarrow{CA}^2 - 2k\overrightarrow{DC}^2.$$

【例 8.15】 如图 8-15，A 和 B 为平面上两定点，C 为平面上位于直线同侧的一个动点. 分别以 AC 和 CB 边作正方形 $ACDE$ 和 $CBFG$,联结 EF,求证 EF 的中点 H 与点 C 的位置无关.

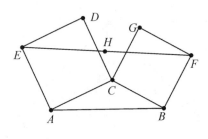

图 8-15

证明 设 AB 的中点为 P,则 $2\overrightarrow{PB}=\overrightarrow{AB}=\overrightarrow{AC}+\overrightarrow{CB}$,

$$2\overrightarrow{PB}\cdot i=(\overrightarrow{AC}+\overrightarrow{CB})\cdot i=\overrightarrow{AE}+\overrightarrow{BF}=2\overrightarrow{PH},$$

点 H 是以 P 为中心,将点 B 旋转 $90°$ 得到,与点 C 无关.

此问题常被加上一个寻宝的背景,在一些课外书上出现,故事和解答附于下,对比可知,向量旋转解法显得简练.

【例 8.16】 一张藏宝图(图 8-16)记载了某一荒岛上宝藏的位置如下:岛上仅有两棵大树 A 和 B,还有一座断头台. 从断头台开始沿直线走向 A 树并记下步数,到达后向左转 $90°$ 继续直走相同的步数,然后在停止处钉下一根钉子,再回到断头台沿直线走向 B 树,到达后右转 $90°$ 继续直走相同的步数,同时在停止处钉下一根钉子. 宝藏就藏在两钉子连线的中点下面. 一位年轻人得到这张藏宝图,历尽千辛万苦来到这个荒岛. 他很容易就找到了那两棵树,却发现断头台已经荡然无存,怎么也找不到! 年轻人无法找到宝藏,只得空手而归.

图 8-16

解 以点 C 为断头台位置，D 和 E 为前后两次所钉钉子的位置，T 为 DE 中点，即为宝藏所在.

以 A 为原点，A 和 B 两树所在直线为 x 轴，建立直角坐标系. 设 $|AB|=d$，$\overrightarrow{AC}=a+bi$，则 $\overrightarrow{BC}=(a-d)+bi$，$\overrightarrow{AD}=\overrightarrow{AC}\cdot(-i)=b-ai$，$\overrightarrow{BE}=\overrightarrow{BC}\cdot i=-b+(a-d)i$，$\overrightarrow{DE}=\overrightarrow{DA}+\overrightarrow{AB}+\overrightarrow{BE}=(d-2b)+(2a-d)i$，因此

$$\overrightarrow{AT}=\overrightarrow{AD}+\frac{1}{2}\overrightarrow{DE}=\frac{d}{2}-\frac{d}{2}i.$$

如果这位年轻人懂点数学，应该不至于无功而返. 宝藏的位置其实与断头台并没什么关系，只要从 A 出发，沿着 AB 走到 AB 中点处，记下所走步数；然后向右转 $90°$，继续向前走相同步数，则可找到宝藏.

【例 8.17】 如图 8-17，任意四边形 $ABCD$，分别以 AD,BC,AC,BD 为边向外作正方形 $ADSM,BCFE,ACGP,BDRQ$，证明：四边形 $MEQP$ 是平行四边形.

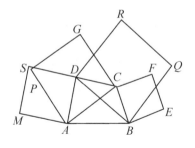

图 8-17

证明 $\overrightarrow{ME}=\overrightarrow{MA}+\overrightarrow{AB}+\overrightarrow{BE}=\overrightarrow{AB}-i(\overrightarrow{AD}+\overrightarrow{BC})$，

$\overrightarrow{PQ}=\overrightarrow{PA}+\overrightarrow{AB}+\overrightarrow{BQ}=\overrightarrow{AB}-i(\overrightarrow{AC}+\overrightarrow{BD})$，而 $\overrightarrow{AD}+\overrightarrow{BC}=\overrightarrow{AC}+\overrightarrow{BD}$，所以 $\overrightarrow{ME}=\overrightarrow{PQ}$.

关于四点之间的向量转化，可以这样进行：$D-A+C-B=C-A+D-B$，参看第 14 章质点法.

【例 8.18】 如图 8-18，分别以四边形 $ABCD$ 四边为边向外作等边三角形 ABF,BCE,CDH,DAG，它们的重心分别是 M,P,N,Q，如果 $AC=BD$，求证：$MN\perp PQ$.（第 33 届 IMO 预选题）

证明 存在常数 α，使得 $2\overrightarrow{AM}=\overrightarrow{AB}+i_\alpha\overrightarrow{AB}$，$2\overrightarrow{CN}=\overrightarrow{CD}+i_\alpha\overrightarrow{CD}$，而 $\overrightarrow{MN}=\overrightarrow{MA}+$

$\overrightarrow{AC}+\overrightarrow{CN}$,因此 $2\overrightarrow{MN}=-\overrightarrow{AB}-i_\alpha\overrightarrow{AB}+2\overrightarrow{AC}+\overrightarrow{CD}+i_\alpha\overrightarrow{CD}=\overrightarrow{AC}+\overrightarrow{BD}+i_\alpha(\overrightarrow{BD}-\overrightarrow{AC})$.

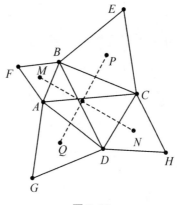

图 8-18

同理

$2\overrightarrow{PQ}=-\overrightarrow{BC}-i_\alpha\overrightarrow{BC}+2\overrightarrow{BD}+\overrightarrow{DA}+i_\alpha\overrightarrow{DA}=\overrightarrow{BD}-\overrightarrow{AC}-i_\alpha(\overrightarrow{BD}+\overrightarrow{AC})$;而

$4\overrightarrow{MN}\cdot\overrightarrow{PQ}=(1+\alpha^2)(BD^2-AC^2)=0$.

额外发现,只要 $\triangle MAB\sim\triangle PBC\sim\triangle NCD\sim\triangle QDA$,就有同样的结论.

【例 8.19】 如图 8-19,任意给定 $\triangle ABC$,分别以 CA 和 AB 为底边作等腰 $\triangle CAD$ 和 $\triangle ABE$,以 BC 为底边作等腰 $\triangle BCF$,且 $\triangle CAD$ 和 $\triangle ABE$ 及 $\triangle BCF$ 相似,求证:四边形 $AEFD$ 是平行四边形.

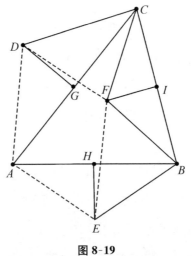

图 8-19

证明 设 G,H,I 分别是 CA,AB,BC 中点,设 $\overrightarrow{GD}=k\overrightarrow{GC}\cdot i=\frac{1}{2}kAC\cdot i$,则

$$\overrightarrow{HE}=\frac{1}{2}k\overrightarrow{BA}\cdot i, \overrightarrow{IF}=\frac{1}{2}k\overrightarrow{BC}\cdot i, \overrightarrow{AD}=\overrightarrow{AG}+\overrightarrow{GD}=\frac{1}{2}\overrightarrow{AC}+\frac{1}{2}k\overrightarrow{AC}\cdot i,$$

$$\overrightarrow{AE}=\overrightarrow{AH}+\overrightarrow{HE}=\frac{1}{2}\overrightarrow{AB}+\frac{1}{2}k\overrightarrow{BA}\cdot i,$$

$$\overrightarrow{AF}=\overrightarrow{AB}+\overrightarrow{BI}+\overrightarrow{IF}=\overrightarrow{AB}+\frac{1}{2}\overrightarrow{BC}+\frac{1}{2}k\overrightarrow{BC}\cdot i=\frac{1}{2}\overrightarrow{AB}+\frac{1}{2}\overrightarrow{AC}+\frac{1}{2}k\overrightarrow{BC}\cdot i,$$

所以 $\overrightarrow{AF}=\overrightarrow{AD}+\overrightarrow{AE}$,四边形 $AEFD$ 是平行四边形.

以上所介绍向量旋转都是旋转 $90°$,能否旋转其他角度呢? 当然是可以的.

【**例 8.20**】 如图 8-20,正六边形 $ABCDEF$ 中,G 和 H 分别是 BD 和 EF 的中点,求证:$\triangle AGH$ 是正三角形.

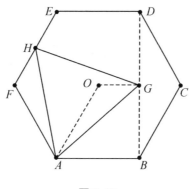

图 8-20

证明 设 O 为正六边形中心,则 $2\overrightarrow{AG}\cdot e^{\frac{\pi}{3}i}=(\overrightarrow{AO}+\overrightarrow{AC})\cdot e^{\frac{\pi}{3}i}=\overrightarrow{AF}+\overrightarrow{AE}=\overrightarrow{AH}$,所以 $\triangle AGH$ 是正三角形.

【**例 8.21**】 如图 8-21,设 $ABCDEF$ 是圆内接六边形,其中 AB,CD,EF 都等于该圆半径,求证:BC,DE,FA 的中点 P,Q,R 构成一个正三角形.

证明 由 $\left(\cos\frac{\pi}{3}+i\sin\frac{\pi}{3}\right)^3=-1$

得 $\left(\cos\frac{\pi}{3}+i\sin\frac{\pi}{3}\right)^2=\cos\frac{\pi}{3}+i\sin\frac{\pi}{3}-1.$

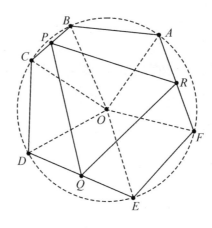

图 8-21

$$\overrightarrow{PQ} \cdot \left(\cos \frac{\pi}{3} + i \sin \frac{\pi}{3}\right)$$

$$= (\overrightarrow{OQ} - \overrightarrow{OP}) \cdot \left(\cos \frac{\pi}{3} + i \sin \frac{\pi}{3}\right)$$

$$= \frac{1}{2}(\overrightarrow{OD} + \overrightarrow{OE} - \overrightarrow{OB} - \overrightarrow{OC}) \cdot \left(\cos \frac{\pi}{3} + i \sin \frac{\pi}{3}\right)$$

$$= \frac{1}{2}\left[\overrightarrow{OC} \cdot \left(\cos \frac{\pi}{3} + i \sin \frac{\pi}{3}\right) + \overrightarrow{OE} - \overrightarrow{OB} - \overrightarrow{OC}\right] \cdot \left(\cos \frac{\pi}{3} + i \sin \frac{\pi}{3}\right)$$

$$= \frac{1}{2}\left[\overrightarrow{OE} - \overrightarrow{OB} + \overrightarrow{OC} \cdot \left(\cos \frac{\pi}{3} + i \sin \frac{\pi}{3}\right)^2\right] \cdot \left(\cos \frac{\pi}{3} + i \sin \frac{\pi}{3}\right)$$

$$= \frac{1}{2}\left[\overrightarrow{OF} - \overrightarrow{OA} \cdot \left(\cos \frac{\pi}{3} + i \sin \frac{\pi}{3}\right)^2 - \overrightarrow{OC}\right]$$

$$= \frac{1}{2}\left[\overrightarrow{OF} - \overrightarrow{OA} \cdot \left(\cos \frac{\pi}{3} + i \sin \frac{\pi}{3} - 1\right) - \overrightarrow{OC}\right]$$

$$= \frac{1}{2}(\overrightarrow{OF} + \overrightarrow{OA} - \overrightarrow{OB} - \overrightarrow{OC}) = \frac{1}{2}(\overrightarrow{OR} - \overrightarrow{OP}) = \overrightarrow{PR}.$$

此证法计算量较大,步骤也多,不够简捷.

另证:$2\overrightarrow{QR} \cdot e^{\frac{\pi}{3}i} = (\overrightarrow{EF} + \overrightarrow{DO} + \overrightarrow{OA}) \cdot e^{\frac{\pi}{3}i} = \overrightarrow{EO} + \overrightarrow{DC} + \overrightarrow{OB} = 2\overrightarrow{QP}.$

【例 8.22】 证明拿破仑定理,即分别以三角形三边为边长,向形外作等边三角形,则所作三个等边三角形的中心构成等边三角形.

证明 如图 8-22,存在常数 m,使得 $2\overrightarrow{AG} = \overrightarrow{AD} + im\overrightarrow{AD}$,$2\overrightarrow{AI} = \overrightarrow{AC} + im\overrightarrow{AC}$,

所以 $2\overrightarrow{GI}=\overrightarrow{DC}+im\,\overrightarrow{DC}$；所以 $(2\overrightarrow{GI})^2=(1-m^2)CD^2$，同理 $(2\overrightarrow{GH})^2=(1-m^2)$

AE^2；易证 $\triangle ABE\cong\triangle DBC$，则 $AE=DC$；所以 $GI=GH$，同理 $GI=IH$，所以

$\triangle GHI$ 是等边三角形.

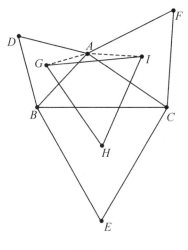

图 8-22

例 8.21 和例 8.22，还能另外给出巧妙的证明吗？我们先来看看 1932 年《美国

数学月刊》刊登的两条爱可尔斯(Echols)定理.

爱可尔斯定理 1 若 $\triangle A_1B_1C_1$ 和 $\triangle A_2B_2C_2$ 都是等边三角形，则 A_1A_2，B_1B_2，

C_1C_2 的中点也构成等边三角形.

爱可尔斯定理 2 若 $\triangle A_1B_1C_1$，$\triangle A_2B_2C_2$ 和 $\triangle A_3B_3C_3$ 都是等边三角形，则

$\triangle A_1A_2A_3$，$\triangle B_1B_2B_3$ 和 $\triangle C_1C_2C_3$ 的重心也构成等边三角形.

下面我们来证明这两条定理.

【例 8.23】 如图 8-23，已知正 $\triangle ABC$ 和正 $\triangle DEF$，G,H,I 分别是 AD，BE，

CF 上的点，且 $\dfrac{AG}{GD}=\dfrac{BH}{HE}=\dfrac{CI}{IF}$，求证：$\triangle GHI$ 是正三角形.

证明 $\overrightarrow{GH}\cdot e^{\frac{\pi}{3}i}=[m\overrightarrow{AB}+(1-m)\overrightarrow{DE}]\cdot e^{\frac{\pi}{3}i}=m\overrightarrow{AC}+(1-m)\overrightarrow{DF}=\overrightarrow{GI}$.

当 $\dfrac{AG}{GD}=\dfrac{BH}{HE}=\dfrac{CI}{IF}=1$ 时，即为爱可尔斯定理 1.

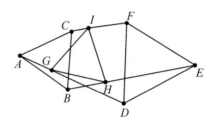

图 8-23

【例 8.24】 如图 8-24，$\triangle ABC$，$\triangle DEF$，$\triangle GHI$ 是等边三角形，求证：$\triangle ADG$，$\triangle BEH$，$\triangle CFI$ 的重心构成等边三角形.

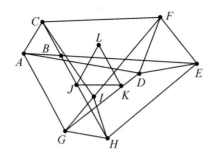

图 8-24

证明

$$\vec{JK}=K-J=\frac{1}{3}(B+E+H)-\frac{1}{3}(A+D+G)=\frac{1}{3}(\vec{AB}+\vec{DE}+\vec{GH}),$$

同理可得

$$\vec{JL}=L-J=\frac{1}{3}(C+F+I)-\frac{1}{3}(A+D+G)=\frac{1}{3}(\vec{AC}+\vec{DF}+\vec{GI}),$$

所以

$$\vec{JK}\cdot e^{\frac{\pi}{3}i}=\frac{1}{3}(\vec{AB}+\vec{DE}+\vec{GH})\cdot e^{\frac{\pi}{3}i}=\frac{1}{3}(\vec{AC}+\vec{DF}+\vec{GI})=\vec{JL}.$$

这两个定理可作进一步推广，譬如在证明过程中，根本没有考虑这些点是否在同一平面上，那么可以向空间推广. 也可以考虑将原来的正三角形改成同向相似三角形，或者是向正 n 边形推广.

这两个定理应用很广，特例很多，最经典的应用莫过于推导拿破仑三角形定理.

【例 8.25】 如图 8-25,△OAB,△OCD,△OEF 是等边三角形,BC,DE,AF 的中点分别是 P,Q,R,求证:△PQR 是等边三角形.

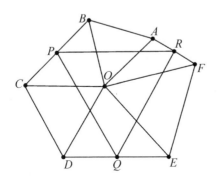

图 8-25

证明 如图 8-26,将三个等边三角形:△OAB,△OCD,△OEF 的顶点重新排序,写成△OAB,△DOC,△EFO,则△ODE,△AOF,△BCO 的重心 H,I,G 构成等边三角形,而△GHI 和△PQR 是以点 O 为中心的位似图形,所以△PQR 是等边三角形.

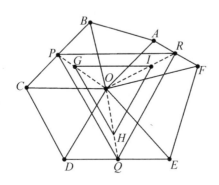

图 8-26

解题关键在于等边三角形顶点的重新排序,可以这样推导:要出现点 G,那么等边△OEF 必须提供一个顶点 O,剩下的 B 和 C 分别由等边△OAB 和△OCD 提供.依此类推.

很明显,例 8.21 是此例的特例.

【例 8. 26】 如图 8-27,以△ABC 的三边向外作等边△ABD,△BCE,△CAF,求证:△ABC 和△DEF 共重心.

证明 根据爱可尔斯定理,△ABC,△BCA,△DEF 的重心构成等边三角形,而△ABC 和△BCA 是同一个三角形,此时所构成的等边三角形退化成一个点,所以△ABC 和△DEF 共重心.

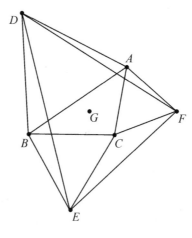

图 8-27

【例 8. 27】 如图 8-28,等腰梯形 ABCD,对角线交于点 O,AE⊥BD,DF⊥AC,E 和 F 是垂足,且 G 是 AD 中点,当∠BOA＝60°时,△EFG 具有什么特征?

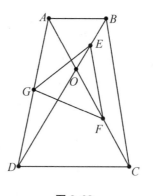

图 8-28

证明 容易得出△OAB 和△ODC 是等边三角形,E 和 F 分别是 OB 和 OC 中点.根据爱可尔斯定理可知,△OAB 和△CDO 对应顶点连线的中点构成等边三角形. 可这样推导:要产生点 E,那么等边 $\triangle ODC$ 必须提供一个顶点 O,剩下的 B 由等边 $\triangle OAB$ 提供. 依此类推.

另证:

$$\vec{FE} \cdot e^{\frac{\pi}{3}i} = \frac{1}{2}\vec{CB} \cdot e^{\frac{\pi}{3}i} = \frac{1}{2}(\vec{CO}+\vec{OB}) \cdot e^{\frac{\pi}{3}i} = \frac{1}{2}(\vec{CD}+\vec{OA}) = \vec{FG}.$$

最后一步用到四边形中位线公式,千万不要因为此时 A,O,C 共线而不认得了.

从这个例题可以看出,有些题目不一定要使用爱尔可斯定理,因为很多人对这个定理并不熟悉,作为引理写起来也很麻烦. 有资料用爱可尔斯定理来证下面的题目,那纯粹是杀鸡用牛刀. 因为很明显可以用全等三角形的知识来证 $DE = EF = FD$. 不过,这种想法倒也很奇妙.

【例 8.28】 如图 8-29,等边 $\triangle ABC$ 三边上分别有点 D,E,F,且 $AD = BE = CF$,求证:$\triangle DEF$ 是等边三角形.

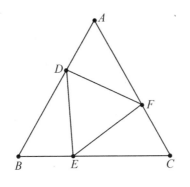

图 8-29

该资料的证明:根据爱尔可斯定理,$\triangle ABC$ 和 $\triangle BCA$ 对应顶点连线 AB,BC,CA 上的等比例点 D,E,F 构成等边三角形.

复数的作用当然不只是以上介绍的这些,下面再介绍几点复数的应用,譬如复数辐角的性质对解角度问题就十分有效.

性质 不共线四点 A,B,C,D 对应的复数分别是 z_A,z_B,z_C,z_D,则这四点共圆的充要条件是

$$\frac{z_C - z_A}{z_D - z_A} : \frac{z_C - z_B}{z_D - z_B} = k,$$

其中 k 为非零实数.

证明略.

【例 8.29】 求证:圆内接四边形 $ABCD$ 中 $\triangle BCD,\triangle CDA,\triangle DAB,\triangle ABC$ 的四重心共圆.

证明 设点 A,B,C,D 对应的复数分别是 z_A,z_B,z_C,z_D,$\triangle BCD,\triangle CDA,$ $\triangle DAB,\triangle ABC$ 对应的重心分别是 u_A,u_B,u_C,u_D,则

$$3u_A=z_B+z_C+z_D,3u_B=z_C+z_D+z_A,$$
$$3u_C=z_D+z_A+z_B,3u_D=z_A+z_B+z_C,$$

计算得

$$\frac{u_C-u_A}{u_D-u_A}:\frac{u_C-u_B}{u_D-u_B}=\frac{z_C-z_A}{z_D-z_A}:\frac{z_C-z_B}{z_D-z_B},$$

而 A,B,C,D 四点共圆,所以 $\triangle BCD,\triangle CDA,\triangle DAB,\triangle ABC$ 的重心四点共圆.

【例 8.30】 如图 8-30,已知椭圆 $\dfrac{x^2}{4}+y^2=1$,动直线 l 过它的中心 O 交椭圆于 A 和 B,以 AB 为边逆时针作等边 $\triangle ABP$,求 $\triangle ABP$ 中心的轨迹.

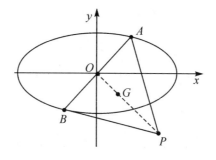

图 8-30

解 设 A,P,G 对应的复数分别是 z_A,z_P,z_G,则 $z_G=\dfrac{1}{3}z_P=\dfrac{1}{3}(-\sqrt{3}iz_A)$,得 $z_A=\sqrt{3}iz_G$;将其代入 $|z_A-\sqrt{3}|+|z_A+\sqrt{3}|=4$,得 $|z_G+i|+|z_G-i|=\dfrac{4}{\sqrt{3}}$,所求轨迹 方程为 $\dfrac{x^2}{\frac{1}{3}}+\dfrac{y^2}{\frac{4}{3}}=1$.

某些资料的解法表明,由于对复数的几何性质了解不够,导致解法走了弯路,譬如例 8.31.

【**例 8.31**】 已知 $\triangle ABC$ 的三个顶点 A,B,C 对应的复数分别是 z_A,z_B,z_C,若 $\dfrac{z_B-z_A}{z_C-z_A}=1+\dfrac{4}{3}\mathrm{i}$,证明 $\triangle ABC$ 是直角三角形.

原解答:z_B-z_A 对应向量是 $\overrightarrow{AB}$,z_C-z_A 对应向量是 $\overrightarrow{AC}$,由

$$\left|\frac{z_B-z_A}{z_C-z_A}\right|=\left|1+\frac{4}{3}\mathrm{i}\right|=\frac{5}{3};$$

设 $|\overrightarrow{AB}|=5k$,$|\overrightarrow{AC}|=3k$,因为

$$z_B-z_A=\left(1+\frac{4}{3}\mathrm{i}\right)(z_C-z_A)=z_C-z_A+\frac{4}{3}z_C\mathrm{i}-\frac{4}{3}z_A\mathrm{i},$$

$$z_B-z_C=\frac{4}{3}\mathrm{i}(z_C-z_A),$$

则

$$|z_B-z_C|=\left|\frac{4}{3}\mathrm{i}\right||z_C-z_A|=\frac{4}{3}\cdot 3k=4k,$$

所以 $|\overrightarrow{BC}|=4k$,所以 $\triangle ABC$ 是以点 C 为直角顶点的直角三角形.

思考:此题的数据刚好是 $3,4,5$,为最经典的勾股数. 但有必要设 $|\overrightarrow{AB}|=5k$,$|\overrightarrow{AC}|=3k$ 吗? 由

$$z_B-z_A=\left(1+\frac{4}{3}\mathrm{i}\right)(z_C-z_A)=z_C-z_A+\frac{4}{3}z_C\mathrm{i}-\frac{4}{3}z_A\mathrm{i},$$

$$z_B-z_C=\frac{4}{3}\mathrm{i}(z_C-z_A)$$

不就解决了吗? 还可以再改进! 将条件改写成

$$\frac{z_B-z_A}{z_C-z_A}=\frac{1+\dfrac{4}{3}\mathrm{i}}{1},$$

利用合分比定理得

$$\frac{z_B-z_C}{z_C-z_A}=\frac{4}{3}\mathrm{i}.$$

向量与复数相结合,还可以推导三角函数公式.

设单位向量 $\overrightarrow{OP}=\cos\alpha+\mathrm{i}\sin\alpha$,$\alpha$ 是幅角. 根据复数性质可知,$\overrightarrow{OP}=\cos\alpha+\mathrm{i}\sin\alpha$ 以点 O 为旋转中心,逆时针旋转 $90°,180°,270°,360°$,相当于 $\overrightarrow{OP}$ 乘以 $\mathrm{i},-1,-\mathrm{i},1$.

将 $\overrightarrow{OP}$ 逆时针旋转 $90°$ 可得 $\overrightarrow{OP'}=\cos(90°+\alpha)+\mathrm{i}\sin(90°+\alpha)$;根据复数相等,$\overrightarrow{OP'}=\cos(90°+\alpha)+\mathrm{i}\sin(90°+\alpha)=\mathrm{i}\cos\alpha-\sin\alpha$,即 $\cos(90°+\alpha)=-\sin\alpha$,$\sin(90°+\alpha)=\cos\alpha$. 那么 $\tan(90°+\alpha)=-\cot\alpha$,$\cot(90°+\alpha)=-\tan\alpha$.

同理可类推其他三角函数公式.

第九章

单位向量

单位向量的得来,是十分容易的.

$\dfrac{\overrightarrow{AB}}{|\overrightarrow{AB}|}$(或写作$\dfrac{\overrightarrow{AB}}{AB}$)就是典型的单位向量. 除此之外呢?

前已说明,向量与平行四边形有着天然的联系.

如果平行四边形邻边相等,则变成了菱形. 菱形的很多性质用向量法来证明颇为容易. 而由于菱形的邻边相等,这与单位向量有着天然的联系.

联结菱形的对角线,可得等腰三角形,这条对角线天然就是某个角的角平分线. 所以角平分线相关问题用向量法来解,也就成了顺理成章的事情. 等腰三角形三线合一性质的作用在向量法中会得到充分的发挥.

性质 1   点 P 在$\angle ABC$角平分线上的充要条件是

$$\overrightarrow{BP}=k\left(\dfrac{\overrightarrow{BA}}{|\overrightarrow{BA}|}+\dfrac{\overrightarrow{BC}}{|\overrightarrow{BC}|}\right),$$

或写作

$$\overrightarrow{BP}\cdot\left(\dfrac{\overrightarrow{BA}}{|\overrightarrow{BA}|}-\dfrac{\overrightarrow{BC}}{|\overrightarrow{BC}|}\right)=0.$$

这由菱形的性质容易得到.

性质 2(三角形内角平分线定理)　三角形的内角平分线分对边所得的两条线段和这个角的两边对应成比例.

或写作:如图 9-1,△ABC 中,AD 平分∠BAC,则$\dfrac{AB}{AC}=\dfrac{DB}{CD}$.

图 9-1

证法 1　设$\overrightarrow{AD}$的单位法向量为 e ,则

$$\frac{AB}{AC}=\frac{\overrightarrow{AB}\cdot e}{\overrightarrow{CA}\cdot e}=\frac{(\overrightarrow{AD}+\overrightarrow{DB})\cdot e}{(\overrightarrow{CD}+\overrightarrow{DA})\cdot e}=\frac{\overrightarrow{DB}\cdot e}{\overrightarrow{CD}\cdot e}=\frac{DB}{CD}.$$

此证法对外角平分线定理同样成立.

这种向量证法,从不同角度来看,与两种欧氏几何证法相通.

(1)如图 9-2,$EF\perp AD$,$EF\perp BE$,$EF\perp CF$,$\triangle ABE\sim\triangle ACF$,则

$$\frac{AB}{AC}=\frac{AE}{AF}=\frac{DB}{CD}.$$

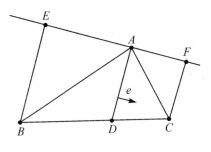

图 9-2

(2)可看作面积法的转化,

$$\frac{AB}{AC} = \frac{\frac{1}{2}AB \cdot AD\cos\angle BAD}{\frac{1}{2}AC \cdot AD\cos\angle CAD} = \frac{S_{\triangle BAD}}{S_{\triangle CAD}} = \frac{DB}{CD}.$$

证法 2　设 $\frac{BD}{DC} = \lambda$，则 $\overrightarrow{AD} = \frac{1}{1+\lambda}\overrightarrow{AB} + \frac{\lambda}{1+\lambda}\overrightarrow{AC}$. 又 AD 在 $\angle BAC$ 的角平分线

上，所以

$$\overrightarrow{AD} = k\left(\frac{\overrightarrow{AB}}{|\overrightarrow{AB}|} + \frac{\overrightarrow{AC}}{|\overrightarrow{AC}|}\right);$$

根据平面向量基本定理可得 $\frac{1}{1+\lambda} = \frac{k}{|\overrightarrow{AB}|}$，$\frac{\lambda}{1+\lambda} = \frac{k}{|\overrightarrow{AC}|}$；两式相除可得 $\frac{|\overrightarrow{AB}|}{|\overrightarrow{AC}|} = \lambda$，

所以 $\frac{BD}{DC} = \frac{AB}{AC}$.

性质 3　若 AD 是 $\triangle ABC$ 中 $\angle A$ 的角平分线，由角平分线的性质 $\frac{BD}{DC} = \frac{AB}{AC}$，

可得

$$\overrightarrow{AD} = \frac{\overrightarrow{AB} + \frac{|AB|}{|AC|}\overrightarrow{AC}}{1 + \frac{|AB|}{|AC|}} = \frac{|AC|\overrightarrow{AB} + |AB|\overrightarrow{AC}}{|AB| + |AC|}.$$

【例 9.1】　菱形的对角线互相垂直.

证明　如图 9-3，$\overrightarrow{AC} \cdot \overrightarrow{BD} = (\overrightarrow{AB} + \overrightarrow{BC}) \cdot (\overrightarrow{BC} + \overrightarrow{BA}) = |\overrightarrow{BC}|^2 - |\overrightarrow{AB}|^2 = 0$，

所以 $\overrightarrow{AC} \perp \overrightarrow{BD}$.

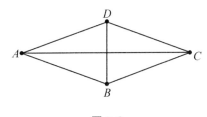

图 9-3

【例 9.2】　已知非零向量 $\overrightarrow{AB}$ 与 $\overrightarrow{AC}$ 满足 $\left(\frac{\overrightarrow{AB}}{|\overrightarrow{AB}|} + \frac{\overrightarrow{AC}}{|\overrightarrow{AC}|}\right) \cdot \overrightarrow{BC} = 0$ 且 $\frac{\overrightarrow{AB}}{|\overrightarrow{AB}|} \cdot$

$\frac{\overrightarrow{AC}}{|\overrightarrow{AC}|} = \frac{1}{2}$，则 $\triangle ABC$ 为（　　）.（2006 高考数学试题陕西卷）

A. 等边三角形   B. 直角三角形

C. 等腰非等边三角形   D. 三边均不相等的三角形

解 $\left(\dfrac{\overrightarrow{AB}}{|\overrightarrow{AB}|}+\dfrac{\overrightarrow{AC}}{|\overrightarrow{AC}|}\right)\cdot\overrightarrow{BC}=0$ 说明了 $\angle A$ 的角平分线与 BC 垂直,则 $AB=$

AC;而 $\dfrac{\overrightarrow{AB}}{|\overrightarrow{AB}|}\cdot\dfrac{\overrightarrow{AC}}{|\overrightarrow{AC}|}=\dfrac{1}{2}$ 说明 $\angle A=60°$,所以 $\triangle ABC$ 为等边三角形.

【例 9.3】 如图 9-4,经过 $\angle XOY$ 的角平分线上点 A,任作一直线与 OX 和 OY 分别交于 P 和 Q,求证: $\dfrac{1}{OP}+\dfrac{1}{OQ}$ 为定值.

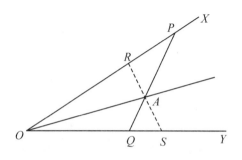

图 9-4

证明 过 A 作 OA 的垂线交 OX 和 OY 于 R 和 S,则 $\triangle ORS$ 是等腰三角形,则

$$2\overrightarrow{OA}=\overrightarrow{OR}+\overrightarrow{OS}=\frac{|\overrightarrow{OR}|}{|\overrightarrow{OP}|}\overrightarrow{OP}+\frac{|\overrightarrow{OS}|}{|\overrightarrow{OQ}|}\overrightarrow{OQ},$$

由于 P,A,Q 三点共线,所以 $\dfrac{|\overrightarrow{OR}|}{|\overrightarrow{OP}|}+\dfrac{|\overrightarrow{OS}|}{|\overrightarrow{OQ}|}=2$,而 $|\overrightarrow{OR}|=|\overrightarrow{OS}|$,

所以

$$\frac{1}{OP}+\frac{1}{OQ}=\frac{2}{OR}.$$

此题有另外两种表述形式.

如图 9-5,已知 F 为 $\angle P$ 平分线上任意一点,过 F 任作两条直线 AD 和 BC 交 $\angle P$ 的两边于 A,D,B,C,求证: $\dfrac{1}{PA}+\dfrac{1}{PD}=\dfrac{1}{PB}+\dfrac{1}{PC}$.

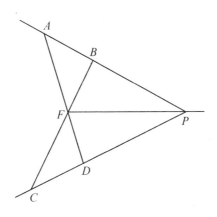

图 9-5

设三点 O,A,B 不共线,证明当实数 p 和 q 满足 $\dfrac{1}{p}+\dfrac{1}{q}=1$ 时,联结 $p\overrightarrow{OA}$,

$q\overrightarrow{OB}$ 两个向量终点的直线通过一个定点.(提示:设定点为 C,易见 $\overrightarrow{OC}=\overrightarrow{OA}+\overrightarrow{OB}$)

【例 9.4】 在直角坐标系中,已知点 $A(0,1)$ 和点 $B(-3,4)$,若点 C 在 $\angle AOB$ 的平分线上且 $|\overrightarrow{OC}|=2$,则 $\overrightarrow{OC}=$ _____.

解法 1:

$$\overrightarrow{OC}=\lambda\left(\frac{\overrightarrow{OA}}{|\overrightarrow{OA}|}+\frac{\overrightarrow{OB}}{|\overrightarrow{OB}|}\right)=\lambda\left(\frac{(0,1)}{1}+\frac{(-3,4)}{5}\right)=\left(-\frac{3}{5}\lambda,\frac{9}{5}\lambda\right),$$

$$|\overrightarrow{OC}|^2=\frac{9}{25}\lambda^2+\frac{81}{25}\lambda^2=\frac{90}{25}\lambda^2=4,$$

解得 $\lambda=\dfrac{\sqrt{10}}{3}$,所以 $\overrightarrow{OC}=\left(-\dfrac{\sqrt{10}}{5},\dfrac{3\sqrt{10}}{5}\right)$.

解法 2:

$$\overrightarrow{OC}=\frac{2\left(\dfrac{\overrightarrow{OA}}{|\overrightarrow{OA}|}+\dfrac{\overrightarrow{OB}}{|\overrightarrow{OB}|}\right)}{\left|\dfrac{\overrightarrow{OA}}{|\overrightarrow{OA}|}+\dfrac{\overrightarrow{OB}}{|\overrightarrow{OB}|}\right|}=\left(-\frac{\sqrt{10}}{5},\frac{3\sqrt{10}}{5}\right).$$

解法 3:

注意到 $OB=5$,作点 $D(0,5)$,作菱形 $BODE$,则点 E 为 $\angle AOB$ 的平分线上,E

$$=B+D=(-3,9)=3\cdot(-1,3),\overrightarrow{OC}=2\frac{\overrightarrow{OE}}{|\overrightarrow{OE}|}=\left(-\frac{\sqrt{10}}{5},\frac{3\sqrt{10}}{5}\right).$$

【**例9.5**】 已知△ABC 的三顶点坐标$A(1,2),B(5,5),C(-2,6)$,求∠BAC 平分线AD 所在直线方程.

解 $\overrightarrow{AB}=(4,3),\overrightarrow{AC}=(-3,4)$,则$\overrightarrow{AB}$和$\overrightarrow{AC}$方向上的单位向量分别为 $\left(\frac{4}{5},\frac{3}{5}\right)$、$\left(-\frac{3}{5},\frac{4}{5}\right)$,那么$\overrightarrow{AD}$与$\left(\frac{4}{5},\frac{3}{5}\right)+\left(-\frac{3}{5},\frac{4}{5}\right)=\left(\frac{1}{5},\frac{7}{5}\right)$共线,则$k_{AD}=7$, 从而$y-2=7(x-1)$,即$7x-y-5=0$.

【**例9.6**】 在△OAB 中,$\overrightarrow{OA}=\boldsymbol{a},\overrightarrow{OB}=\boldsymbol{b},OD$ 是AB 边上的高,若$\overrightarrow{AD}=\lambda\overrightarrow{AB}$, 求$\lambda$.

解1 由$\overrightarrow{AD}=\lambda\overrightarrow{AB}$,得$\overrightarrow{OD}=(1-\lambda)\overrightarrow{OA}+\lambda\overrightarrow{OB}=(1-\lambda)\boldsymbol{a}+\lambda\boldsymbol{b}$;而$OD$ 是AB 边上的高,则$\overrightarrow{OD}\cdot\overrightarrow{AB}=0$,即$\overrightarrow{OD}\cdot(\overrightarrow{OB}-\overrightarrow{OA})=0$,所以$[(1-\lambda)\boldsymbol{a}-\lambda\boldsymbol{b}]\cdot(\boldsymbol{b}-\boldsymbol{a})=0$,整理得$\lambda(\boldsymbol{b}-\boldsymbol{a})^2=\boldsymbol{a}\cdot(\boldsymbol{a}-\boldsymbol{b})$,即

$$\lambda=\frac{\boldsymbol{a}\cdot(\boldsymbol{a}-\boldsymbol{b})}{|\boldsymbol{a}-\boldsymbol{b}|^2}.$$

解2 如图9-6,$AD=AO\cos\angle OAB=|\boldsymbol{a}|\frac{-\boldsymbol{a}\cdot(\boldsymbol{b}-\boldsymbol{a})}{|\boldsymbol{a}||\boldsymbol{b}-\boldsymbol{a}|}$,又$AD=\lambda|\boldsymbol{b}-\boldsymbol{a}|$,解得$\lambda=\frac{\boldsymbol{a}\cdot(\boldsymbol{a}-\boldsymbol{b})}{|\boldsymbol{a}-\boldsymbol{b}|^2}$.

两种解法各有特色.解法1无需看图,依照题目条件列式子计算几何即可;解法2更注重与图形结合,解题步骤更简略.

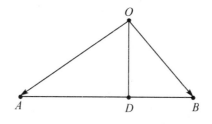

图9-6

【**例9.7**】 如图9-7,已知C 为线段AB 上的一点,满足$|\overrightarrow{PA}|-|\overrightarrow{PB}|=2$,

$|\overrightarrow{PA}-\overrightarrow{PB}|=2\sqrt{5}$，$\dfrac{\overrightarrow{PA}\cdot\overrightarrow{PC}}{|\overrightarrow{PA}|}=\dfrac{\overrightarrow{PB}\cdot\overrightarrow{PC}}{|\overrightarrow{PB}|}$，$I$ 为 PC 上一点，且 $\overrightarrow{BI}=\overrightarrow{BA}+$

$\lambda\left(\dfrac{\overrightarrow{AP}}{|\overrightarrow{AP}|}+\dfrac{\overrightarrow{AC}}{|\overrightarrow{AC}|}\right)$，则 $\dfrac{\overrightarrow{BI}\cdot\overrightarrow{BA}}{|\overrightarrow{BA}|}=$ _____．

解 由 $\dfrac{\overrightarrow{PA}\cdot\overrightarrow{PC}}{|\overrightarrow{PA}|}=\dfrac{\overrightarrow{PB}\cdot\overrightarrow{PC}}{|\overrightarrow{PB}|}$ 得 $\dfrac{\overrightarrow{PA}\cdot\overrightarrow{PC}}{|\overrightarrow{PA}||\overrightarrow{PC}|}=\dfrac{\overrightarrow{PB}\cdot\overrightarrow{PC}}{|\overrightarrow{PB}||\overrightarrow{PC}|}$，所以 $\angle APC=$

$\angle BPC$；又 $\overrightarrow{BI}=\overrightarrow{BA}+\lambda\left(\dfrac{\overrightarrow{AP}}{|\overrightarrow{AP}|}+\dfrac{\overrightarrow{AC}}{|\overrightarrow{AC}|}\right)$，则 I 在 $\angle PAC$ 的平分线上，所以 I 是

$\triangle ABC$ 的内心．作 $ID\perp AB$ 于 D，则 $\dfrac{\overrightarrow{BI}\cdot\overrightarrow{BA}}{|\overrightarrow{BA}|}$ 表示 $\overrightarrow{BI}$ 在 $\overrightarrow{BA}$ 上射影 BD 的长度．

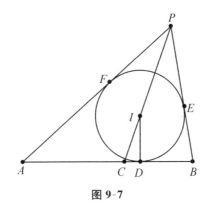

图 9-7

设 $\triangle PAB$ 的内切圆与三边分别切于 D,E,F，则 $AD-BD=AF-BE=PA-$

$PB=2$，又 $AD+BD=|\overrightarrow{BA}|=|\overrightarrow{PA}-\overrightarrow{PB}|=2\sqrt{5}$，解得 $BD=\sqrt{5}-1$．

【例 9.8】 如图 9-8，平行四边形 $ABCD$ 中，$\angle A$ 和 $\angle B$ 的角平分线交于点 E，$\angle C$ 和 $\angle D$ 的角平分线交于点 G，求证：$EG\parallel BC$．

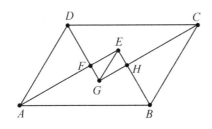

图 9-8

证明 设 $\overrightarrow{AB}$ 的单位向量为 $\boldsymbol{a}$，$\overrightarrow{AD}$ 的单位向量为 $\boldsymbol{b}$，则 $\overrightarrow{AE}=m(\boldsymbol{a}+\boldsymbol{b})$，$\overrightarrow{BE}=n(-\boldsymbol{a}+\boldsymbol{b})$，$\overrightarrow{CG}=-p(\boldsymbol{a}+\boldsymbol{b})$，$\overrightarrow{DG}=q(\boldsymbol{a}-\boldsymbol{b})$；由 $\overrightarrow{AB}=\overrightarrow{DC}$，$\overrightarrow{AE}+\overrightarrow{EB}=\overrightarrow{DG}+\overrightarrow{GC}$ 即 $m(\boldsymbol{a}+\boldsymbol{b})-n(-\boldsymbol{a}+\boldsymbol{b})=q(\boldsymbol{a}-\boldsymbol{b})+p(\boldsymbol{a}+\boldsymbol{b})$ 得 $m+n=p+q$，$m-n=p-q$，解得 $m=p$，$n=q$，由 $\overrightarrow{AE}=\overrightarrow{AB}+\overrightarrow{BE}$，即 $m(\boldsymbol{a}+\boldsymbol{b})=k\boldsymbol{a}+n(-\boldsymbol{a}+\boldsymbol{b})$，解得 $m=n$. 从而

$$\overrightarrow{EG}=\overrightarrow{EB}+\overrightarrow{BC}+\overrightarrow{CG}=-m(-\boldsymbol{a}+\boldsymbol{b})+\overrightarrow{BC}-m(\boldsymbol{a}+\boldsymbol{b})=\overrightarrow{BC}-2m\boldsymbol{b},$$

所以 $EG /\!/ BC$.

【例 9.9】 如图 9-9，$\triangle ABC$ 中，D 和 E 分别在 AB 和 AC 上，且 $BD=CE$，M 和 N 分别是 BC 和 DE 的中点，那么 NM 与 $\angle A$ 的角平分线 AT 平行.

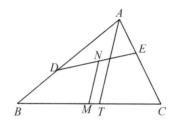

图 9-9

证明 设 $DB=mAB$，$EC=nAC$，由 $BD=CE$ 得

$$\frac{AB}{AC}=\frac{n}{m}=\frac{BT}{TC};$$

$$\overrightarrow{AT}=\frac{m\overrightarrow{AB}+n\overrightarrow{AC}}{m+n}=\frac{\overrightarrow{DB}+\overrightarrow{EC}}{m+n}=\frac{2\overrightarrow{NM}}{m+n}.$$

特别地，当 $m=n=1$ 时，此表达式的几何意义为等腰三角形的角平分线和底边上的中线重合.

有兴趣的读者可证明更一般的结论：如图 9-9，D 和 E 分别在 $\triangle ABC$ 的边 AB 和 AC 上，M 和 N 分别在边 BC 和 ED 上，且 $\dfrac{BM}{MC}=\dfrac{DN}{NE}=\dfrac{BD}{CE}$，求证：$NM$ 与 $\angle A$ 的角平分线 AT 平行.

【例 9.10】 如图 9-10，四边形 $ABCD$ 中，$AB \perp AD$，$BC \perp CD$，BA 和 CD 交于 E，AD 和 BC 交于 F，求证：$\angle E$ 和 $\angle F$ 的角平分线互相垂直.

证明 设 $\overrightarrow{EA}, \overrightarrow{ED}, \overrightarrow{FC}, \overrightarrow{FD}$ 的单位向量为 e_1, e_2, e_3, e_4，设 $\angle E$ 和 $\angle F$ 的角平分线交于点 G，则

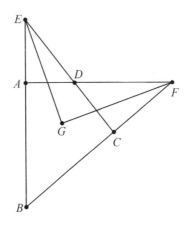

图 9-10

$\overrightarrow{EG} \cdot \overrightarrow{FG} = m(e_1 + e_2) \cdot n(e_3 + e_4) = mn(e_1 \cdot e_3 + e_2 \cdot e_4) = 0$，所以 $EG \perp FG$.

【例 9.11】 如图 9-11，在平行四边形 $ABCD$ 的 BC 和 DC 边上分别取 E 和 F 两点，使得 $BE = DF$，设 DE 与 BF 交于 G，求证：AG 平分 $\angle BAD$.（2003 年德国竞赛试题）

图 9-11

证明 设 $\overrightarrow{AB}$ 和 $\overrightarrow{AD}$ 的单位向量为 e_1 和 e_2，则

$$\overrightarrow{AG} = (1-m)\overrightarrow{AB} + m\overrightarrow{AF} = (1-m)ABe_1 + mADe_2 + mDFe_1,$$

$$\overrightarrow{AG} = (1-n)\overrightarrow{AD} + n\overrightarrow{AE} = (1-n)ADe_2 + nABe_1 + nBEe_2,$$

于是

$$(1-m)AB+mDF=nAB, (1-n)AD+nBE=mAD,$$

两式联立解得

$$n=\frac{AD}{AD+AB-BE};$$

所以

$$\overrightarrow{AG}=(1-n)AD\boldsymbol{e}_2+nAB\boldsymbol{e}_1+nBE\boldsymbol{e}_2$$

$$=n\left[\left(\frac{1}{n}-1\right)AD\boldsymbol{e}_2+AB\boldsymbol{e}_1+BE\boldsymbol{e}_2\right]$$

$$=\frac{AD}{AD+AB-BE}\left[(AB-BE)\boldsymbol{e}_2+AB\boldsymbol{e}_1+BE\boldsymbol{e}_2\right]$$

$$=\frac{AB\cdot AD}{AB+AD-BE}(\boldsymbol{e}_1+\boldsymbol{e}_2).$$

所以 AG 平分 $\angle BAD$.

此题用向量法解决,好处是入手容易,无需多想,列好式子后,直奔结果而去.
也可以用面积法或是构造相似三角形来解,此处略.

【例 9.12】 如图 9-12,在 $\triangle ABC$ 中,AD 为中线,AE 为角平分线,EF 平行
CA 交 AD 于 F,求证:$CF \perp AE$. (1996 莫斯科数学奥林匹克竞赛试题)

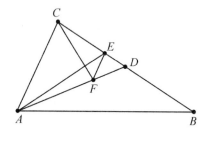

图 9-12

证明

$$\overrightarrow{AE}=\frac{AB\overrightarrow{AC}+AC\overrightarrow{AB}}{AB+AC}, \overrightarrow{AD}=\frac{1}{2}(\overrightarrow{AB}+\overrightarrow{AC}),$$

又

$$\frac{AF}{AD}=\frac{CE}{CD}=\frac{2CE}{CB}=\frac{2AC}{AB+AC},$$

所以

$$\overrightarrow{AF}=\frac{2AC}{AB+AC}\overrightarrow{AD}=\frac{AC}{AB+AC}(\overrightarrow{AB}+\overrightarrow{AC}),$$

从而

$$\overrightarrow{CF}=\overrightarrow{CA}+\overrightarrow{AF}=\frac{AB\,\overrightarrow{CA}+AC\,\overrightarrow{AB}}{AB+AC}.$$

由 $\overrightarrow{AE}\cdot\overrightarrow{CF}=0$ 得 $CF\perp AE$.

【例 9.13】 如图 9-13,设点 E 是 $\angle AOB$ 角平分线上的点,C 和 D 分别在 OA 和 OB 上,且 $EB/\!/AD$,$EA/\!/BC$,求证:$AC=BD$.

证明 设 $\overrightarrow{OA}$ 和 $\overrightarrow{OB}$ 上的单位向量为 e_1 和 e_2,并令 $\overrightarrow{OA}=ae_1$,$\overrightarrow{OB}=be_2$,$\overrightarrow{OC}=ce_1$,$\overrightarrow{OD}=de_2$,$\overrightarrow{OE}=e(e_1+e_2)$;由 $EB/\!/AD$ 得 $\overrightarrow{OD}-\overrightarrow{OA}=m(\overrightarrow{OB}-\overrightarrow{OE})$,即 $de_2-ae_1=m(be_2-ee_1-ee_2)$,得 $\dfrac{a}{d}=\dfrac{e}{b-e}$;由 $EA/\!/BC$ 得 $\overrightarrow{OC}-\overrightarrow{OB}=n(\overrightarrow{OA}-\overrightarrow{OE})$,即 $ce_1-be_2=n(ae_1-ee_1-ee_2)$,得 $\dfrac{b}{c}=\dfrac{e}{a-e}$;从而可得 $a-c=b-d$;$|\overrightarrow{CA}|=|ae_1-ce_1|=|a-c|$;$|\overrightarrow{DB}|=|be_2-de_2|=|b-d|$,所以 $AC=BD$.

单位向量还可以用来推导三角公式和计算三角函数值.

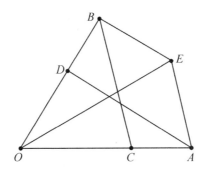

图 9-13

【例 9.14】 如图 9-14,设 e 为 $\overrightarrow{AB}$ 的单位向量,由 $e\cdot(\overrightarrow{AB}+\overrightarrow{BC}+\overrightarrow{CA})=0$ 得 $c+a\cos(90°+\alpha)=0$,则 $\cos(90°+\alpha)=-\dfrac{c}{a}$,而 $\sin\alpha=\dfrac{c}{a}$,所以 $\cos(90°+\alpha)=-\sin\alpha$.

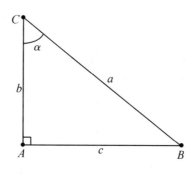

图 9-14

设 e 为 $\overrightarrow{CA}$ 的单位向量,由 $e \cdot (\overrightarrow{AB} + \overrightarrow{BC} + \overrightarrow{CA}) = 0$ 得 $b + a\cos(180° - \alpha) = 0$,则 $\cos(180° - \alpha) = -\dfrac{b}{a}$,而 $\cos\alpha = \dfrac{b}{a}$,所以 $\cos(180° - \alpha) = -\cos\alpha$.

类似地,若用正三角形来算,可得 $\cos120° = -\dfrac{1}{2}$. 可依此类推其他特殊的三角函数值.

第十章

从平面到空间

学习立体几何,要充分利用平面几何的成果.平面图形的几何性质,不少可以移植到空间.

所谓移植可以分成两类:一类是平面图形的性质可一字不改直接"移到"空间;另一种则是从平面图形的性质"类比"得到空间图形的性质.

经验表明,用向量法来研究这一问题比较方便,因为很多时候可以平面和空间共同一个证明.有诗为证:"平面空间向量同,不需插翅便腾空.登天入地凭加减,角度棱长一点通".(此诗见于湖南教育出版社的高中数学教材,李尚志作)

先交代一个概念.我们平时提到的四边形,通常都是指平面四边形;其实还有空间四边形的说法.不在同一平面上的四条线段首尾相接,并且最后一条的尾端与最初一条的首端重合,这样的图形叫做空间四边形.

【例 10.1】 如图 10-1,四边形 $ABCD$,E,F,G,H 分别是 AB,BC,CD,DA 的中点,则四边形 $EFGH$ 是平行四边形.

【例 10.2】 如图 10-2,四边形 $ABCD$,E,F,G,H,M,N 分别是 AB,BC,CD,DA,AC,BD 的中点,则 EG,FH,MN 交于点 O,且被 O 平分.

这两题具有代表性:平面性质一字不改直接移植到空间. 例 10.1 的证明略;例 10.2 的证明最好是用第 14 章的质点法,易得 $O=\dfrac{1}{4}(A+B+C+D)$,恰为 EG,FH,MN 的中点.

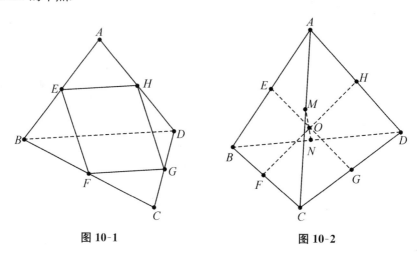

图 10-1   图 10-2

【**例 10.3**】 如图 10-1,求证:四边形 $ABCD$ 的对角线 $AC \perp BD$ 的充分必要条件是 $AB^2+CD^2=BC^2+AD^2$.

此结论在平面上是显然的,简单利用勾股定理即可.

下面我们来证一个更进一步的结论:对于四边形 $ABCD$,有

$$\overrightarrow{AC} \cdot \overrightarrow{BD}=\frac{1}{2}(BC^2+DA^2-AB^2-CD^2).$$

证法 1 两次运用余弦定理得

$$\overrightarrow{AC} \cdot \overrightarrow{BD}=\overrightarrow{AB} \cdot \overrightarrow{BD}+\overrightarrow{BC} \cdot \overrightarrow{BD}$$

$$=-\frac{AB^2+BD^2-DA^2}{2}+\frac{BC^2+BD^2-CD^2}{2}$$

$$=\frac{1}{2}(BC^2+DA^2-AB^2-CD^2).$$

证法 2 对任意点 O,有

$$AB^2+CD^2-BC^2-AD^2$$

$$=(\overrightarrow{OB}-\overrightarrow{OA})^2+(\overrightarrow{OD}-\overrightarrow{OC})^2-(\overrightarrow{OC}-\overrightarrow{OB})^2-(\overrightarrow{OA}-\overrightarrow{OD})^2$$

$$= -2(\overrightarrow{OB} \cdot \overrightarrow{OA} + \overrightarrow{OD} \cdot \overrightarrow{OC} - \overrightarrow{OC} \cdot \overrightarrow{OB} - \overrightarrow{OA} \cdot \overrightarrow{OD})$$

$$= -2(\overrightarrow{OC} - \overrightarrow{OA}) \cdot (\overrightarrow{OD} - \overrightarrow{OB}) = -2\overrightarrow{AC} \cdot \overrightarrow{BD}.$$

证法 3

$$\overrightarrow{AC} \cdot \overrightarrow{BD} = \overrightarrow{AB} \cdot \overrightarrow{BD} + \overrightarrow{BC} \cdot \overrightarrow{BD} = \overrightarrow{AB} \cdot (\overrightarrow{BA} + \overrightarrow{AD}) + \overrightarrow{BC} \cdot (\overrightarrow{BC} + \overrightarrow{CD})$$

$$= -AB^2 + \overrightarrow{AB} \cdot \overrightarrow{AD} + BC^2 + \overrightarrow{BC} \cdot \overrightarrow{CD}$$

$$= -AB^2 + (\overrightarrow{AD} + \overrightarrow{DB}) \cdot \overrightarrow{AD} + BC^2 + (\overrightarrow{BD} + \overrightarrow{DC}) \cdot \overrightarrow{CD}$$

$$= -AB^2 + AD^2 + \overrightarrow{DB} \cdot \overrightarrow{AD} + BC^2 + \overrightarrow{BD} \cdot \overrightarrow{CD} - CD^2$$

$$= -AB^2 + AD^2 + BC^2 - CD^2 - \overrightarrow{AC} \cdot \overrightarrow{BD},$$

得

$$\overrightarrow{AC} \cdot \overrightarrow{BD} = \frac{1}{2}(DA^2 - AB^2 + BC^2 - CD^2).$$

证法 4

$$\overrightarrow{AB}^2 - \overrightarrow{BC}^2 + \overrightarrow{CD}^2 - \overrightarrow{AD}^2$$

$$= (\overrightarrow{AB} + \overrightarrow{BC}) \cdot (\overrightarrow{AB} - \overrightarrow{BC}) + (\overrightarrow{CD} + \overrightarrow{AD}) \cdot (\overrightarrow{CD} - \overrightarrow{AD})$$

$$= \overrightarrow{AC} \cdot (\overrightarrow{AB} - \overrightarrow{BC} - \overrightarrow{CD} - \overrightarrow{AD}) = -2\overrightarrow{AC} \cdot \overrightarrow{BD}.$$

此结论有不少应用:①正四面体的对边都是垂直的;②等形的对角线互相垂直.(一个四边形,两条邻边相等,另两条邻边也相等,这样的四边形叫做等形)

【例 10.4】 如图 10-3,四边形 $ABCD$ 中,$AB = CD$,$AD = BC$;M 和 N 分别是 AC 和 BD 的中点,则 $MN \perp AC$,$MN \perp BD$.

图 10-3

证法 1

$$4\overrightarrow{MN}=(\overrightarrow{MA}+\overrightarrow{AD}+\overrightarrow{DN})+(\overrightarrow{MC}+\overrightarrow{CB}+\overrightarrow{BN})$$

$$+(\overrightarrow{MA}+\overrightarrow{AB}+\overrightarrow{BN})+(\overrightarrow{MC}+\overrightarrow{CD}+\overrightarrow{DN})$$

$$=\overrightarrow{AB}+\overrightarrow{CB}+\overrightarrow{AD}+\overrightarrow{CD},$$

$$4\overrightarrow{MN}\cdot\overrightarrow{AC}=\overrightarrow{AB}\cdot\overrightarrow{AC}+\overrightarrow{CB}\cdot\overrightarrow{AC}+\overrightarrow{AD}\cdot\overrightarrow{AC}+\overrightarrow{CD}\cdot\overrightarrow{AC}$$

$$=\overrightarrow{AB}\cdot(\overrightarrow{AB}+\overrightarrow{BC})+\overrightarrow{CB}\cdot(\overrightarrow{AB}+\overrightarrow{BC})$$

$$+\overrightarrow{AD}\cdot(\overrightarrow{AD}+\overrightarrow{DC})+\overrightarrow{CD}\cdot(\overrightarrow{AD}+\overrightarrow{DC})$$

$$=AB^2+\overrightarrow{AB}\cdot\overrightarrow{BC}-BC^2+\overrightarrow{CB}\cdot\overrightarrow{AB}+AD^2+\overrightarrow{AD}\cdot\overrightarrow{DC}$$

$$+\overrightarrow{CD}\cdot\overrightarrow{AD}-CD^2$$

$$=AB^2-BC^2+AD^2-CD^2,$$

即

$$\overrightarrow{MN}\cdot\overrightarrow{AC}=\frac{1}{4}(AB^2-BC^2+AD^2-CD^2),$$

所以 $MN\perp AC$,同理可证 $MN\perp BD$.

证法 2

$$\overrightarrow{MN}=\overrightarrow{AN}-\overrightarrow{AM}=\frac{1}{2}(\overrightarrow{AB}+\overrightarrow{AD})-\frac{1}{2}\overrightarrow{AC};$$

$$\overrightarrow{MN}\cdot\overrightarrow{AC}=\frac{1}{2}(\overrightarrow{AB}+\overrightarrow{AD}-\overrightarrow{AC})\cdot\overrightarrow{AC}=\frac{1}{2}(\overrightarrow{AB}\cdot\overrightarrow{AC}+\overrightarrow{AD}\cdot\overrightarrow{AC}-\overrightarrow{AC}^2)$$

$$=\frac{1}{2}\left(\frac{\overrightarrow{AB}^2+\overrightarrow{AC}^2-\overrightarrow{BC}^2}{2}+\frac{\overrightarrow{AD}^2+\overrightarrow{AC}^2-\overrightarrow{DC}^2}{2}-\overrightarrow{AC}^2\right)=0,$$

所以 $MN\perp AC$,同理可证 $MN\perp BD$.

证法 3

$$2\overrightarrow{MN}=(\overrightarrow{MA}+\overrightarrow{AD}+\overrightarrow{DN})+(\overrightarrow{MC}+\overrightarrow{CB}+\overrightarrow{BN})=\overrightarrow{AD}+\overrightarrow{CB};$$

$$2\overrightarrow{MN}\cdot\overrightarrow{AC}=\overrightarrow{AD}\cdot\overrightarrow{AC}+\overrightarrow{CB}\cdot\overrightarrow{AC}$$

$$=\frac{1}{2}(\overrightarrow{AD}^2+\overrightarrow{AC}^2-\overrightarrow{DC}^2)-\frac{1}{2}(\overrightarrow{CB}^2+\overrightarrow{AC}^2-\overrightarrow{AB}^2)=0,$$

所以 $MN\perp AC$,同理可证 $MN\perp BD$.

证法 4

$$2\overrightarrow{MN}=(\overrightarrow{MA}+\overrightarrow{AB}+\overrightarrow{BN})+(\overrightarrow{MC}+\overrightarrow{CD}+\overrightarrow{DN})=\overrightarrow{AB}+\overrightarrow{CD};$$

$$2\overrightarrow{MN}\cdot\overrightarrow{AC}=\overrightarrow{AB}\cdot\overrightarrow{AC}+\overrightarrow{CD}\cdot\overrightarrow{AC}$$

$$=\frac{1}{2}(\overrightarrow{AB}^2+\overrightarrow{AC}^2-\overrightarrow{BC}^2)-\frac{1}{2}(\overrightarrow{CD}^2+\overrightarrow{AC}^2-\overrightarrow{AD}^2)=0,$$

所以 $MN\perp AC$,同理可证 $MN\perp BD$.

证法 3 将 $2\overrightarrow{MN}$ 分解成 $\overrightarrow{AD}+\overrightarrow{CB}$,证法 4 将 $2\overrightarrow{MN}$ 分解成 $\overrightarrow{AB}+\overrightarrow{CD}$,证法 1 的分解则可看作这两种分解的组合,证法 2 的分解不像证法 3 和证法 4 那样有对称性,以致后来的式子要稍微复杂一些;其实只要再前进一步,就与证法 3 的分解会合了:

$$\overrightarrow{MN}=\frac{1}{2}(\overrightarrow{AB}+\overrightarrow{AD})-\frac{1}{2}\overrightarrow{AC}=\frac{1}{2}(\overrightarrow{CB}+\overrightarrow{AD}).$$

证法 1 需多次将 AC 作变形,难度较大. 而其他证法用余弦定理则显得简单一些. 证法 1 的好处则是得出了

$$\overrightarrow{MN}\cdot\overrightarrow{AC}=\frac{1}{4}(AB^2-BC^2+AD^2-CD^2)$$

这一本质结论.

本题解答写得很详细,看起来很繁杂. 如果熟练掌握向量形式的四边形中位线公式,解答过程则可以大大简化.

证法 5 因为 $\overrightarrow{MN}=\frac{1}{2}(\overrightarrow{MB}+\overrightarrow{MD})$,$\overrightarrow{DB}=\overrightarrow{MB}-\overrightarrow{MD}$,所以

$$\overrightarrow{MN}\cdot\overrightarrow{DB}=\frac{1}{2}(\overrightarrow{MB}^2-\overrightarrow{MD}^2)=0.$$ 这用到三角形中线长公式.

【**例 10.5**】 如图 10-4,四边形 $ABCD$ 中,AD 和 BC 的中点分别是 M 和 N,并设 $MN\perp AD$,$MN\perp BC$,求证 $AB=DC$;$AC=BD$;MN 与 AB 和 DC 成等角.

此题若限制在平面内,显然四边形 $ABCD$ 为等腰梯形. 此结论是否可以移植到空间呢?

证明 要证 $AB=DC$,只需证 $\overrightarrow{AB}^2=\overrightarrow{DC}^2$,即证

$$(\overrightarrow{AM}+\overrightarrow{MN}+\overrightarrow{NB})^2=(\overrightarrow{DM}+\overrightarrow{MN}+\overrightarrow{NC})^2,$$

亦即 $\overrightarrow{AM}^2+\overrightarrow{MN}^2+\overrightarrow{NB}^2+2\overrightarrow{AM}\cdot\overrightarrow{NB}=\overrightarrow{DM}^2+\overrightarrow{MN}^2+\overrightarrow{NC}^2+2\overrightarrow{DM}\cdot\overrightarrow{NC}$,显然.

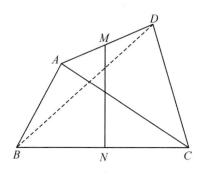

图 10-4

要证 $AC=BD$,只需证 $\overrightarrow{AC}^2=\overrightarrow{BD}^2$,即证 $(\overrightarrow{AB}+\overrightarrow{BC})^2=(\overrightarrow{DC}+\overrightarrow{CB})^2$,亦即 $\overrightarrow{AB}\cdot\overrightarrow{BC}=\overrightarrow{DC}\cdot\overrightarrow{CB}$,从而 $(\overrightarrow{AB}+\overrightarrow{DC})\cdot\overrightarrow{BC}=0$,即 $2\overrightarrow{MN}\cdot\overrightarrow{BC}=0$ 显然成立.

$$\overrightarrow{MN}\cdot\overrightarrow{AB}=\frac{1}{2}(\overrightarrow{AB}+\overrightarrow{DC})\cdot\overrightarrow{AB}=\frac{1}{2}(\overrightarrow{AB}^2+\overrightarrow{DC}\cdot\overrightarrow{AB}),$$

$$\overrightarrow{MN}\cdot\overrightarrow{DC}=\frac{1}{2}(\overrightarrow{AB}+\overrightarrow{DC})\cdot\overrightarrow{DC}=\frac{1}{2}(\overrightarrow{DC}^2+\overrightarrow{DC}\cdot\overrightarrow{AB}),$$

所以 $\overrightarrow{MN}\cdot\overrightarrow{AB}=\overrightarrow{MN}\cdot\overrightarrow{DC}$,由于 $AB=DC$,所以 MN 与 AB 和 DC 成等角.

以上的例题都是介绍四边形在平面和空间的统一性质,向量证法也很有效.

接下来的例题,则是将已知平面性质升维,向量证法也将随之升维!

【例 10.6】 如图 10-5,在平行四边形 $ABCD$ 中,E 和 F 分别是 AB 和 AD 上的点,EF 与 AC 交于 G,求证:$\dfrac{AB}{AE}+\dfrac{AD}{AF}=\dfrac{AC}{AG}$.

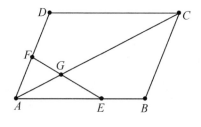

图 10-5

证明 由 $\overrightarrow{AB}+\overrightarrow{AD}=\overrightarrow{AC}$ 得 $\dfrac{AB}{AE}\overrightarrow{AE}+\dfrac{AD}{AF}\overrightarrow{AF}=\dfrac{AC}{AG}\overrightarrow{AG}$；由于 E,F,G 三点共线，

则 $\dfrac{AB}{AE}+\dfrac{AD}{AF}=\dfrac{AC}{AG}$. 特别地,当 E 和 B 重合,F 与 D 重合时,$\dfrac{AC}{AG}=2$.

类比可得:如图 10-6,在平行六面体 $ABCD-A_1B_1C_1D_1$ 中,一平面截平行六

面体三边 AB,AA_1,AD 于 E,F,G 三点,交体对角线 AC_1 于 P,则由 $\overrightarrow{AC_1}=\overrightarrow{AB}+$

$\overrightarrow{AA_1}+\overrightarrow{AD}$ 可得

$$\frac{AC_1}{AP}\overrightarrow{AP}=\frac{AB}{AE}\overrightarrow{AE}+\frac{AA_1}{AF}\overrightarrow{AF}+\frac{AD}{AG}\overrightarrow{AG},$$

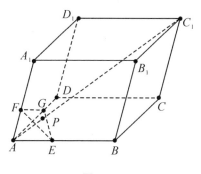

图 10-6

于是

$$\frac{AC_1}{AP}=\frac{AB}{AE}+\frac{AA_1}{AF}+\frac{AD}{AG}.$$

特别地,当该截面为平面 BA_1D 时,$\dfrac{AC_1}{AP}=3$.

【例 10.7】 如图 10-7,已知 G 是 $\triangle ABC$ 的重心,过 G 作直线与 AB 和 AC 两

边分别交于 D 和 E 两点,且 $\overrightarrow{AD}=x\overrightarrow{AB},\overrightarrow{AE}=y\overrightarrow{AC}$,则 $\dfrac{1}{x}+\dfrac{1}{y}=3$.

简证 由 $\overrightarrow{AB}+\overrightarrow{AC}=3\overrightarrow{AG}$ 得 $\dfrac{AB}{AD}\overrightarrow{AD}+\dfrac{AC}{AE}\overrightarrow{AE}=3\overrightarrow{AG}$,所以 $\dfrac{AB}{AD}+\dfrac{AC}{AE}=3$,

即 $\dfrac{1}{x}+\dfrac{1}{y}=3$.

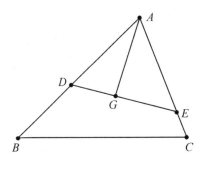

图 10-7

类比可得:如图 10-8,已知 G 是三棱锥 $P-ABC$ 的重心,过 G 作平面与 PA,PB,PC 三棱分别交于 D,E,F 三点,且 $\overrightarrow{PD}=x\overrightarrow{PA}$,$\overrightarrow{PE}=y\overrightarrow{PB}$,$\overrightarrow{PF}=z\overrightarrow{PC}$,则 $\dfrac{1}{x}+$

$\dfrac{1}{y}+\dfrac{1}{z}=4$.

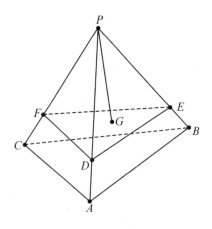

图 10-8

注意三棱锥 $P-ABC$ 的重心 G 的定义是:$\overrightarrow{GP}+\overrightarrow{GA}+\overrightarrow{GB}+\overrightarrow{GC}=0$,即 $\overrightarrow{GP}+$ $(\overrightarrow{GP}+\overrightarrow{PA})+(\overrightarrow{GP}+\overrightarrow{PB})+(\overrightarrow{GP}+\overrightarrow{PC})=0$,亦即 $4\overrightarrow{PG}=\overrightarrow{PA}+\overrightarrow{PB}+\overrightarrow{PC}$.

$$4\overrightarrow{PG}=\overrightarrow{PA}+\overrightarrow{PB}+\overrightarrow{PC}=\frac{PA}{PD}\overrightarrow{PD}+\frac{PB}{PE}\overrightarrow{PE}+\frac{PC}{PF}\overrightarrow{PF},$$

所以 $\dfrac{PA}{PD}+\dfrac{PB}{PE}+\dfrac{PC}{PF}=4$. 即 $\dfrac{1}{x}+\dfrac{1}{y}+\dfrac{1}{z}=4$.

【例 10.8】 平行四边形对角线平方和等于各边平方和.

证明 显然 $(\overrightarrow{AB}+\overrightarrow{AD})^2+(\overrightarrow{AB}-\overrightarrow{AD})^2=2(\overrightarrow{AB}^2+\overrightarrow{AD}^2)$ 成立.

类比可得：平行六面体的对角线的平方和等于各棱平方和.

证明 如图 10-9，

$$\overrightarrow{AG}^2+\overrightarrow{BH}^2+\overrightarrow{DF}^2+\overrightarrow{EC}^2$$
$$=(\overrightarrow{AB}+\overrightarrow{AD}+\overrightarrow{AE})^2+(\overrightarrow{BA}+\overrightarrow{AE}+\overrightarrow{EH})^2$$
$$+(\overrightarrow{DA}+\overrightarrow{AB}+\overrightarrow{BF})^2+(\overrightarrow{EA}+\overrightarrow{AB}+\overrightarrow{BC})^2$$
$$=(\overrightarrow{AB}+\overrightarrow{AD}+\overrightarrow{AE})^2+(\overrightarrow{BA}+\overrightarrow{AE}+\overrightarrow{AD})^2$$
$$+(\overrightarrow{DA}+\overrightarrow{AB}+\overrightarrow{AE})^2+(\overrightarrow{EA}+\overrightarrow{AB}+\overrightarrow{AD})^2$$
$$=4(\overrightarrow{AB}^2+\overrightarrow{AD}^2+\overrightarrow{AE}^2).$$

图 10-9

此题充分利用了向量内积的性质，计算当中无需展开，只需稍作观察，就能知道哪些项会互相抵消，哪些项会被保留下来.

【例 10.9】 若四面体 $ABCD$ 有两对对棱互相垂直，则第三对对棱也互相垂直. 即：若 $AB\perp CD,BC\perp AD$，则 $AC\perp BD$.

证明 由 $\overrightarrow{AB}\cdot\overrightarrow{CD}=0$，得 $\overrightarrow{AC}\cdot\overrightarrow{CD}+\overrightarrow{CB}\cdot\overrightarrow{CD}=0$；由 $\overrightarrow{BC}\cdot\overrightarrow{AD}=0$ 得 $\overrightarrow{AC}\cdot\overrightarrow{BC}+\overrightarrow{CD}\cdot\overrightarrow{BC}=0$；所以 $\overrightarrow{AC}\cdot\overrightarrow{BD}=\overrightarrow{AC}\cdot\overrightarrow{CD}+\overrightarrow{AC}\cdot\overrightarrow{BC}=0$，则 $AC\perp BD$.

看到这一证明，难道没觉得似曾相识吗？这与"平面上的三角形三高交于一点"证法完全一样.

从平面到空间，可类比的性质比比皆是，熟练之后，可直接写结果. 譬如"平面方程为 $Ax+By+Cz+D=0$，其法向量为 (A,B,C)，点 $P(x_0,y_0,z_0)$ 到平面 $Ax+By+Cz+D=0$ 的距离为

$$d=\frac{|Ax_0+By_0+Cz_0+D|}{\sqrt{A^2+B^2+C^2}}",$$

这就完全可以类比得到.

利用法向量，点到平面或直线的距离公式可得到统一. 已知平面 α 和点 A 和 B 且 $A\notin\alpha,B\in\alpha,n$ 为平面 α 的法向量，则点 A 到平面 α 的距离 $d=\frac{|\overrightarrow{AB}\cdot n|}{|n|}$.

最后给出两个例子. 例 10.10 说明了向量法用得好，可以得出更一般的结论；

例 10.11 则说明,如果只是表面掌握向量法,穿新鞋走老路,解题还是那么麻烦.

【例 10.10】 平行四边形两对角线的平方和等于四条边的平方和.

如果仅是证明此例,很简单,看看例 10.8 就成了.下面我们来证一个更一般的结论.

证明 如图 10-10,设 $\overrightarrow{AB}=\boldsymbol{a}$,$\overrightarrow{BC}=\boldsymbol{b}$,$\overrightarrow{CD}=\boldsymbol{c}$,$\overrightarrow{DA}=\boldsymbol{d}$,则 $\boldsymbol{a}+\boldsymbol{b}+\boldsymbol{c}+\boldsymbol{d}=0$,得 $\boldsymbol{a}+\boldsymbol{c}=-(\boldsymbol{b}+\boldsymbol{d})$.所以

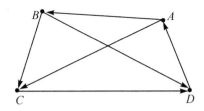

图 10-10

$$0\leqslant(\boldsymbol{a}+\boldsymbol{c})^2=-(\boldsymbol{a}+\boldsymbol{c})(\boldsymbol{b}+\boldsymbol{d})=-(\boldsymbol{a}\cdot\boldsymbol{b}+\boldsymbol{a}\cdot\boldsymbol{d}+\boldsymbol{c}\cdot\boldsymbol{b}+\boldsymbol{c}\cdot\boldsymbol{d})$$

$$=\frac{1}{2}\big[\boldsymbol{a}^2+\boldsymbol{b}^2-(\boldsymbol{a}+\boldsymbol{b})^2+\boldsymbol{a}^2+\boldsymbol{d}^2-(\boldsymbol{a}+\boldsymbol{d})^2+\boldsymbol{c}^2+\boldsymbol{b}^2-(\boldsymbol{c}+\boldsymbol{b})^2+\boldsymbol{c}^2+\boldsymbol{d}^2$$

$$-(\boldsymbol{c}+\boldsymbol{d})^2\big]$$

$$=\frac{1}{2}\big[\boldsymbol{a}^2+\boldsymbol{b}^2-\overrightarrow{AC}^2+\boldsymbol{a}^2+\boldsymbol{d}^2-\overrightarrow{BD}^2+\boldsymbol{c}^2+\boldsymbol{b}^2-\overrightarrow{BD}^2+\boldsymbol{c}^2+\boldsymbol{d}^2-\overrightarrow{AC}^2\big]$$

$$=\boldsymbol{a}^2+\boldsymbol{b}^2+\boldsymbol{c}^2+\boldsymbol{d}^2-\overrightarrow{BD}^2-\overrightarrow{AC}^2.$$

另证:要求证 $AB^2+BC^2+CD^2+DA^2\geqslant AC^2+BD^2$,

即 $(B-A)^2+(C-B)^2+(D-C)^2+(A-D)^2\geqslant(C-A)^2+(D-B)^2$,

即 $A^2+B^2+C^2+D^2-2A\cdot B-2B\cdot C-2C\cdot D-2D\cdot A+2A\cdot C+2B\cdot D$ $\geqslant 0$,

即 $(A-B+C-D)^2\geqslant 0$

推论 (1)若四边的平方和等于对角线的平方和,则 $\boldsymbol{a}+\boldsymbol{c}=0$,即 $\overrightarrow{AB}=\overrightarrow{DC}$,可得四边形 $ABCD$ 为平行四边形;

(2)任意四边形中,四边的平方和不小于对角线的平方和;

（3）由于证明过程没有用到四点共面这一性质，因而结论（2）对于空间四面体仍然适用.

此问题的进一步说明，参看例 15.3 托勒密定理.

【例 10.11】 空间四边形 $ABCD$ 中，点 E 分 $\overrightarrow{AB}$ 及点 F 分 $\overrightarrow{DC}$ 所成的比均为 λ，则 $\overrightarrow{EF}=\dfrac{\lambda}{1+\lambda}\overrightarrow{BC}+\dfrac{1}{1+\lambda}\overrightarrow{AD}$.

某资料给出这样的解答：如图 10-11，作平行四边形 $GCDA$ 和 AG 上点 H，H 分 $\overrightarrow{AG}$ 所成的比为 λ

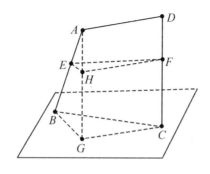

图 10-11

$$(1+\lambda)\overrightarrow{EF}=(1+\lambda)(\overrightarrow{EH}+\overrightarrow{HF})=\lambda\overrightarrow{BG}+(1+\lambda)\overrightarrow{GC}$$
$$=\lambda(\overrightarrow{BG}+\overrightarrow{GC})+\overrightarrow{GC}=\lambda\overrightarrow{BC}+\overrightarrow{AD}.$$

这样的解答虽不复杂，但和传统的综合几何作法相比，并没有太大优势. 而且作出这样的立体图形也要花费时间. 引入 G 和 H 是否真的有必要呢？

如果对向量形式的四边形中位线公式和定比分点公式的推导还有印象的话，那是容易得出下面解答的，无需作图，也不要管 A,B,C,D 四点共面与否.

另解 $\overrightarrow{EF}=\overrightarrow{EA}+\overrightarrow{AD}+\overrightarrow{DF},\lambda\overrightarrow{EF}=\lambda(\overrightarrow{EB}+\overrightarrow{BC}+\overrightarrow{CF})$，两式相加得 $(1+\lambda)\overrightarrow{EF}=\lambda\overrightarrow{BC}+\overrightarrow{AD}$.

或者利用 $\overrightarrow{OE}=\dfrac{\overrightarrow{OA}+\lambda\overrightarrow{OB}}{1+\lambda},\overrightarrow{OF}=\dfrac{\overrightarrow{OD}+\lambda\overrightarrow{OC}}{1+\lambda}$ 相减可得.

第十一章

向量法与立体几何

　　向量法解立体几何问题,大致可分两种方法,坐标法和非坐标法.本书重点介绍的向量回路法就是非坐标法,而目前大部分资料上主要还是介绍坐标法(一般都是直角坐标系).考虑到目前中学教学和考试大多使用坐标法,本章对这两种方法都将有所介绍.

　　两种方法相比较,非坐标法的好处是任意选择3组不共面的向量作为基底,无需建立坐标系,但又充分具备坐标系的优点.坐标法则是建立坐标系后,把所有问题都转化成机械运算,无需再像以前的综合几何方法那样想方设法添加辅助线.坐标法根据已知条件求出相关点的坐标,再作计算.计算虽然不难,但较为烦琐,书写也费事.直接用向量运算求解,有时会更加简捷.

　　有些空间几何体本身不具备垂直关系,建立直角坐标系较为麻烦,这种题目用非坐标法较好.但由于近几年高考有意控制难度,且为了使所学的坐标法有用武之地,所以考题大多具备垂直关系,比较容易建立坐标系.又由于现在是过渡时期,所以很多题目用综合几何方法也能比较方便解决.高考所提供的参考答案通常会给出两种方法.

　　首先用向量法来证一些立体几何常见性质.

性质 1 垂直于同一平面的两直线平行. 如图 11-1, $AA'\perp\alpha$, $BB'\perp\alpha$, A 和 B 分别为垂足, 求证: $AA'\,/\!/\,BB'$.

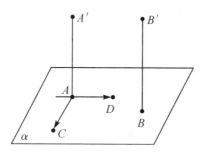

图 11-1

证明 在平面 α 内过点 A 作互相垂直的向量 $\overrightarrow{AC}$ 和 $\overrightarrow{AD}$. 设

$$\overrightarrow{BB'}=x\overrightarrow{AC}+y\overrightarrow{AD}+z\overrightarrow{AA'},$$

$$\overrightarrow{BB'}\cdot\overrightarrow{AC}=(x\overrightarrow{AC}+y\overrightarrow{AD}+z\overrightarrow{AA'})\cdot\overrightarrow{AC}=x\overrightarrow{AC}^2=0,$$

得 $x=0$;

$$\overrightarrow{BB'}\cdot\overrightarrow{AD}=(x\overrightarrow{AC}+y\overrightarrow{AD}+z\overrightarrow{AA'})\cdot\overrightarrow{AD}=y\overrightarrow{AD}^2=0,$$

得 $y=0$;所以 $\overrightarrow{BB'}=z\overrightarrow{AA'}$, $AA'\,/\!/\,BB'$.

性质 2(直线与平面垂直的判定定理) 如果一条直线和一平面内的两条相交直线都垂直,那么这条直线垂直于这个平面.

证明 设两相交直线的方向向量为 $\boldsymbol{a}$ 和 $\boldsymbol{b}$,则该平面可表示为 $m\boldsymbol{a}+n\boldsymbol{b}$;若 $\boldsymbol{c}\cdot\boldsymbol{a}=0$, $\boldsymbol{c}\cdot\boldsymbol{b}=0$,则 $\boldsymbol{c}\cdot(m\boldsymbol{a}+n\boldsymbol{b})=0$.

性质 3 两条异面直线的距离公式:已知两条异面直线 a 和 b 所成的角 θ, AB 是它们的公垂线段,其长度为 d, E 和 F 分别是直线 a 和 b 上的点,设 $|AE|=m$, $|BF|=n$, $|EF|=p$,则 $d=\sqrt{p^2-m^2-n^2\pm2mn\cos\theta}$.

图 11-2

证明 如图 11-2,

$$\overrightarrow{EF}^2=(\overrightarrow{EA}+\overrightarrow{AB}+\overrightarrow{BF})^2=\overrightarrow{EA}^2+\overrightarrow{AB}^2+\overrightarrow{BF}^2-2\overrightarrow{AE}\cdot\overrightarrow{BF},$$

则 $$\overrightarrow{AB}^2=\overrightarrow{EF}^2-\overrightarrow{EA}^2-\overrightarrow{BF}^2+2\overrightarrow{AE}\cdot\overrightarrow{BF},$$

所以 $$d=\sqrt{p^2-m^2-n^2\pm2mn\cos\theta}.$$

注意:若异面直线 a 和 b 所成的角为 θ,则 $\overrightarrow{AE}$ 和 $\overrightarrow{BF}$ 所成的角为 θ 或 $\pi-\theta$.

性质 4(三垂线定理) 在平面内的一条直线,如果它和这个平面内的一条斜线的射影垂直,那么它也和这条斜线垂直.

性质 5(三垂线逆定理) 在平面内的一条直线,如果它和这个平面内的一条斜线垂线,那么它也和这条斜线的射影垂直(图 11-3).

图 11-3

证明 设平面内直线 m 的方向向量为 $\boldsymbol{m}$,则 $\boldsymbol{m}\cdot\overrightarrow{AB}=\boldsymbol{m}\cdot\overrightarrow{AB'}+\boldsymbol{m}\cdot\overrightarrow{B'B}=0$;可见,$\boldsymbol{m}$ 只要与 $\overrightarrow{AB},\overrightarrow{AB'},\overrightarrow{B'B}$ 中的两个垂直,必然和第三个垂直.

性质 4 和 5 可概括为,垂直于三角形的两边的直线,必垂直于第三边.

【例 11.1】 如图 11-4,在平行六面体 $ABCD-A_1B_1C_1D_1$ 中,O 是 B_1D_1 的中点,求证:$B_1C/\!/$平面 ODC_1.

分析 将 $\overrightarrow{B_1C}$ 分解,再逐一击破,以求用平面 ODC_1 内的向量线性表示.

证明 $\overrightarrow{B_1C}=\overrightarrow{B_1B}+\overrightarrow{B_1C_1}=\overrightarrow{B_1B}+\overrightarrow{B_1O}+\overrightarrow{OC_1}=\overrightarrow{D_1D}+\overrightarrow{OD_1}+\overrightarrow{OC_1}=\overrightarrow{OD}+$
$\overrightarrow{OC_1}$,所以 $B_1C/\!/$平面 ODC_1.

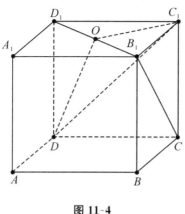

图 11-4

【例 11.2】 如图 11-5,已知正方体 $ABCD-A_1B_1C_1D_1$ 的棱长为 1,E 和 F 分

别在 DB 和 D_1C 上,且 $DE=D_1F=\sqrt{2}/3$,求证:EF 平行于平面 BB_1C_1C.

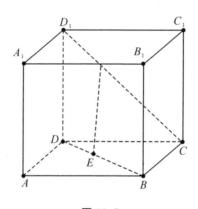

图 11-5

证明 $\overrightarrow{EF}=\overrightarrow{ED}+\overrightarrow{DD_1}+\overrightarrow{D_1F}=\dfrac{1}{3}\overrightarrow{BD}+\overrightarrow{DD_1}+\dfrac{1}{3}\overrightarrow{D_1C}=\overrightarrow{DD_1}+\dfrac{1}{3}(\overrightarrow{BD}+\overrightarrow{A_1B})$

$=\overrightarrow{CC_1}+\dfrac{1}{3}\overrightarrow{B_1C}$,所以 EF 平行于平面 BB_1C_1C.

如果对向量形式的四边形中位线公式能够灵活变通,可更快解题.

另证 $\overrightarrow{EF}=\dfrac{2}{3}\overrightarrow{DD_1}+\dfrac{1}{3}\overrightarrow{BC}=\dfrac{2}{3}\overrightarrow{BB_1}+\dfrac{1}{3}\overrightarrow{BC}$.

【例 11.3】 如图 11-6,在立方体 $ABCD-EFGH$ 中,I 和 J 分别是 EF 和 BC

上的点,且 $EI=BJ$,K 和 L 分别是 BE 和 IJ 的中点,求证:$\dfrac{EI}{EF}=2\dfrac{KL}{AC}$.

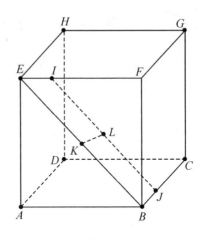

图 11-6

证明　设 $\overrightarrow{EI}=m\overrightarrow{AB}$,则 $\overrightarrow{BJ}=m\overrightarrow{BC}$;

$2\overrightarrow{KL}=\overrightarrow{EI}+\overrightarrow{BJ}=m(\overrightarrow{AB}+\overrightarrow{BC})=m\overrightarrow{AC}$,所以

$$\frac{EI}{EF}=2\frac{KL}{AC}.$$

【例 11.4】　如图 11-7,设 A,B,C 和 A_1,B_1,C_1 分别是两直线上的三点,M,N,P,Q 分别是 AA_1,BA_1,BB_1,CC_1 的中点,求证:M,N,P,Q 四点共面.

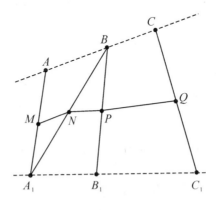

图 11-7

证明　$\overrightarrow{PQ}=\dfrac{1}{2}(\overrightarrow{BC}+\overrightarrow{B_1C_1})=\dfrac{1}{2}(m\overrightarrow{AB}+n\overrightarrow{A_1B_1})=m\overrightarrow{MN}+n\overrightarrow{NP}$,所以 M,

N,P,Q 四点共面.

【例 11.5】 如图 11-8,已知 □$ABCD$,从平面 AC 外一点 O 引向量 $\overrightarrow{OE}=k\overrightarrow{OA}$,
$\overrightarrow{OF}=k\overrightarrow{OB}$,$\overrightarrow{OG}=k\overrightarrow{OC}$,$\overrightarrow{OH}=k\overrightarrow{OD}$,求证:四点 E,F,G,H 共面;平面 AC∥平面 EG.

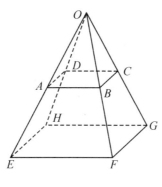

图 11-8

证明

$$\overrightarrow{EG}=\overrightarrow{OG}-\overrightarrow{OE}=k\overrightarrow{OC}-k\overrightarrow{OA}=k\overrightarrow{AC}=k(\overrightarrow{AB}+\overrightarrow{AD})$$
$$=k(\overrightarrow{OB}-\overrightarrow{OA}+\overrightarrow{OD}-\overrightarrow{OA})$$
$$=\overrightarrow{OF}-\overrightarrow{OE}+\overrightarrow{OH}-\overrightarrow{OE}=\overrightarrow{EF}+\overrightarrow{EH},$$

所以 E,F,G,H 共面;

$\overrightarrow{EF}=\overrightarrow{OF}-\overrightarrow{OE}=k(\overrightarrow{OB}-\overrightarrow{OA})=k\overrightarrow{AB}$,而 $\overrightarrow{EG}=k\overrightarrow{AC}$,所以 EF∥AB,EG∥AC,
平面 AC∥平面 EG.

【例 11.6】 如图 11-9,在立方体 $ABCD-A_1B_1C_1D_1$ 中,E 和 F 分别是 DB 和
DC_1 上任意一点,M 是 AD_1 上任意一点,求证:$\triangle AMB_1$∥$\triangle DEF$.

证明 设 $\overrightarrow{DE}=m\overrightarrow{DB}$,则 $\overrightarrow{DE}=m\overrightarrow{DA}+m\overrightarrow{DC}$;设 $\overrightarrow{AM}=n\overrightarrow{AD_1}$,则 $\overrightarrow{AM}=n\overrightarrow{AD}+$
$n\overrightarrow{AA_1}$;

$$n\overrightarrow{AB_1}-\overrightarrow{AM}=n\overrightarrow{AB}+n\overrightarrow{AA_1}-n\overrightarrow{AD}-n\overrightarrow{AA_1}=n\overrightarrow{AB}-n\overrightarrow{AD}$$
$$=\frac{n}{m}(m\overrightarrow{AB}+m\overrightarrow{DA})=\frac{n}{m}\overrightarrow{DE},$$

于是 DE∥$\triangle DEF$;同理可证 DF∥$\triangle DEF$,所以 $\triangle AMB_1$∥$\triangle DEF$.

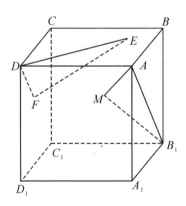

图 11-9

此题如果抛开迷惑人的"任意",其实质等价于 $\triangle AD_1B_1 /\!\!/ \triangle DC_1B$,而这是显然的.

【**例 11.7**】 如图 11-10,$A_1B_1C_1-ABC$ 为三棱柱,记平面 A_1BC_1 和平面 ABC 的交线为 l. 试判断直线 A_1C_1 和 l 的位置关系,并证明.

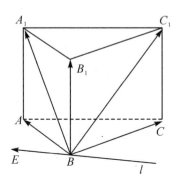

图 11-10

证明 设 $\overrightarrow{BE}=m\overrightarrow{BA}+n\overrightarrow{BC}=m\overrightarrow{B_1A_1}+n\overrightarrow{B_1C_1}$,又设

$$\overrightarrow{BE}=p\overrightarrow{BA_1}+q\overrightarrow{BC_1}=p(\overrightarrow{BB_1}+\overrightarrow{B_1A_1})+q(\overrightarrow{BB_1}+\overrightarrow{B_1C_1}),$$

可得

$$(p+q)\overrightarrow{BB_1}+(p-m)\overrightarrow{B_1A_1}+(q-n)\overrightarrow{B_1C_1}=0,$$

由于 $\overrightarrow{BB_1},\overrightarrow{B_1A_1},\overrightarrow{B_1C_1}$ 不共面,所以 $p+q=0,p-m=0,q-n=0$;

$$\overrightarrow{BE}=m\overrightarrow{B_1A_1}+n\overrightarrow{B_1C_1}=m\overrightarrow{B_1A_1}-m\overrightarrow{B_1C_1}=m\overrightarrow{C_1A_1},$$

所以 $A_1C_1 /\!/ l$.

【例 11.8】 如图 11-11,在正方体 $ABCD-A'B'C'D'$ 中,点 M,N,P 分别是棱

AB,CC',DD' 的中点,点 Q 是线段 AN 上的点,且 $AQ=\dfrac{1}{3}AN$. 求证:P,Q,M 三点

共线.

图 11-11

证明

$$\overrightarrow{PM}=\overrightarrow{PD}+\overrightarrow{DA}+\overrightarrow{AM}=\overrightarrow{NC}+\overrightarrow{CB}+(\overrightarrow{BA}+\overrightarrow{AB})+\overrightarrow{AM}=\overrightarrow{NA}+3\,\overrightarrow{AM}$$

$$=3(\overrightarrow{QA}+\overrightarrow{AM})=3\,\overrightarrow{QM}.$$

【例 11.9】 如图 11-12,已知正方体 $ABCD-A'B'C'D'$ 中,点 M 和 N 分别是

棱 BB' 和对角线 CA' 的中点,求证:$MN\perp BB'$.

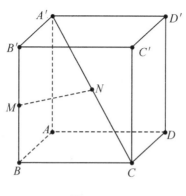

图 11-12

证法 1

$$\vec{MN} \cdot \vec{BB'} = (\vec{MB} + \vec{BC} + \vec{CN}) \cdot \vec{BB'}$$

$$= (\vec{MB} + \frac{1}{2}(\vec{CD} + \vec{DD'} + \vec{D'A'})) \cdot \vec{BB'}$$

$$= (\vec{MB} + \frac{1}{2}\vec{DD'}) \cdot \vec{BB'} = 0,$$

所以 $MN \perp BB'$.

证法 2 应用向量形式的四边形中位线公式可快速解题:

$$2\vec{MN} \cdot \vec{BB'} = (\vec{B'A'} + \vec{BC}) \cdot \vec{BB'} = 0.$$

【例 11.10】 如图 11-13,棱长为 a 的正方体 $ABCD-A_1B_1C_1D_1$ 中,E,F 分别是 AB 和 BC 上的动点,且 $AE=BF$,求证:$A_1F \perp C_1E$.

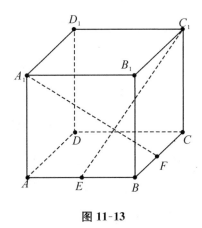

图 11-13

证明 设 $AE=BF=ka$,

$$\vec{A_1F} \cdot \vec{EC_1} = (\vec{A_1A} + \vec{AB} + \vec{BF}) \cdot (\vec{EB} + \vec{BC} + \vec{CC_1})$$

$$= -a^2 + (1-k)a^2 + ka^2 = 0,$$

所以 $A_1F \perp C_1E$.

【例 11.11】 如图 11-14,正四面体 $ABCD$ 中,设高 AH 的中点为 M,则 MB,MC,MD 两两垂直.

证明 类似这样的问题,题中没有提供足够多的直角;建立坐标系存在一定困难,采用非坐标法比较简单.

$$2\overrightarrow{BM} \cdot 2\overrightarrow{DM} = (\overrightarrow{BA} + \overrightarrow{BH}) \cdot (\overrightarrow{DA} + \overrightarrow{DH})$$

$$= \left(\overrightarrow{BA} + \frac{1}{3}\overrightarrow{BC} + \frac{1}{3}\overrightarrow{BD}\right) \cdot \left(\overrightarrow{DA} + \frac{1}{3}\overrightarrow{DB} + \frac{1}{3}\overrightarrow{DC}\right) = 0,$$

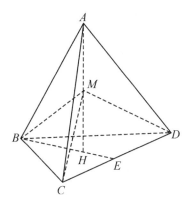

图 11-14

于是 $BM \perp DM$; 同理可证 $MB \perp MC, MC \perp MD$.

【例 11.12】 如图 11-15, 在边长为 1 的立方体中, 联结 $B'D$ 于平面 ACD' 交于点 P, 求 DP.

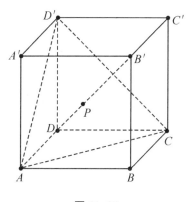

图 11-15

解法 1 因为 $\overrightarrow{DB'} \cdot \overrightarrow{AC} = (\overrightarrow{DA} + \overrightarrow{AB} + \overrightarrow{BB'}) \cdot (\overrightarrow{AB} + \overrightarrow{BC}) = 0$, 则 $DB' \perp AC$; 同理 $DB' \perp AD'$, 所以 $B'D \perp$ 平面 ACD'.

$$\frac{B'P}{PD} = \frac{\overrightarrow{B'A} \cdot \overrightarrow{B'D}}{\overrightarrow{AD} \cdot \overrightarrow{B'D}} = \frac{(\overrightarrow{B'B} + \overrightarrow{BA}) \cdot (\overrightarrow{B'B} + \overrightarrow{BA} + \overrightarrow{AD})}{\overrightarrow{AD} \cdot (\overrightarrow{B'B} + \overrightarrow{BA} + \overrightarrow{AD})} = 2,$$

所以 $DP=\dfrac{1}{3}\sqrt{1^2+1^2+1^2}=\dfrac{\sqrt{3}}{3}$.

解法 2 根据对称性可得点 P 是 $\triangle ACD'$ 的重心,

$$\overrightarrow{DP}=\dfrac{1}{3}(\overrightarrow{DA}+\overrightarrow{DC}+\overrightarrow{DD'})=\dfrac{1}{3}\overrightarrow{DB'},$$

所以 $DP=\dfrac{1}{3}\sqrt{1^2+1^2+1^2}=\dfrac{\sqrt{3}}{3}$.

【例 11.13】 如图 11-16,正方体 $ABCD-A_1B_1C_1D_1$ 棱长为 $1,M$ 和 N 分别在 A_1B,B_1D_1 上,求 MN 长度的最小值.

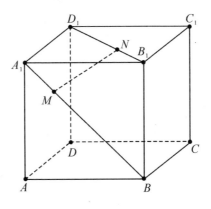

图 11-16

分析 由几何知识可得垂线段最短.

解法 1 设 $\overrightarrow{MA_1}=p\overrightarrow{BA_1},\overrightarrow{B_1N}=q\overrightarrow{B_1D_1}$,由 $\overrightarrow{MN}\cdot\overrightarrow{A_1B}=0$,即

$$(\overrightarrow{MA_1}+\overrightarrow{A_1B_1}+\overrightarrow{B_1N})\cdot(\overrightarrow{A_1A}+\overrightarrow{A_1B_1})=0$$

得 $1-q=2p$;同理由 $\overrightarrow{MN}\cdot\overrightarrow{B_1D_1}=0$ 得 $1-p=2q$,所以 $p=q=\dfrac{1}{3}$.

$$|\overrightarrow{MN}|=|\overrightarrow{MA_1}+\overrightarrow{A_1B_1}+\overrightarrow{B_1N}|=\dfrac{1}{3}|\overrightarrow{BA_1}+3\overrightarrow{A_1B_1}+\overrightarrow{B_1D_1}|$$

$$=\dfrac{1}{3}|\overrightarrow{AA_1}+\overrightarrow{AB}+\overrightarrow{AD}|=\dfrac{\sqrt{3}}{3}.$$

解法 2 以 D 为坐标原点建立坐标系,设 $A(1,0,0),A_1(1,0,1),B(1,1,0)$,$B_1(1,1,1),C_1(0,1,1),D_1(0,0,1)$,则 $\overrightarrow{A_1B}=(0,1,-1),\overrightarrow{D_1B_1}=(1,1,0)$,设 MN

是直线 B_1D_1 与 A_1B 的公垂线,且 $\overrightarrow{A_1M}=m\overrightarrow{A_1B}=(0,m,-m)$,$\overrightarrow{D_1N}=n\overrightarrow{D_1B_1}=(n,n,0)$,则

$$\overrightarrow{MN}=\overrightarrow{MA_1}+\overrightarrow{A_1D_1}+\overrightarrow{D_1N}$$
$$=(0,-m,m)+(-1,0,0)+(n,n,0)$$
$$=(n-1,n-m,m),$$

$$\overrightarrow{MN}\cdot\overrightarrow{A_1B}=(n-1,n-m,m)\cdot(0,1,-1)=n-2m=0,$$
$$\overrightarrow{MN}\cdot\overrightarrow{D_1B_1}=(n-1,n-m,m)\cdot(1,1,0)=2n-1-m=0,$$

解得 $n=\dfrac{2}{3}$,$m=\dfrac{1}{3}$,$\overrightarrow{MN}=\left(-\dfrac{1}{3},\dfrac{1}{3},\dfrac{1}{3}\right)$,所以 $|\overrightarrow{MN}|=\dfrac{\sqrt{3}}{3}$.

解法 3 如解法 2 设坐标系,设 $\boldsymbol{n}=(x,y,z)$,由 $\boldsymbol{n}\cdot\overrightarrow{A_1B}=0$ 得 $y-z=0$;由 $\boldsymbol{n}\cdot\overrightarrow{D_1B_1}=0$ 得 $x+y=0$,取 $\boldsymbol{n}=(-1,1,1)$,则 $d=\dfrac{|\overrightarrow{D_1A_1}\cdot\boldsymbol{n}|}{|\boldsymbol{n}|}=\dfrac{\sqrt{3}}{3}$.

解法 3 使用了投影的思想,显得更简单.

【例 11.14】 如图 11-17,已知正四面体 $O-ABC$,E 和 F 分别是 AB 和 OC 的中点,求 OE 与 BF 所成角的余弦.

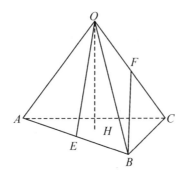

图 11-17

解 设正四面体棱长为 1,

$$\cos\theta=\dfrac{|\overrightarrow{OE}\cdot\overrightarrow{BF}|}{|\overrightarrow{OE}||\overrightarrow{BF}|}=\dfrac{\left|\dfrac{1}{2}(\overrightarrow{OA}+\overrightarrow{OB})\cdot(\overrightarrow{BO}+\dfrac{1}{2}\overrightarrow{OC})\right|}{|\overrightarrow{OE}||\overrightarrow{BF}|}=\dfrac{\dfrac{1}{2}}{\dfrac{3}{4}}=\dfrac{2}{3}.$$

【例 11.15】 如图 11-18,已知直三棱柱 $ABC-A_1B_1C_1$ 中,$\angle ACB=90°$,$\angle BAC=30°$,$BC=1$,$AA_1=\sqrt{6}$,M 是 CC_1 中点,证明:$AB_1 \perp A_1M$.

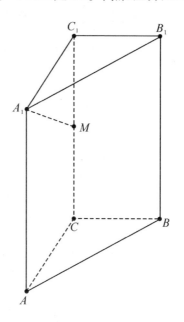

图 11-18

证法 1 由 $\angle ACB=90°$,$\angle BAC=30°$,$BC=1$,得 $AC=\sqrt{3}$.

$$\overrightarrow{AB_1} \cdot \overrightarrow{A_1M} = (\overrightarrow{AC}+\overrightarrow{CB}+\overrightarrow{BB_1}) \cdot \left(\frac{1}{2}\overrightarrow{A_1A}+\overrightarrow{AC}\right)$$

$$= AC^2 - \frac{1}{2}A_1A^2 = (\sqrt{3})^2 - \frac{(\sqrt{6})^2}{2} = 0,$$

所以 $AB_1 \perp A_1M$.

证法 2 以 C 为坐标原点,设 $A(\sqrt{3},0,0)$,$B(0,1,0)$,$C(0,0,0)$,$A_1(\sqrt{3},0,\sqrt{6})$,$B_1(0,1,\sqrt{6})$,$C_1(0,0,\sqrt{6})$,$M\left(0,0,\frac{\sqrt{6}}{2}\right)$,$\overrightarrow{AB_1}=(-\sqrt{3},1,\sqrt{6})$,$\overrightarrow{A_1M}$

$$=\left(-\sqrt{3},0,-\frac{\sqrt{6}}{2}\right),$$

有 $\overrightarrow{AB_1} \cdot \overrightarrow{A_1M}=3-3=0$,所以 $AB_1 \perp A_1M$.

【例 11.16】 如图 11-19,在直三棱柱 $ABC-A_1B_1C_1$ 中,$AC=3$,$BC=4$,AA_1

$=4,AB=5$,点 D 是 AB 的中点,(1)求证:$AC\perp BC_1$;(2)求证:$AC_1/\!/$平面 CDB_1;

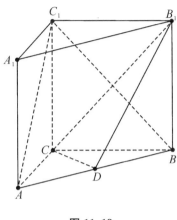

图 11-19

证法 1 (1)由 $AC=3,BC=4,AB=5$,得 $AC\perp CB$;$\overrightarrow{AC}\cdot\overrightarrow{BC_1}=\overrightarrow{AC}\cdot(\overrightarrow{BC}+$
$\overrightarrow{CC_1})=0,AC\perp BC_1$.

(2)$\overrightarrow{AC_1}=\overrightarrow{AD}+\overrightarrow{DC}+\overrightarrow{CC_1}=\overrightarrow{DB}+\overrightarrow{DC}+\overrightarrow{BB_1}=\overrightarrow{DC}+\overrightarrow{DB_1}$,而 $A\notin$ 平面 CDB_1,
故 $AC_1/\!/$平面 CDB_1.

证法 2 由 $AC=3,BC=4,AB=5$,得 $AC\perp CB$;以 C 为坐标原点建立空间坐

标系,设 $A(3,0,0),B(0,4,0),C(0,0,0),B_1(0,4,4),D\left(\dfrac{3}{2},2,0\right),C_1(0,0,4)$,

(1)$\overrightarrow{AC}=(-3,0,0),\overrightarrow{BC_1}=(0,-4,4)$,所以 $\overrightarrow{AC}\cdot\overrightarrow{BC_1}=0,AC\perp BC_1$.

(2)设 CB_1 与 C_1B 的交点为 E,则 $E(0,2,2),\overrightarrow{DE}=\left(-\dfrac{3}{2},0,2\right),\overrightarrow{AC_1}=$

$(-3,0,4)$,所以 $\overrightarrow{DE}=\dfrac{1}{2}\overrightarrow{AC_1},DE/\!/AC_1$;又因 $DE\subset$平面 $CDB_1,AC_1\not\subset$平面

CDB_1,所以 $AC_1/\!/$平面 CDB_1.

【例 11.17】 如图 11-20,已知长方体 $ABCD-A_1B_1C_1D_1$,$ABCD$ 是边长为 1
的正方形,$AA_1=2$,点 E 为 CC_1 的中点,求点 C_1 到平面 BDE 的距离.

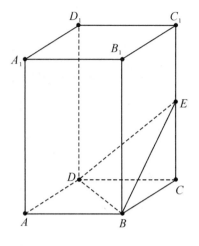

图 11-20

解法1 设 $\boldsymbol{n}=x\overrightarrow{DA}+y\overrightarrow{DC}+z\overrightarrow{DD_1}$ 为平面 BDE 的法向量,由 $\boldsymbol{n}\cdot\overrightarrow{DB}=0$ 得 $x=-y$;由 $\boldsymbol{n}\cdot\overrightarrow{DE}=0$ 得 $y=-2z$;所以 $\boldsymbol{n}=2\overrightarrow{DA}-2\overrightarrow{DC}+\overrightarrow{DD_1}$,

$$d=\frac{|\overrightarrow{C_1E}\cdot\boldsymbol{n}|}{|\boldsymbol{n}|}=\frac{|-1|}{\sqrt{3}}=\frac{\sqrt{3}}{3},$$

即点 C_1 到平面 BDE 的距离为 $\dfrac{\sqrt{3}}{3}$.

解法2 以 D 为坐标原点建立坐标系,设 $D(0,0,0)$,$B(1,1,0)$,$C_1(0,1,2)$,E $(0,1,1)$,$\overrightarrow{DB}=(1,1,0)$,$\overrightarrow{DE}=(0,1,1)$,$\overrightarrow{C_1E}=(0,0,-1)$,设面 BDE 的一个法向量为 $\boldsymbol{n}=(x,y,z)$,则有 $\boldsymbol{n}\cdot\overrightarrow{DB}=0$,$\boldsymbol{n}\cdot\overrightarrow{DE}=0$,得 $x+y=0$,$y+z=0$.令 $x=1$ 得 $y=-1$,$z=1$,即 $\boldsymbol{n}=(1,-1,1)$,面 BDE 取一点 E,故 $\overrightarrow{C_1E}$ 在法向量 $\boldsymbol{n}$ 上的射影的长度为

$$d=\frac{|\overrightarrow{C_1E}\cdot\boldsymbol{n}|}{|\boldsymbol{n}|}=\frac{|-1|}{\sqrt{3}}=\frac{\sqrt{3}}{3},$$

即点 C_1 到平面 BDE 的距离为 $\dfrac{\sqrt{3}}{3}$.

两种解法本质一致,解法1写法上显得简略.若利用体积计算则更简明:容易求出四面体 C_1DBE 体积为 $1/6$,正三角形 DBE 面积为 $\sqrt{3}/2$,故点 C_1 到平面 BDE

的距离为

$$3 \times \frac{1}{6} \div \frac{\sqrt{3}}{2} = \frac{\sqrt{3}}{3}.$$

注意 E 是 CC_1 中点,故点 C_1 和 C 到平面 BDE 的距离相等,就更容易解决了.

【例 11.18】 如图 11-21,在直三棱柱 $ABC-A_1B_1C_1$ 中,$AB=BC$,D、E 分别为 BB_1 和 AC_1 的中点.

(1)证明:ED 为异面直线 BB_1 与 AC_1 的公垂线;

(2)设 $AA_1=AC=\sqrt{2}AB$,求二面角 A_1-AD-C_1 的大小.(2006 年全国高考试题)

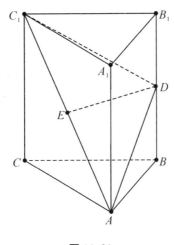

图 11-21

证法 1

$$\overrightarrow{DE} \cdot \overrightarrow{BB_1} = (\overrightarrow{BA} + \overrightarrow{B_1C_1}) \cdot \overrightarrow{BB_1} = 0,$$

于是 $DE \perp BB_1$.

$$\overrightarrow{DE} \cdot \overrightarrow{AC_1} = (\overrightarrow{BA} + \frac{1}{2}\overrightarrow{AC}) \cdot (\overrightarrow{AC} + \overrightarrow{CC_1}) = (\overrightarrow{BA} + \frac{1}{2}\overrightarrow{AC}) \cdot \overrightarrow{AC} = 0,$$

于是 $DE \perp AC_1$,所以 ED 是异面直线 BB_1 与 AC_1 的公垂线.

设 $\boldsymbol{n} = x\overrightarrow{AB} + y\overrightarrow{AC} + z\overrightarrow{AA_1}$ 为平面 ADA_1 的法向量,由 $\boldsymbol{n} \cdot \overrightarrow{AA_1} = 0$ 得 $z = 0$;由 $\boldsymbol{n} \cdot \overrightarrow{AD} = 0$ 得 $x = -y$;则 $\boldsymbol{n} = \overrightarrow{AB} - \overrightarrow{AC}$;设 $\boldsymbol{m} = r\overrightarrow{AB} + s\overrightarrow{AC} + t\overrightarrow{AA_1}$ 为平面

ADC_1 的法向量，由 $\boldsymbol{m} \cdot \overrightarrow{AE} = 0$ 得 $r=0$；由 $\boldsymbol{n} \cdot \overrightarrow{AD} = 0$ 得 $S=-t$；则 $\boldsymbol{m} = \overrightarrow{AC} - \overrightarrow{AA_1}$；$\cos<\boldsymbol{m},\boldsymbol{n}> = \dfrac{\boldsymbol{m} \cdot \boldsymbol{n}}{|\boldsymbol{m}||\boldsymbol{n}|} = -\dfrac{1}{2}$，则 $\boldsymbol{m}$ 和 $\boldsymbol{n}$ 的夹角为 $120°$，二面角 A_1-AD-C_1 为 $60°$.

证法2 以 AC 中点 O 为坐标原点建立坐标系，设 $A(a,0,0)$，$B(0,b,0)$，$B_1(0,b,2c)$，$C(-a,0,0)$，$C_1(-a,0,2c)$，$E(0,0,c)$，$D(0,b,c)$，则 $\overrightarrow{ED} = (0,b,0)$，$\overrightarrow{BB_1} = (0,0,2c)$，$\overrightarrow{AC_1} = (-2a,0,2c)$，于是 $\overrightarrow{ED} \cdot \overrightarrow{BB_1} = 0$，$\overrightarrow{ED} \cdot \overrightarrow{AC_1} = 0$，所以 ED 是异面直线 BB_1 与 AC_1 的公垂线.

不妨设 $A(1,0,0)$，则 $B(0,1,0)$，$C(-1,0,0)$，$A_1(1,0,2)$，$\overrightarrow{BC} = (-1,-1,0)$，$\overrightarrow{AB} = (-1,1,0)$，$\overrightarrow{AA_1} = (0,0,2)$，$\overrightarrow{EC} = (-1,0,1)$，$\overrightarrow{BC} \cdot \overrightarrow{AB} = 0$，$\overrightarrow{BC} \cdot \overrightarrow{AA_1} = 0$，所以 $BC \perp$ 平面 A_1AD. 同理可证 $EC \perp$ 平面 C_1AD；

$$\cos<\overrightarrow{BC},\overrightarrow{EC}> = \dfrac{\overrightarrow{BC} \cdot \overrightarrow{EC}}{|\overrightarrow{BC}||\overrightarrow{EC}|} = \dfrac{1}{2},$$

则二面角 A_1-AD-C_1 为 $60°$.

【例 11.19】 如图 11-22，四棱锥 $S-ABCD$ 的底面是正方形，每条侧棱的长都是底面边长的 $\sqrt{2}$ 倍，P 为侧棱 SD 上的点.

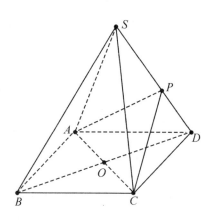

图 11-22

(1)求证：$AC \perp SD$；

(2)若 $SD \perp$ 平面 PAC，求二面角 $P-AC-D$ 的大小；

(3)在(2)的条件下,侧棱 SC 上是否存在一点 E,使得 $BE /\!/$ 平面 PAC. 若存在,求 $SE:EC$ 的值;若不存在,试说明理由.

解法1 (1)设 AC 交于 BD 于 O,易得 $SO \perp$ 平面 $ABCD$. 设底面边长为 a,则高 $SO = \frac{\sqrt{6}}{2}a$;以 O 为坐标原点,设 $S\left(0, 0, \frac{\sqrt{6}}{2}a\right)$,$D\left(-\frac{\sqrt{2}}{2}a, 0, 0\right)$,$C\left(0, \frac{\sqrt{2}}{2}a, 0\right)$,$\overrightarrow{OC} = \left(0, \frac{\sqrt{2}}{2}a, 0\right)$,$\overrightarrow{SD} = \left(-\frac{\sqrt{2}}{2}a, 0, -\frac{\sqrt{6}}{2}a\right)$,$\overrightarrow{OC} \cdot \overrightarrow{SD} = 0$,故 $OC \perp SD$,从而 $AC \perp SD$.

(2)平面 PAC 的一个法向量 $\overrightarrow{DS} = \left(\frac{\sqrt{2}}{2}a, 0, \frac{\sqrt{6}}{2}a\right)$,平面 DAC 的一个法向量 $\overrightarrow{OS} = \left(0, 0, \frac{\sqrt{6}}{2}a\right)$,设所求二面角为 θ,则

$$\cos\theta = \frac{\overrightarrow{OS} \cdot \overrightarrow{DS}}{|\overrightarrow{OS}||\overrightarrow{DS}|} = \frac{\sqrt{3}}{2},$$

所求二面角的大小为 $30°$.

(3)$\overrightarrow{DS} = \left(\frac{\sqrt{2}}{2}a, 0, \frac{\sqrt{6}}{2}a\right)$,$\overrightarrow{CS} = \left(0, -\frac{\sqrt{2}}{2}a, \frac{\sqrt{6}}{2}a\right)$,设 $\overrightarrow{CE} = t\overrightarrow{CS}$,则 $\overrightarrow{BE} = \overrightarrow{BC} + \overrightarrow{CE}$ $= \overrightarrow{BC} + t\overrightarrow{CS} = \left(-\frac{\sqrt{2}}{2}a, \frac{\sqrt{2}}{2}a(1-t), \frac{\sqrt{6}}{2}at\right)$,若 $\overrightarrow{BE} \cdot \overrightarrow{DS} = 0$,则 $t = \frac{1}{3}$,即当 $SE:EC = 2:1$ 时,$\overrightarrow{BE} \perp \overrightarrow{DS}$;而 BE 不在平面 PAC 内,故 $BE /\!/$ 平面 PAC.

解法2 (1)设 AC 交 BD 于 O,由题意 $SO \perp AC$. 在正方形 $ABCD$ 中,$AC \perp BD$,所以 $AC \perp$ 平面 SBD,得 $AC \perp SD$.

(2)设正方形边长为 a,则 $SD = \sqrt{2}a$. 又 $OD = \frac{\sqrt{2}}{2}a$,所以 $\angle SOD = 60°$,连 OP,由(1)知 $AC \perp$ 平面 SBD,所以 $AC \perp OP$,且 $AC \perp OD$,所以 $\angle POD$ 是二面角 $P-AC-D$ 的平面角. 由 $SD \perp$ 平面 PAC,知 $SD \perp OP$,所以 $\angle POD = 30°$,即二面角 $P-AC-D$ 的大小为 $30°$.

(3)在棱 SC 上存在一点 E,使得 $BE /\!/$ 平面 PAC,由(2)可得 $PD = \frac{\sqrt{2}}{4}a$,故可在 SP 上取一点 N,使得 $PN = PD$,过 N 作 PC 的平行线与 SC 的交点即为 E. 连

BN,在 $\triangle BDN$ 中知 $BN \parallel PO$,又由于 $NE \parallel PC$,故平面 $BEN \parallel$ 平面 PAC,得 $BE \parallel$ 平面 PAC,由于 $SN:NP=2:1$,故 $SE:EC=2:1$.

【例 11. 20】 如图 11-23,在四棱锥 $P-ABCD$ 中,底面 $ABCD$ 是正方形,侧棱 $PD \perp$ 平面 $ABCD$,$PD=DC$,E 是 PC 的中点,作 $EF \perp PB$ 于 F.求证:(1)$PA \parallel$ 平面 BDE;(2)$PB \perp$ 平面 EFD;(3)求二面角 $C-PB-D$ 的大小.(2004 年天津高考试题)

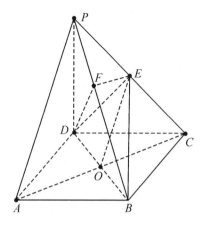

图 11-23

证法 1 (1)$\overrightarrow{PA}=\overrightarrow{PE}+\overrightarrow{EB}+\overrightarrow{BA}=\overrightarrow{EC}+\overrightarrow{EB}+\overrightarrow{CD}=\overrightarrow{ED}+\overrightarrow{EB}$,而 $PA \not\subset$ 平面 CDB_1,故 $PA \parallel$ 平面 BDE.

(2)$\overrightarrow{PB} \cdot \overrightarrow{DE}=(\overrightarrow{PD}+\overrightarrow{DA}+\overrightarrow{AB}) \cdot \dfrac{1}{2}(\overrightarrow{DP}+\overrightarrow{DC})=DP^2-DC^2=0$,所以 $PB \perp$ 平面 EFD.

(3)由(2)知,$PB \perp DF$,故 $\angle EFD$ 是二面角 $C-PB-D$ 的平面角,且 $DE \perp EF$.设 AB 为 1,则 $BD=\sqrt{2}$,$PB=\sqrt{3}$,$PC=\sqrt{2}$,$DE=\dfrac{\sqrt{2}}{2}$,在 $\mathrm{Rt}\triangle PDB$ 中,$DF=\dfrac{PD \cdot BD}{PB}=\dfrac{\sqrt{6}}{3}$;在 $\mathrm{Rt}\triangle EFD$ 中,$\sin\angle EFD=\dfrac{DE}{DF}=\dfrac{\sqrt{3}}{2}$,得 $\angle EFD=\dfrac{\pi}{3}$,所以二面角 $C-PB-D$ 的大小为 $\dfrac{\pi}{3}$.

证法 2 以 D 为坐标原点建立空间直角坐标系,设 $DC=a$.

(1)证明 联结 AC 交 BD 于 O,联结 EO,设 $A(a,0,0)$,$P(0,0,a)$,$E\left(0,\dfrac{a}{2},\right.$ $\left.\dfrac{a}{2}\right)$,$O\left(\dfrac{a}{2},\dfrac{a}{2},0\right)$ 且 $\overrightarrow{PA}=(a,0,-a)$,$\overrightarrow{EO}=\left(\dfrac{a}{2},0,-\dfrac{a}{2}\right)$,于是 $\overrightarrow{PA}=2\,\overrightarrow{EO}$,所以 $PA /\!/$ 平面 EDB.

(2)证明 $B(a,a,0)$,$\overrightarrow{PB}=(a,a,-a)$,$\overrightarrow{DE}=\left(0,\dfrac{a}{2},\dfrac{a}{2}\right)$,$\overrightarrow{PB}\cdot\overrightarrow{DE}=0+\dfrac{a^2}{2}-$ $\dfrac{a^2}{2}=0$,于是 $PB\perp DE$. 由已知 $EF\perp PB$,且 $EF\cap DE=E$,所以 $PB\perp$ 平面 EFD.

(3)解 设 $F(x_0,y_0,z_0)$,$\overrightarrow{PF}=\lambda\,\overrightarrow{PB}$,即 $(x_0,y_0,z_0-a)=\lambda(a,a,-a)$,于是 x_0 $=\lambda a$,$y_0=\lambda a$,$z_0=(1-\lambda)a$,所以

$$\overrightarrow{FE}=\left(-x_0,\dfrac{a}{2}-y_0,\dfrac{a}{2}-z_0\right)=\left(-\lambda a,\left(\dfrac{1}{2}-\lambda\right)a,\left(\lambda-\dfrac{1}{2}\right)a\right).$$

由 $\overrightarrow{FE}\cdot\overrightarrow{PB}=0$,即 $-\lambda a^2+\left(\dfrac{1}{2}-\lambda\right)a^2-\left(\lambda-\dfrac{1}{2}\right)a^2=0$,得 $\lambda=\dfrac{1}{3}$,则 F $\left(\dfrac{a}{3},\dfrac{a}{3},\dfrac{2a}{3}\right)$,且 $\overrightarrow{FE}=\left(-\dfrac{a}{3},\dfrac{a}{6},-\dfrac{a}{6}\right)$,$\overrightarrow{FD}=\left(-\dfrac{a}{3},-\dfrac{a}{3},-\dfrac{2a}{3}\right)$,$\overrightarrow{PB}\cdot\overrightarrow{FD}=-\dfrac{a^2}{3}$ $-\dfrac{a^2}{3}+\dfrac{2a^2}{3}=0$,即 $PB\perp FD$,故 $\angle EFD$ 是二面角 $C-PB-D$ 的平面角. $\overrightarrow{FE}\cdot\overrightarrow{FD}=$ $\dfrac{a^2}{9}-\dfrac{a^2}{18}+\dfrac{a^2}{9}=\dfrac{a^2}{6}$,且

$$|\overrightarrow{FE}|=\sqrt{\dfrac{a^2}{9}+\dfrac{a^2}{36}+\dfrac{a^2}{36}}=\dfrac{\sqrt{6}}{6}a,\quad |\overrightarrow{FD}|=\sqrt{\dfrac{a^2}{9}+\dfrac{a^2}{9}+\dfrac{4a^2}{9}}=\dfrac{\sqrt{6}}{3}a,$$

由

$$\cos\angle EFD=\dfrac{\overrightarrow{FE}\cdot\overrightarrow{FD}}{|\overrightarrow{FE}||\overrightarrow{FD}|}=\dfrac{\dfrac{a^2}{6}}{\dfrac{\sqrt{6}}{6}a\cdot\dfrac{\sqrt{6}}{3}a}=\dfrac{1}{2}$$

得 $\sin\angle EFD=\dfrac{\pi}{3}$,所以二面角 $C-PB-D$ 的大小为 $\dfrac{\pi}{3}$.

最后给出一个用坐标法难以处理的问题,供大家探讨.

【例 11. 21】 长方体体对角线长的平方,等于长、宽、高三边的平方和. 那么反之,已知平行六面体的一条体对角线长的平方等于从对角线一端引出的三条棱长的平方和. 问这个平行六面体是否一定是长方体?

解(注意证明和求解的差异,不要都写成证明) 如图 11-24,由向量加法可得 $\overrightarrow{AG}=\overrightarrow{AB}+\overrightarrow{AD}+\overrightarrow{AE}$;根据条件,有长度关系 $\overrightarrow{AG}^2=\overrightarrow{AB}^2+\overrightarrow{AD}^2+\overrightarrow{AE}^2$;因而可得 $\overrightarrow{AB}\cdot\overrightarrow{AD}+\overrightarrow{AD}\cdot\overrightarrow{AE}+\overrightarrow{AE}\cdot\overrightarrow{AB}=0$,即 $AB\cdot AD\cos\angle BAD+AD\cdot AE\cos\angle DAE+AE\cdot AB\cos\angle EAB=0$;显然当 $\angle BAD=\angle DAE=\angle EAB=90°$ 时,此等式成立. 但反过来呢?

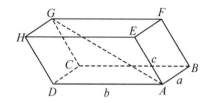

图 11-24

当平行六面体不是长方体时,也是可以找到满足条件的例子的. 譬如:$AB=AD=2\sqrt{2}$,$AE=1$,$\angle BAD=60°$,$\angle DAE=\angle EAB=135°$,此时 $AB\cdot AD\cos\angle BAD+AD\cdot AE\cos\angle DAE+AE\cdot AB\cos\angle EAB=0$. 显然这样的平行六面体不是长方体,从而结论是否定的.

第十二章

向量法与解析几何

很多资料介绍向量法解题,总是强调将其转化成坐标法.鉴于这方面的论述已经很多了,所以本章的重点在于讨论,向量法解解析几何问题与坐标法的不同之处.

解析几何问题一直以来是用坐标法来解的.那么向量法能否取而代之呢?有人会说:我们可以找很多题目来试验一下.这确实是一种方法,但根本的方法是用向量法把解析几何解题的基本工具推导一遍.

性质 1(平面两点间的距离公式) 平面上两点 $A(x_1, y_1)$ 和 $B(x_2, y_2)$ 的距离是 $AB = \sqrt{(x_1 - x_2)^2 + (y_1 - y_2)^2}$.

从平面上任一点 $A(x_1, y_1)$ 出发到另一点 $B(x_2, y_2)$,$\overrightarrow{AB}$ 的坐标是

$$\overrightarrow{AB} = \overrightarrow{OB} - \overrightarrow{OA} = (x_2, y_2) - (x_1, y_1) = (x_2 - x_1, y_1 - y_2),$$

向量的坐标等于它的终点坐标减去起点坐标.AB 的距离等于 $\overrightarrow{AB} = (x_2 - x_1, y_1 - y_2)$ 的模,$|AB|^2 = \overrightarrow{AB}^2 = (x_2 - x_1)^2 + (y_1 - y_2)^2$,所以 $AB = \sqrt{(x_1 - x_2)^2 + (y_1 - y_2)^2}$.

性质 2（线段定比分点公式） 如果线段 AB 的端点分别是 $A(x_A,y_A)$，$B(x_B,y_B)$，$P(x_P,y_P)$ 分 AB 所成的比为 $\lambda=AP/PB$，则

$$x_P=\frac{x_A+\lambda x_B}{1+\lambda},\ y_P=\frac{y_A+\lambda y_B}{1+\lambda}(\lambda\neq-1).$$

这由向量形式的定比分点公式 $\overrightarrow{OP}=\dfrac{\overrightarrow{OA}+\lambda\overrightarrow{OB}}{1+\lambda}$ 容易推导得到.

性质 3 试确定二元一次方程 $Ax+By+C=0$ 的图像的形状和位置. 其中 A，B，C 是实数，且 A 和 B 不全为 0.

解 由于 A 和 B 不全为 0，至少有一组解 (x_0,y_0)，使得 $Ax_0+By_0+C=0$（譬如当 $A\neq0$ 时，$\left(-\dfrac{C}{A},0\right)$ 是解；当 $B\neq0$ 时，$\left(0,-\dfrac{C}{B}\right)$ 是解）.

$Ax+By+C=0$ 减去 $Ax_0+By_0+C=0$，得 $A(x-x_0)+B(y-y_0)=0$，化为内积形式 $(A,B)\cdot(x-x_0,y-y_0)=0$，其几何意义是 $(A,B)\perp\overrightarrow{P_0P}$，其中 $P_0(x_0,y_0)$ 是图像上的固定点，$P(x,y)$ 是图像上任意一点. 用几何语言描述：P 在过点 P_0 且与 $\boldsymbol{n}=(A,B)$ 垂直的直线 l 上，方程的图像就是直线 l.

性质 4（点法式方程） 直线 l 垂直于非零向量 (A,B) 且经过点 $P_0(x_0,y_0)$，求直线 l 的方程.

解 平面上任一点 $P(x,y)$ 在直线 l 上的充分必要条件是 $(A,B)\perp\overrightarrow{P_0P}$，即 $(A,B)\cdot(x-x_0,y-y_0)=0$，即 $A(x-x_0)+B(y-y_0)=0$.

定理 任意一个二元一次方程 $Ax+By+C=0$（A 和 B 不全为 0）的图像是与 $\boldsymbol{n}=(A,B)$ 垂直的一条直线. 反之，直线 l 垂直于已知非零向量 $\boldsymbol{n}=(A,B)$，且经过已知点 $P_0(x_0,y_0)$，则 l 的方程为 $(A,B)\cdot(x-x_0,y-y_0)=0$. 经过整理可化为一般的二元一次方程 $Ax+By+C=0$（A 和 B 不全为 0）的形式，一般称之为直线的一般式方程，其中 $\boldsymbol{n}=(A,B)$ 称为直线 l 的法向量.

性质 5（直线的两点式方程） 已知两点 $A(x_1,y_1)$ 和 $B(x_2,y_2)$，则直线 AB 的方程为 $(y_2-y_1)(x-x_1)-(x_2-x_1)(y-y_1)=0$.

解 设点 $P(x,y)$ 在直线 AB 上，则 $\overrightarrow{AP}/\!/\overrightarrow{AB}$，有 $(x-x_1,y-y_1)/\!/(x_2-x_1,x$

$-x_1)$，即$(y_2-y_1)(x-x_1)-(x_2-x_1)(y-y_1)=0$.

性质 6 若直线 l 的斜率为 k，则向量 $(1,k)$ 平行于 l.

证明 设 $A(x_1,y_1)$ 和 $B(x_2,y_2)$ 是直线上任意两点，则

$$\overrightarrow{AB}=(x_2-x_1,y_2-y_1)/\!/\left(1,\frac{y_2-y_1}{x_2-x_1}\right)=(1,k),$$

所以 $\overrightarrow{AB}/\!/(1,k)$，即 $l/\!/(1,k)$.

直线方程中使用较多的是点斜式，使用点斜式方程不能遗漏斜率不存在的情况，所以必须分情形讨论；而使用直线的方向向量和法向量来解题，可以避免讨论.

由于直线 $Ax+By+C=0$ 的法向量 (A,B) 比方向向量 $(B,-A)$ 更简单，更容易记忆，所以解题时使用更多的是法向量，而不是方向向量.

直线 $Ax+By+C=0$ 的方向由法向量 $\boldsymbol{n}=(A,B)$ 决定，由两条直线的法向量之间的关系就可以确定两条直线的位置关系.

性质 7 设两条直线 l_1 和 l_2 的方程分别为 $A_1x+B_1y+C_1=0$ 和 $A_2x+B_2y+C_2=0$，则

(1)两直线平行，则它们的法向量平行，存在实数 $k\neq0$，使得 $A_2=kA_1$，$B_2=kB_1$，$C_2=kC_1$.

(2)两直线重合，则它们的法向量平行，存在实数 $k\neq0$，使得 $A_2=kA_1$，$B_2=kB_1$，$C_2=kC_1$.

(3)两直线垂直，则它们的法向量垂直，$A_1A_2+B_1B_2=0$.

(4)两直线相交，则它们的法向量不平行，$A_1B_2\neq A_2B_1$.

(5)l_1 和 l_2 夹角 α 的余弦

$$\cos\alpha=\frac{|A_1A_2+B_1B_2|}{\sqrt{A_1^2+B_1^2}\sqrt{A_2^2+B_2^2}},$$

其中，两直线的夹角 α 的大小规定在 $[0,\pi/2]$ 内，因此当法向量的夹角 θ 满足 $0\leqslant\theta\leqslant\frac{\pi}{2}$ 时，$\alpha=\theta$；当法向量的夹角 $\theta\geqslant\frac{\pi}{2}$ 时，$\alpha=\pi-\theta$.

性质 8 已知直线 l_1 和 l_2 的斜率为 k_1 和 k_2，l_1 绕交点逆时针旋转到与 l_2 重

合时所旋转的最小正角为 θ,则 $\tan\theta=\dfrac{k_2-k_1}{1+k_1k_2}$.

证明 两直线的方向向量为 $(1,k_1)$ 和 $(1,k_2)$,则

$$\cos\theta=\dfrac{1+k_1k_2}{\sqrt{1+k_1^2}\sqrt{1+k_2^2}};$$

易验证 $(-k_1,1)$ 与 $(1,k_1)$ 垂直且大小相等,则

$$\sin\theta=\dfrac{k_2-k_1}{\sqrt{1+k_1^2}\sqrt{1+k_2^2}},$$

所以 $$\tan\theta=\dfrac{k_2-k_1}{1+k_1k_2}.$$

性质 9(点到直线的距离) 平面内一点 $P(x_0,y_0)$ 到直线 $l:Ax+By+C=0$ 的距离为

$$d=\dfrac{|Ax_0+By_0+C|}{\sqrt{A^2+B^2}}.$$

证法 1 过 P 向直线作垂线段交直线于 M;直线 $Ax+By+C=0$ 的法向量为 $\boldsymbol{n}=(A,B)$,则单位法向量为 $\boldsymbol{n}_0=\dfrac{(A,B)}{\sqrt{A^2+B^2}}$,从而 $\overrightarrow{P_0M}=\pm d\boldsymbol{n}_0$(注意:$\overrightarrow{P_0M}$ 与 $\boldsymbol{n}_0$ 的方向可能相同,也可能相反),即

$$(x_M-x_0,y_M-y_0)=\pm d\,\dfrac{(A,B)}{\sqrt{A^2+B^2}},$$

即 $$x_M=\pm d\,\dfrac{A}{\sqrt{A^2+B^2}}+x_0,$$

$$y_M=\pm d\,\dfrac{B}{\sqrt{A^2+B^2}}+y_0,$$

将之代入 $Ax+By+C=0$ 得

$$\pm d\,\dfrac{A^2}{\sqrt{A^2+B^2}}+Ax_0\pm d\,\dfrac{B^2}{\sqrt{A^2+B^2}}+By_0+C=0,$$

即 $$d=\dfrac{|Ax_0+By_0+C|}{\sqrt{A^2+B^2}}.$$

证法 2 如图 12-1,过 P 向直线作垂线段交直线于 M;

$$d=|PM|=|PQ\cos\theta|=\left|\frac{\overrightarrow{PQ}\cdot\boldsymbol{n}}{\boldsymbol{n}}\right|=\frac{|(x_0-x_Q,y_0-y_Q)\cdot(A,B)|}{|\boldsymbol{n}|}$$

$$=\frac{|A(x_0-x_Q)+B(y_0-y_Q)|}{|\boldsymbol{n}|}=\frac{|Ax_0+By_0-Ax_Q-By_Q|}{|\boldsymbol{n}|}$$

$$=\frac{|Ax_0+By_0+C|}{|\boldsymbol{n}|}.$$

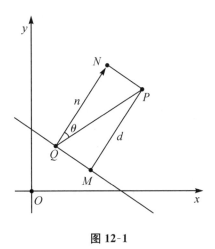

图 12-1

证法 3

$$d=\frac{|(x_0-x,y_0-y)\cdot(A,B)|}{\sqrt{A^2+B^2}}=\frac{|Ax_0+By_0+C|}{\sqrt{A^2+B^2}}.$$

性质 10(两平行直线的距离) 设两条平行直线 l_1 和 l_2 的方程分别为 $Ax+By+C_1=0$ 和 $Ax+By+C_2=0$,则 $d=\dfrac{|C_1-C_2|}{\sqrt{A^2+B^2}}$.

证明 在 l_2 上任取点 $P(x_0,y_0)$,则点 P 到 l_1 的距离为

$$\frac{|Ax_0+By_0+C_1|}{\sqrt{A^2+B^2}}=\frac{|C_1-C_2|}{\sqrt{A^2+B^2}}.$$

性质 11(面积公式) 以向量 (a_1,b_1) 和 (a_2,b_2) 为相邻两边的平行四边形面积为 $|a_1b_2-b_1a_2|$;以向量 (a_1,b_1) 和 (a_2,b_2) 为相邻两边的三角形面积为 $\dfrac{1}{2}|a_1b_2-$

$b_1 a_2 |$;

证明 $\triangle ABC$ 中,若 $\overrightarrow{CB}=\boldsymbol{a}$, $\overrightarrow{CA}=\boldsymbol{b}$,则 $S_{\triangle ABC}=\dfrac{1}{2}\sqrt{|\boldsymbol{a}|^2|\boldsymbol{b}|^2-(\boldsymbol{a}\cdot\boldsymbol{b})^2}$.

$$S_{\triangle ABC}=\dfrac{1}{2}|\boldsymbol{a}||\boldsymbol{b}|\sin<\boldsymbol{a}\cdot\boldsymbol{b}>=\dfrac{1}{2}|\boldsymbol{a}||\boldsymbol{b}|\sqrt{1-\cos^2<\boldsymbol{a}\cdot\boldsymbol{b}>}$$

$$=\dfrac{1}{2}\sqrt{|\boldsymbol{a}|^2|\boldsymbol{b}|^2-(\boldsymbol{a}\cdot\boldsymbol{b})^2}.$$

若 $\overrightarrow{AB}=(x_1,y_1)$, $\overrightarrow{AC}=(x_2,y_2)$,则 $S_{\triangle ABC}=\dfrac{1}{2}|x_1 y_2-x_2 y_1|$.

$$S_{\triangle ABC}=\dfrac{1}{2}\sqrt{|\overrightarrow{AB}|^2|\overrightarrow{AC}|^2-(\overrightarrow{AB}\cdot\overrightarrow{AC})^2}$$

$$=\dfrac{1}{2}\sqrt{(x_1^2+y_1^2)(x_2^2+y_2^2)-(x_1 x_2+y_1 y_2)^2}=\dfrac{1}{2}|x_1 y_2-x_2 y_1|.$$

面积相关问题,使用向量外积容易证明. 由于向量外积超出中学数学范围,此处略过.

性质 12 圆心为 $O(a,b)$,半径为 r 的圆的标准方程为

$$(x-a)^2+(y-b)^2=r^2.$$

证明 设圆上任意一点 $P(x,y)$,则 $|\overrightarrow{OP}|=r$,即 $|(x-a,y-b)|=r$,所以 $(x-a)^2+(y-b)^2=r^2$.

性质 13 设 $A(x_0,y_0)$ 是圆 $C:x^2+y^2=r^2$ 上一点,则过点 A 且与圆 C 相切的直线方程为 $x_0 x+y_0 y=r^2$.

证明 $\overrightarrow{OA}=(x_0,y_0)$ 是所求直线的法向量,则直线形如:$x_0 x+y_0 y=C$,将圆与直线的交点 $A(x_0,y_0)$ 代入,可得 $x_0 x+y_0 y=r^2$.

性质 14(平移公式) 设函数 $y=f(x)$ 的图像按向量 $\boldsymbol{a}=(h,k)$ 进行平移,函数上的点 $P(x,y)$ 变为 $P'(x',y')$,则

$$\begin{cases}x'=x+h\\y'=y+k\end{cases},\quad y'-k=f(x'-h),$$

即 $y'=f(x'-h)+k$. 若 $h>0$, $k>0$,则平移可解释为将图像向右平移 h 个单位,再将图像向上平移 k 个单位.

以上对解析几何的一些基本性质做了推导,并不包括圆锥曲线的内容.因为本书解题的基本工具是向量回路,指的是直线段的回路,而不是曲线段的回路,所以目前的回路法对圆锥曲线问题作用不大.

但从另外的角度来说,回路法解圆锥曲线问题还是值得研究的.从数学史可知,在坐标法创立之前,古希腊数学家阿波罗尼奥斯(约公元前 262—190 年)就著有《圆锥曲线论》,有数学史专家评论"它将圆锥曲线的性质网罗殆尽,几乎使后人没有插足的余地,被认为是一部代表了希腊几何的最高水平的经典巨著".该书研究圆锥曲线,使用的就是欧氏几何的知识.

而我们在本书前面的章节已经论述了欧氏几何大部分基本工具都是可以用向量法来代替的.本书没有按照这个思路进行研究,原因是基本于数学教学的考虑,重新建立一套体系难,而推广应用更难.但如果从初等数学研究的角度出发,向量回路法解圆锥曲线问题还是大有可为的.

分析最近几年解析几何高考题,大部分题目都像 2008 年全国高考题(例 12.13)一样,题目中稍带一点向量的印记,其实和向量关系不大,完全可以去掉,主要是考查向量的基本概念和运算.

【例 12.1】 已知椭圆 $\dfrac{x^2}{9}+\dfrac{y^2}{4}=1$ 的焦点为 F_1 和 F_2,点 P 为其上的动点,当 $\angle F_1PF_2$ 为钝角时,点 P 的横坐标的取值范围是什么?

分析 两不共线的非零向量 $\boldsymbol{a}=(x_1,y_1)$ 和 $\boldsymbol{b}=(x_2,y_2)$,由

$$\cos\theta=\frac{\boldsymbol{a}\cdot\boldsymbol{b}}{|\boldsymbol{a}||\boldsymbol{b}|}=\frac{x_1x_2+y_1y_2}{\sqrt{x_1^2+y_1^2}\sqrt{x_2^2+y_2^2}}$$

知 $\cos\theta$ 的正负由 $x_1x_2+y_1y_2$ 确定,结论如下:若 θ 为锐角 $\Leftrightarrow x_1x_2+y_1y_2>0$,即 $\boldsymbol{a}\cdot\boldsymbol{b}>0$;若 θ 为直角 $\Leftrightarrow x_1x_2+y_1y_2=0$,即 $\boldsymbol{a}\cdot\boldsymbol{b}=0$;若 θ 为钝角 $\Leftrightarrow x_1x_2+y_1y_2<0$,即 $\boldsymbol{a}\cdot\boldsymbol{b}<0$.

解 由题意得 $F_1(-\sqrt{5},0)$,$F_2(\sqrt{5},0)$,设 $P(3\cos\theta,2\sin\theta)$,则

$$\overrightarrow{PF_1}\cdot\overrightarrow{PF_2}=(-\sqrt{5}-3\cos\theta,-2\sin\theta)\cdot(\sqrt{5}-3\cos\theta,-2\sin\theta)$$

$$=9\cos^2\theta-5+4\sin^2\theta=5\cos^2\theta-1<0,$$

解得$-\dfrac{\sqrt{5}}{5}<\cos\theta<\dfrac{\sqrt{5}}{5}$,所以点$P$的横坐标的取值范围为$\left(-\dfrac{3\sqrt{5}}{5},\dfrac{3\sqrt{5}}{5}\right)$.

也可不用椭圆的参数形式. 设$P(x,y)$

$$\overrightarrow{F_1P}\cdot\overrightarrow{F_2P}=(x+c,y)\cdot(x-c,y)=x^2+y^2-c^2<0$$

可得$x^2+4\cdot(1-\dfrac{x^2}{9})-5<0$,解得$-\dfrac{3\sqrt{5}}{5}<x<\dfrac{3\sqrt{5}}{5}$.

点评　解决与角有关的一类问题,总可以从数量积入手. 本题中把条件中的角转化为向量的数量积为负值,通过坐标运算列出不等式,简洁明了.

【例 12.2】　如图 12-2,过定点 $A(a,b)$任作互相垂直的两条直线 l_1 和 l_2,l_1 与 x 轴交于点 M,l_2 与 y 轴交于点 N,求线段 MN 中点 P 的轨迹方程.

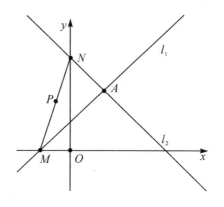

图 12-2

解　设 $P(x,y)$,则 $M(2x,0)$,$N(0,2y)$,$\overrightarrow{AM}=(2x-a,-b)$,$\overrightarrow{AN}=(-a,2y-b)$;由 $l_1\perp l_2$ 得 $\overrightarrow{AM}\perp\overrightarrow{AN}$,即 $(2x-a,-b)\cdot(-a,2y-b)=0$,整理得 $2ax+2by-a^2-b^2=0$.

避开斜率存在与否的讨论,向量坐标证垂直比一般坐标法写成两斜率乘积为 -1,不出现分式,形式上有一定优势.

【例 12.3】　如图 12-3,已知定点 $A(-1,0)$ 和 $B(1,0)$,P 是圆 $(x-3)^2+(y-4)^2=4$ 上的一个动点,求 PA^2+PB^2 的最大值和最小值.

解法 1 由$\overrightarrow{PA}+\overrightarrow{PB}=2\overrightarrow{PO}$得$|\overrightarrow{PA}|^2+|\overrightarrow{PB}|^2+2\overrightarrow{PA}\cdot\overrightarrow{PB}=4|\overrightarrow{PO}|^2$;由$\overrightarrow{BP}+$

$\overrightarrow{PA}=\overrightarrow{BA}$得$|\overrightarrow{PB}|^2+|\overrightarrow{PA}|^2+2\overrightarrow{BP}\cdot\overrightarrow{PA}=|\overrightarrow{BA}|^2=4$;两式相加得$|\overrightarrow{PA}|^2+|\overrightarrow{PB}|^2=$

$2|\overrightarrow{PO}|^2+2$,而$3\leqslant|\overrightarrow{PO}|\leqslant7$,所以$PA^2+PB^2$的最大值为100,最小值为20.

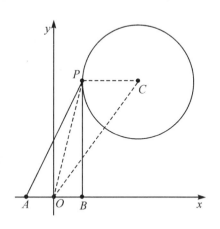

图 12-3

解法 2 $\overrightarrow{AP}^2=\overrightarrow{AC}^2+\overrightarrow{CP}^2+2\overrightarrow{AC}\cdot\overrightarrow{CP}$,$\overrightarrow{BP}^2=\overrightarrow{BC}^2+\overrightarrow{CP}^2+2\overrightarrow{BC}\cdot\overrightarrow{CP}$,两式

相加得

$$\overrightarrow{AP}^2+\overrightarrow{BP}^2=\overrightarrow{AC}^2+\overrightarrow{BC}^2+2\overrightarrow{CP}^2+4\overrightarrow{OC}\cdot\overrightarrow{CP},$$

其中$\overrightarrow{AC}^2+\overrightarrow{BC}^2+2\overrightarrow{CP}^2=60$,$-40\leqslant4\overrightarrow{CO}\cdot\overrightarrow{CP}\leqslant40$,所以$PA^2+PB^2$的最大值为

100,最小值为20.

【**例 12.4**】 如图 12-4,设F为抛物线$y^2=$

$4x$的焦点,A,B,C为该抛物线上三点,若$\overrightarrow{FA}+$

$\overrightarrow{FB}+\overrightarrow{FC}=\mathbf{0}$,求$|\overrightarrow{FA}|+|\overrightarrow{FB}|+|\overrightarrow{FC}|$(2007 年

全国高考试题理科).

解 抛物线的焦点$F(1,0)$,设$A(x_1,y_1)$,

$B(x_2,y_2),C(x_3,y_3)$,则$\overrightarrow{FA}=(x_1-1,y_1)$,$\overrightarrow{FB}$

$=(x_1-1,y_2)$,$\overrightarrow{FC}=(x_3-1,y_3)$;又$\overrightarrow{FA}+\overrightarrow{FB}+$

$\overrightarrow{FC}=\mathbf{0}$得$x_1-1+x_2-1+x_3-1=0$,即$x_1+x_2$

$+x_3=3$;由抛物线的定义可知

图 12-4

$$|\vec{FA}|+|\vec{FB}|+|\vec{FC}|=x_1+1+x_2+1+x_3+1=6.$$

另解 可根据重心的性质由 $\vec{FA}+\vec{FB}+\vec{FC}=\mathbf{0}$ 直接得 $x_A+x_B+x_C=3x_F$.

【**例 12.5**】 如图 12-5,已知正方形 $ABCD$,$BD\!/\!/CE$,$BD=BE$,EB 与 CD 交于 F,求证:$\angle DEF=\angle DFE$.

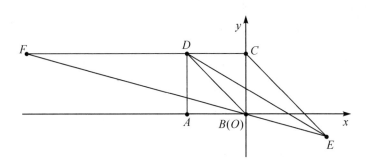

图 12-5

证明 建立直角坐标系,设正方形边长为 1,$C(0,1)$,$D(-1,1)$,$E(x,y)$,则 $\vec{DB}=(1,-1)$,$\vec{CE}=(x,y-1)$;由 $BD\!/\!/CE$ 得 $x+y=1$;由 $BD=BE$ 得 $x^2+y^2=2$;解得 $E\left(\dfrac{1+\sqrt{3}}{2},\dfrac{1-\sqrt{3}}{2}\right)$;设 $F(m,1)$,由 $\vec{BE}=\left(\dfrac{1+\sqrt{3}}{2},\dfrac{1-\sqrt{3}}{2}\right)$ 和 $\vec{BF}=(m,1)$ 共线可得 $F(-2-\sqrt{3},1)$. $\vec{DE}=\left(\dfrac{3+\sqrt{3}}{2},\dfrac{-1-\sqrt{3}}{2}\right)$,则 $\vec{DE}^2=4+2\sqrt{3}$;$\vec{DF}=(-1-\sqrt{3},0)$,则 $\vec{DF}^2=4+2\sqrt{3}$;所以 $DE=DF$,$\angle DEF=\angle DFE$.

此证法本质就是解析法,与向量法关系不大.

向量法解 1 记 $\vec{CE}=(1+k)\vec{DB}$,设正方形边长为 1,求出

$$\vec{BE}=\vec{BC}+\vec{CE}=\vec{BC}+(1+k)(\vec{DC}+\vec{CB})=(1+k)\vec{DC}+k\vec{CB};$$

由条件 $BD=BE$ 得 $2=\vec{BE}^2=k^2+(k+1)^2$,即 $2k(k+1)=1$. 另一方面 $\vec{CD}+\vec{DF}+\vec{FB}+\vec{BE}=\vec{CE}=(1+k)\vec{DB}=(1+k)\vec{DF}+(1+k)\vec{FB}$,比较两端得 $k\vec{DF}=\vec{CD}$;故

$$\vec{FD}^2=\frac{1}{k^2}=4(k+1)^2=4k(k+1)+4k+4=4k+6;$$

又因 $\vec{DE}=\vec{DC}+\vec{CE}=\vec{DC}+(1+k)\vec{DB}=(2+k)\vec{DC}+(1+k)\vec{CB}$,故

$$\overrightarrow{DE}^2 = (2+k)^2 + (1+k)^2 = 5 + 4k + 2k(k+1) = 4k + 6,$$

从而 $DE = DF$.

向量法解 2 仍记 $\overrightarrow{CE} = (1+k)\overrightarrow{DB}$,如前知 $k\overrightarrow{DF} = \overrightarrow{CD}$ 和 $k\overrightarrow{BF} = \overrightarrow{EB}$. 则

$$\overrightarrow{FD}^2 - \overrightarrow{DE}^2 = (\overrightarrow{FD} - \overrightarrow{DE}) \cdot (\overrightarrow{FD} + \overrightarrow{DE})$$

$$= (\overrightarrow{FD} - \overrightarrow{DF} - \overrightarrow{FE}) \cdot \overrightarrow{FE} = 2\overrightarrow{FD} \cdot \overrightarrow{FE} - \overrightarrow{FE}^2$$

$$= \frac{1+k}{k^2}(2\overrightarrow{DC} \cdot \overrightarrow{BE} - (1+k)\overrightarrow{BE}^2)$$

$$= \frac{1+k}{k^2}(2\overrightarrow{DC} \cdot \overrightarrow{CE} - 2(1+k))$$

$$= \frac{(1+k)^2}{k^2}(2\overrightarrow{DC} \cdot \overrightarrow{DB} - 2) = 0.$$

上面三种解法,风格各不相同. 解析法把坐标硬算出来,还要解二元二次联立方程;向量法1不用解出具体的数值,但毕竟有较多的代数计算;向量法2则以柔克刚,把本来好像非算不可的问题绕出来了,具有浓厚的几何风格.

【例 12.6】 已知 A 和 B 为抛物线 $x^2 = 2py(p > 0)$ 上异于原点的两点,$\overrightarrow{OA} \cdot \overrightarrow{OB} = 0$,点 C 坐标为 $(0, 2p)$.

(1)求证:A, B, C 三点共线;

(2)若 $\overrightarrow{AM} = \lambda\overrightarrow{BM}(\lambda \in \mathbf{R})$ 且 $\overrightarrow{OM} \cdot \overrightarrow{AB} = 0$ 试求点 M 的轨迹方程.

证明 解:(1)证明设 $A\left(x_1, \frac{x_1^2}{2p}\right)$,$B\left(x_2, \frac{x_2^2}{2p}\right)$,由 $\overrightarrow{OA} \cdot \overrightarrow{OB} = 0$ 得

$$x_1 x_2 + \frac{x_1^2 x_2^2}{4p^2} = 0, \quad \text{即 } x_1 x_2 = -4p^2;$$

而 $\quad \overrightarrow{AC} = \left(-x_1, 2p - \frac{x_1^2}{2p}\right)$,$\overrightarrow{AB} = \left(x_2 - x_1, \frac{x_2^2 - x_1^2}{2p}\right)$,

$$-x_1 \frac{x_2^2 - x_1^2}{2p} - (2p - \frac{x_1^2}{2p})(x_2 - x_1) = 0,$$

所以 $\overrightarrow{AC} // \overrightarrow{AB}$,即 A, B, C 三点共线.

(2)解由(1)知直线 AB 过定点 C,又由 $\overrightarrow{OM} \cdot \overrightarrow{AB} = 0$ 及 $\overrightarrow{AM} = \lambda\overrightarrow{BM}$ 知 $OM \perp AB$,垂足为 M,所以点 M 的轨迹为以 OC 为直径的圆,除去坐标原点. 即点 M 的轨

迹方程为 $x^2+(y-p)^2=p^2(x\neq0,y\neq0)$.

【例 12.7】 如图 12-6,过抛物线 $x^2=4y$ 的对称轴上任一点 $P(0,m)(m>0)$ 作直线与抛物线交于 A 和 B 两点,点 Q 是点 P 关于原点的对称点.设点 P 分有向线段 $\overrightarrow{AB}$ 所成的比为 λ,证明:$\overrightarrow{QP}\perp(\overrightarrow{QA}-\lambda\overrightarrow{QB})$.(2004 年湖南高考试题文 21)

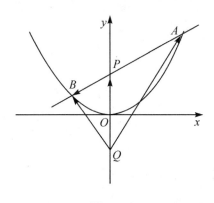

图 12-6

证明 设 $A(x_1,y_1)$ 和 $B(x_2,y_2)$,设直线 AB 的方程为 $y=kx+m$,代入抛物线方程 $x^2=4y$ 得 $x^2-4kx-4m=0$,得 $x_1x_2=-4m$.

由点 $P(0,m)$ 分有向线段 $\overrightarrow{AB}$ 所成的比为 λ,得

$$\frac{x_1+\lambda x_2}{1+\lambda}=0,\qquad \lambda=-\frac{x_1}{x_2}.$$

而点 Q 是点 P 关于原点的对称点,设 $Q(0,-m)$,从而 $\overrightarrow{QP}=(0,2m)$.

$$\overrightarrow{QA}-\lambda\overrightarrow{QB}=(x_1,y_1+m)-\lambda(x_2,y_2+m)$$

$$=(x_1-\lambda x_2,y_1-\lambda y_2+(1-\lambda)m),$$

$$\overrightarrow{QP}\cdot(\overrightarrow{QA}-\lambda\overrightarrow{QB})=2m[y_1-\lambda y_2+(1-\lambda)m]$$

$$=2m\left[\frac{x_1^2}{4}+\frac{x_1}{x_2}\frac{x_2^2}{4}+\left(1+\frac{x_1}{x_2}\right)m\right]$$

$$=2m(x_1+x_2)\frac{x_1x_2+4m}{4x_2}$$

$$=2m(x_1+x_2)\frac{-4m+4m}{4x_2}=0,$$

所以 $\overrightarrow{QP} \perp (\overrightarrow{QA} - \lambda \overrightarrow{QB})$.

【例 12.8】 给定抛物线 $C: y^2 = 4x$，F 是 C 的焦点，过点 F 的直线 l 与 C 相交于 A 和 B 两点.

(1)设 l 的斜率为 1，求 $\overrightarrow{OA}$ 与 $\overrightarrow{OB}$ 夹角的大小；

(2)设 $\overrightarrow{FB} = \lambda \overrightarrow{AF}$，若 $\lambda \in [4, 9]$，求 l 在 y 轴上截距的变化范围.（2004 年全国高考试题）

解 (1)解得 $F(1, 0)$，设 l 的方程为 $y = x - 1$，代入方程 $y^2 = 4x$，得 $x^2 - 6x + 1 = 0$，设 $A(x_1, y_1)$，$B(x_2, y_2)$，则 $x_1 + x_2 = 6$，$x_1 x_2 = 1$.

$$\overrightarrow{OA} \cdot \overrightarrow{OB} = (x_1, y_1) \cdot (x_2, y_2)$$
$$= x_1 x_2 + y_1 y_2 = 2x_1 x_2 - (x_1 + x_2) + 1 = -3,$$
$$|\overrightarrow{OA}| |\overrightarrow{OB}| = \sqrt{x_1^2 + y_1^2} \sqrt{x_2^2 + y_2^2}$$
$$= \sqrt{x_1 x_2 [x_1 x_2 + 4(x_1 + x_2) + 16]} = \sqrt{41},$$
$$\cos\langle \overrightarrow{OA}, \overrightarrow{OB} \rangle = \frac{\overrightarrow{OA} \cdot \overrightarrow{OB}}{|OA| |OB|} = -\frac{3\sqrt{41}}{41},$$

所以 $\overrightarrow{OA}$ 与 $\overrightarrow{OB}$ 夹角的大小为 $\pi - \arccos \dfrac{3\sqrt{41}}{41}$.

(2)由 $\overrightarrow{FB} = \lambda \overrightarrow{AF}$ 得 $(x_2 - 1, y_2) = \lambda(1 - x_1, -y_1)$，即

$$x_2 - 1 = \lambda(1 - x_1), \quad y_2 = -\lambda y_1$$

依据抛物线的定义有 $x_2 + 1 = \lambda(x_1 + 1)$；可求得 $x_1 = \dfrac{1}{\lambda}$；则 $A\left(\dfrac{1}{\lambda}, \pm\dfrac{2\sqrt{\lambda}}{\lambda}\right)$，又 $F(1, 0)$，则 FA 的方程为 $(\lambda - 1)y = 2\sqrt{\lambda}(x - 1)$ 或 $(\lambda - 1)y = -2\sqrt{\lambda}(x - 1)$；当 $\lambda \in [4, 9]$ 时，l 在方程 y 轴上的截距为 $\dfrac{2\sqrt{\lambda}}{\lambda - 1}$ 或 $-\dfrac{2\sqrt{\lambda}}{\lambda - 1}$；由 $\dfrac{2\sqrt{\lambda}}{\lambda - 1} = \dfrac{2}{\sqrt{\lambda} - \dfrac{1}{\sqrt{\lambda}}}$ 得 $\dfrac{2\sqrt{\lambda}}{\lambda - 1}$ 在 $[4, 9]$ 上是递减的，所以 $\dfrac{3}{4} \leqslant \dfrac{2\sqrt{\lambda}}{\lambda - 1} \leqslant \dfrac{4}{3}$；同理 $-\dfrac{4}{3} \leqslant -\dfrac{2\sqrt{\lambda}}{\lambda - 1} \leqslant -\dfrac{3}{4}$；所以直线 l 在 y 轴上截距的变化范围为 $\left[-\dfrac{4}{3}, -\dfrac{3}{4}\right] \cup \left[\dfrac{3}{4}, \dfrac{4}{3}\right]$.

【例 12.9】 如图 12-7,设抛物线 $C:y=x^2$ 的焦点为 F,动点 P 在直线 $l:x-y-2=0$ 上运动,过 P 作抛物线 C 的两条切线 PA 和 PB,且与抛物线 C 分别相切于 A 和 B 两点.

(1)求 $\triangle APB$ 的重心 G 的轨迹方程.

(2)证明 $\angle PFA=\angle PFB$.(2005 年江西高考试题)

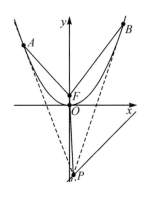

图 12-7

解 (1)设切点 $A(x_0,x_0^2)$,$B(x_1,x_1^2)$,AP 方程为:$2x_0x-y-x_0^2=0$;BP 方程为:$2x_1x-y-x_1^2=0$;则 $P\left(\dfrac{x_0+x_1}{2},x_0x_1\right)$,所以重心 G 的坐标为 $x_G=\dfrac{x_0+x_1+x_P}{3}$

$=x_P$,$y_G=\dfrac{y_0+y_1+y_P}{3}=\dfrac{x_0^2+x_1^2+x_0x_1}{3}=\dfrac{(x_0+x_1)^2-x_0x_1}{3}=\dfrac{4x_P^2-y_P}{3}$,所以 $y_P=$

$-3y_G+4x_G^2$,由点 P 在直线 l 上运动,从而得到重心 G 的轨迹方程为:$x-(-3y+$

$4x^2)-2=0$,即 $y=\dfrac{1}{3}(4x^2-x+2)$.

(2)因为 $\overrightarrow{FA}=\left(x_0,x_0^2-\dfrac{1}{4}\right)$,$\overrightarrow{FP}=\left(\dfrac{x_0+x_1}{2},x_0x_1-\dfrac{1}{4}\right)$,$\overrightarrow{FB}=\left(x_1,x_1^2-\dfrac{1}{4}\right)$.

由于 P 点在抛物线外,则 $|\overrightarrow{FP}|\neq0$.

$$\cos\angle AFP=\frac{\overrightarrow{FP}\cdot\overrightarrow{FA}}{|\overrightarrow{FP}||\overrightarrow{FA}|}=\frac{\dfrac{x_0+x_1}{2}x_0+\left(x_0x_1-\dfrac{1}{4}\right)\left(x_0^2-\dfrac{1}{4}\right)}{|\overrightarrow{FP}|\sqrt{x_0^2+\left(x_0^2-\dfrac{1}{4}\right)^2}}$$

$$=\frac{x_0x_1+\frac{1}{4}}{|\overrightarrow{FP}|},$$

同理
$$\cos\angle BFP=\frac{\overrightarrow{FP}\cdot\overrightarrow{FB}}{|\overrightarrow{FP}||\overrightarrow{FB}|}$$

$$=\frac{\frac{x_0+x_1}{2}x_1+\left(x_0x_1-\frac{1}{4}\right)\left(x_1^2-\frac{1}{4}\right)}{|\overrightarrow{FP}|\sqrt{x_1^2+\left(x_1^2-\frac{1}{4}\right)^2}}=\frac{x_0x_1+\frac{1}{4}}{|\overrightarrow{FP}|},$$

所以 $\angle AFP=\angle PFB$.

读者可尝试探究: 如果 P 不在 $x-y-2=0$ 上, 是否仍有结论 $\angle PFA$ $=\angle PFB$.

【例 12.10】 如图 12-8, 设椭圆 $\frac{x^2}{a^2}+\frac{y^2}{b^2}=1(a>b>0)$ 的左右焦点分别为 F_1 和 F_2, 离心率 $e=\frac{\sqrt{2}}{2}$, 右准线为 l, M 和 N 是 l 上的两个动点, $\overrightarrow{F_1M}\cdot\overrightarrow{F_2N}=0$,

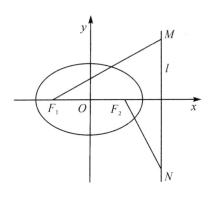

图 12-8

(1) 若 $|\overrightarrow{F_1M}|=|\overrightarrow{F_2N}|=2\sqrt{5}$, 求 a 和 b 的值;

(2) 证明: 当 $|MN|$ 取最小值时, $\overrightarrow{F_1M}+\overrightarrow{F_2N}$ 与 $\overrightarrow{F_1F_2}$ 共线.

解 (1) 由 $a^2-b^2=c^2$ 与 $e=\frac{c}{a}=\frac{\sqrt{2}}{2}$, 得 $a^2=2b^2$, $F_1\left(-\frac{\sqrt{2}}{2}a,0\right)$, $F_2\left(\frac{\sqrt{2}}{2}a,0\right)$,

l 的方程为 $x=\sqrt{2}a$,设 $M(\sqrt{2}a,y_1),N(\sqrt{2}a,y_2)$,则

$$\overrightarrow{F_1M}=\left(\frac{3\sqrt{2}}{2}a,y_1\right),\overrightarrow{F_2N}=\left(\frac{\sqrt{2}}{2}a,y_2\right),$$

由 $\overrightarrow{F_1M}\cdot\overrightarrow{F_2N}=0$ 得 $y_1y_2=-\frac{3}{2}a^2<0$;

由 $|\overrightarrow{F_1M}|=|\overrightarrow{F_2N}|=2\sqrt{5}$ 得

$$\sqrt{\left(\frac{3\sqrt{2}}{2}a\right)^2+y_1^2}=2\sqrt{5};\sqrt{\left(\frac{\sqrt{2}}{2}a\right)^2+y_2^2}=2\sqrt{5};$$

消去 y_1,y_2,得 $a^2=4$,故 $a=2,b=\sqrt{2}$.

(2) $|MN|^2=(y_1-y_2)^2=y_1^2+y_2^2-2y_1y_2\geqslant-2y_1y_2-2y_1y_2=-4y_1y_2=6a^2$;

当且仅当 $y_1=-y_2=\frac{\sqrt{6}}{2}a$ 时,$|MN|$ 取最小值 $\frac{\sqrt{6}}{2}a$,此时,

$$\overrightarrow{F_1M}+\overrightarrow{F_2N}=\left(\frac{3\sqrt{2}}{2}a,y_1\right)+\left(\frac{\sqrt{2}}{2}a,y_2\right)=(2\sqrt{2}a,y_1+y_2)$$

$$=(2\sqrt{2}a,0)=2\overrightarrow{F_1F_2},$$

故 $\overrightarrow{F_1M}+\overrightarrow{F_2N}$ 与 $\overrightarrow{F_1F_2}$ 共线.

【例 12.11】 已知双曲线 $x^2-y^2=2$ 的左、右焦点分别为 F_1 和 F_2,过点 F_2 的动直线与双曲线相交于 A 和 B 两点.

(1)若动点 M 满足 $\overrightarrow{F_1M}=\overrightarrow{F_1A}+\overrightarrow{F_1B}+\overrightarrow{F_1O}$(其中 O 为坐标原点),求点 M 的轨迹方程;

(2)在 x 轴上是否存在定点 C,使得 $\overrightarrow{CA}\cdot\overrightarrow{CB}$ 为常数? 若存在,求出点 C 的坐标;若不存在,请说明理由.(2007 年湖南高考试题)

解 由题意得 $F_1(-2,0),F_2(2,0)$,设 $A(x_1,y_1),B(x_2,y_2)$,

(1)设 $M(x,y)$,则 $\overrightarrow{F_1M}=(x+2,y)$,$\overrightarrow{F_1A}=(x_1+2,y_1)$,$\overrightarrow{F_1B}=(x_2+2,y_2)$,

$\overrightarrow{F_1O}=(2,0)$,由 $\overrightarrow{F_1M}=\overrightarrow{F_1A}+\overrightarrow{F_1B}+\overrightarrow{F_1O}$ 得

$$x+2=x_1+x_2+6,y=y_1+y_2,$$

当 AB 不与 x 轴垂直时,设直线 AB 的方程是 $y=k(x-2)(k\neq\pm1)$,

代入 $x^2-y^2=2$ 得 $(1-k^2)x^2+4k^2x-(4k^2+2)=0$,所以

$$x-4=x_1+x_2=\frac{4k^2}{k^2-1},$$

$$y=y_1+y_2=k(x_1+x_2-4)$$

$$=k\left(\frac{4k^2}{k^2-1}-4\right)$$

$$=\frac{4k}{k^2-1};$$

当 $k\neq 0$ 时,$y\neq 0$,$\dfrac{x-4}{y}=k$,

$$y=\frac{4\,\dfrac{x-4}{y}}{\dfrac{(x-4)^2}{y^2}-1}=\frac{4y(x-4)}{(x-4)^2-y^2},$$

得 $(x-6)^2-y^2=4$. 当 $k=0$ 时,点 M 的坐标为 $(4,0)$,满足上述方程. 当 AB 与 x 轴垂直时,$x_1=x_2=2$,求得 $M(8,0)$,也满足上述方程. 故点 M 的轨迹方程是 $(x-6)^2-y^2=4$.

(2)假设在 x 轴上存在定点 $C(m,0)$,使得 $\overrightarrow{CA}\cdot\overrightarrow{CB}$ 为常数,当 AB 不与 x 轴垂直时,由(1)有

$$x_1+x_2=\frac{4k^2}{k^2-1},\quad x_1x_2=\frac{4k^2+2}{k^2-1}.$$

于是

$$\overrightarrow{CA}\cdot\overrightarrow{CB}=(x_1-m)(x_2-m)+k^2(x_1-2)(x_2-2)$$

$$=(k^2+1)x_1x_2-(2k^2+m)(x_1+x_2)+4k^2+m^2$$

$$=\frac{(k^2+1)(4k^2+2)}{k^2-1}-\frac{4k^2(2k^2+m)}{k^2-1}+4k^2+m^2$$

$$=\frac{2(1-2m)k^2+2}{k^2-1}+m^2$$

$$=2(1-2m)+\frac{4-4m}{k^2-1}+m^2.$$

因为 $\overrightarrow{CA}\cdot\overrightarrow{CB}$ 是与 k 无关的常数,所以 $4-4m=0$,即 $m=1$,此时 $\overrightarrow{CA}\cdot\overrightarrow{CB}=$

-1;当 AB 与 x 轴垂直时,点 A 和 B 的坐标可分别设为 $(2,\sqrt{2})$,$(2,-\sqrt{2})$,此时 $\overrightarrow{CA} \cdot \overrightarrow{CB} = (1,\sqrt{2}) \cdot (1,-\sqrt{2}) = -1$,故在 x 轴上存在定点 $C(1,0)$,使得 $\overrightarrow{CA} \cdot \overrightarrow{CB}$ 为常数.

【例 12.12】 如图 12-9,M 是圆 $x^2+y^2-6x-8y=0$ 上的动点,O 是原点,N 是射线 OM 上的点. 若 $OM \cdot ON = 150$,求点 N 的轨迹(高二第十届希望杯竞赛试题).

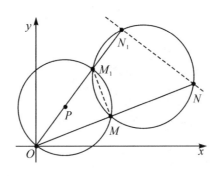

图 12-9

分析 当我们不知 N 的轨迹是什么样的曲线时,可以找一些特殊点来做试探. 此题中点 M 有 3 个特殊点,在 x 轴、y 轴上,还有在 OP 上,其中设 P 是 $x^2+y^2-6x-8y=0$ 的圆心.

综合几何证法 如图,如果 M_1 和 N_1 是满足条件 $OM \cdot ON = 150$ 的 M 和 N 的特例,则 $OM \cdot ON = OM_1 \cdot ON_1 = 150$. 由圆幂定理得 M_1,N_1,M,N 四点共圆,$\angle OMM_1 = \angle ON_1N = 90°$,其中 $P(3,4)$,$M_1(6,8)$,$N_1(9,12)$,所以所求 N 的轨迹是过 N_1 且垂直于 ON_1 的直线 $3x+4y-75=0$.

向量证法 $M_1(6,8)$,设 $N(x,y)$,由 $\overrightarrow{OM_1} \cdot \overrightarrow{ON_1} = OM \cdot ON = 150$ 得 $(6,8) \cdot (x,y) = 150$,即 $3x+4y-75=0$.

两种证法比较,从所用知识点,综合几何证法用到圆幂定理、四点共圆等性质,而向量证法只用到投影的性质,且计算量要少一些.

在现在的高考中,不少题目只是将向量作为幌子置于其中,譬如像下面这道2008年全国高考试题,其中条件如果直接写成 $ED=6DF$,岂不更省事?

【例 12. 13】 如图 12-10,设椭圆中心在坐标原点,$A(2,0)$,$B(0,1)$ 是它的两个顶点,直线 $y=kx(k>0)$ 与 AB 相交于点 D,与椭圆相交于 E 和 F 两点.

(1)若 $\overrightarrow{ED}=6\overrightarrow{DF}$,求 k 的值;

(2)求四边形 $AEBF$ 面积的最大值.

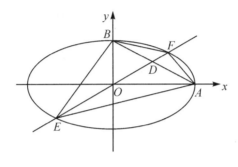

图 12-10

第十三章

向量法与不等式

一些资料介绍了向量法解不等式问题,但仔细琢磨,就会发现很多问题是可以不用向量法解决的.

未引入向量,有关数量积性质问题,通常用柯西不等式解决;而与三角不等式相关的题目,一般用解析法中的距离公式解决.

既然向量法能完成的工作用已有工具就能完成,那还有没有引入向量法的必要呢? 引入向量之后,又有何不同呢?

向量的引入,为证明不等式提供了一条新思路. 向量法解不等式问题能使解题的操作变得简便,而且有其独特之处. 在下面的例题中,我们将就具体问题谈向量法的特点和优势.

向量法解不等式问题的工具很简单,主要是下面两点.

数量积性质 $m \cdot n \leqslant |m \cdot n| \leqslant |m||n|$,及其变形$(m \cdot n)^2 \leqslant |m|^2|n|^2$.

三角不等式

$$||m| - |n|| \leqslant |m \pm n| \leqslant |m| + |n|.$$

柯西不等式及常见变式如下:

柯西不等式：$\left(\sum\limits_{i=1}^{n} a_i^2\right)\left(\sum\limits_{i=1}^{n} b_i^2\right) \geqslant \left(\sum\limits_{i=1}^{n} a_i^2 b_i^2\right).$

柯西不等式变式：$\sum\limits_{i=1}^{n} \dfrac{a_i^2}{b_i} \geqslant \dfrac{\left(\sum\limits_{i=1}^{n} a_i\right)^2}{\sum\limits_{i=1}^{n} a_i b_i}$，其中 $a_i b_i > 0$；

$$\sum\limits_{i=1}^{n} \dfrac{a_i^2}{b_i} \geqslant \dfrac{\left(\sum\limits_{i=1}^{n} a_i\right)^2}{\sum\limits_{i=1}^{n} b_i}，其中 b_i > 0；\quad \sum\limits_{i=1}^{n} a_i b_i^2 \geqslant \dfrac{\left(\sum\limits_{i=1}^{n} a_i b_i\right)^2}{\sum\limits_{i=1}^{n} a_i}，$$

其中 $a_i > 0$.

柯西不等式的种种变式记忆起来颇为麻烦，且不等式变形之后，需注意的事项也不少；而向量法解不等式问题规则简单很多，无需死记公式，见招拆招，根据题目条件构造向量即可，柯西不等式的种种变式都包含其中.

不等式问题，当等号可以成立的时候，就变成了等式问题，或者是最值问题.

【例 13.1】 解方程组 $\begin{cases} x^2 + y^2 + z^2 = \dfrac{9}{4}, \\ -8x + 6y - 24z = 39. \end{cases}$

解 构造向量 $\boldsymbol{m} = (x, y, z)$，$\boldsymbol{n} = (-8, 6, -24)$，设 $\boldsymbol{m}$ 与 $\boldsymbol{n}$ 的夹角为 θ，则 $\cos\theta$ $= \dfrac{\boldsymbol{m} \cdot \boldsymbol{n}}{|\boldsymbol{m}||\boldsymbol{n}|} = \dfrac{39}{39} = 1$，所以 $\boldsymbol{m}$ 和 $\boldsymbol{n}$ 同向；设 $x = -8t, y = 6t, z = -24t$，代入 $-8x + 6y$ $-24z = 39$，解得 $t = \dfrac{3}{52}$，方程的解为

$$x = -\dfrac{6}{13}, y = \dfrac{9}{26}, z = -\dfrac{18}{13}.$$

【例 13.2】 已知 $a\sqrt{1-b^2} + b\sqrt{1-a^2} = 1$，求证 $a^2 + b^2 = 1$

证明 构造向量 $\boldsymbol{m} = (a, \sqrt{1-a^2})$，$\boldsymbol{n} = (\sqrt{1-b^2}, b)$，由 $\boldsymbol{m} \cdot \boldsymbol{n} = |\boldsymbol{m}||\boldsymbol{n}| = 1$ 得 $\boldsymbol{m}$ 和 $\boldsymbol{n}$ 同向，所以 $ab = \sqrt{1-a^2}\sqrt{1-b^2}$，即 $a^2 + b^2 = 1$.

此题证法很多，有配方法、三角代换等多种手段，下面利用基本不等式来解. $1 = a$ $\sqrt{1-b^2} + b\sqrt{1-a^2} \leqslant \dfrac{a^2 + 1 - b^2}{2} + \dfrac{b^2 + 1 - a^2}{2} = 1$，等号当且仅当 $a^2 = 1 - b^2$ 时成立.

仿照例 2，可解：已知 $\dfrac{\cos^4\alpha}{\cos^2\beta} + \dfrac{\sin^4\alpha}{\sin^2\beta} = 1$，求证 $\dfrac{\cos^4\beta}{\cos^2\alpha} + \dfrac{\sin^4\beta}{\sin^2\alpha} = 1$.

证明 构造向量 $m=\left(\dfrac{\cos^2\alpha}{\cos\beta},\dfrac{\sin^2\alpha}{\sin\beta}\right)$, $n=(\cos\beta,\sin\beta)$, 由 $m\cdot n=|m||n|=1$ 得

m 和 n 同向, 所以 $\dfrac{\cos^2\alpha}{\cos^2\beta}=\dfrac{\sin^2\alpha}{\sin^2\beta}$, 即 $\tan^2\alpha=\tan^2\beta$, 所以 $\sin^2\alpha=\sin^2\beta$, $\cos^2\alpha=\cos^2\beta$,

从而 $\dfrac{\cos^4\beta}{\cos^2\alpha}+\dfrac{\sin^4\beta}{\sin^2\alpha}=1$.

也可以采用更自然的方法.

$$\sin^2\beta(1-\sin^2\alpha)^2+(1-\sin^2\beta)\sin^4\alpha-\sin^2\beta(1-\sin^2\beta)=0,$$

从而得 $(\sin^2\alpha-\sin^2\beta)^2=0$, 可得

$$\dfrac{\cos^4\beta}{\cos^2\alpha}+\dfrac{\sin^4\beta}{\sin^2\alpha}=1.$$

【例 13.3】 已知 $\alpha,\beta\in\left(0,\dfrac{\pi}{2}\right)$, 且 $\cos\alpha+\cos\beta-\cos(\alpha+\beta)=\dfrac{3}{2}$, 求 α 和 β 的值.

解 两个未知数, 一个方程, 需要利用等式中暗藏的关系.

原条件可化为 $\sin\alpha\sin\beta+(1-\cos\alpha)\cos\beta=\dfrac{3}{2}-\cos\alpha$. 构造向量 $m=(\sin\alpha,1-\cos\alpha)$, $n=(\sin\beta,\cos\beta)$, 由 $|m\cdot n|\leqslant|m||n|$ 得

$$\left|\dfrac{3}{2}-\cos\alpha\right|\leqslant\sqrt{\sin^2\alpha+(1-\cos\alpha)^2}\sqrt{\sin^2\beta+\cos^2\beta},$$

解得 $\left(\cos\alpha-\dfrac{1}{2}\right)^2\leqslant0$, $\alpha=\dfrac{\pi}{3}$; 根据 α 和 β 的对称性可知 $\beta=\dfrac{\pi}{3}$.

【例 13.4】 已知 a_i 是两两不等的正整数, 求证

$$\dfrac{a_1}{1^2}+\dfrac{a_2}{2^2}+\cdots+\dfrac{a_n}{n^2}\geqslant1+\dfrac{1}{2}+\cdots+\dfrac{1}{n}.$$

证明 构造向量

$$m=\left(\dfrac{\sqrt{a_1}}{1},\dfrac{\sqrt{a_2}}{2},\cdots,\dfrac{\sqrt{a_n}}{n}\right),\quad n=\left(\dfrac{1}{\sqrt{a_1}},\dfrac{1}{\sqrt{a_2}},\cdots,\dfrac{1}{\sqrt{a_n}}\right),$$

由 $|m||n|\geqslant m\cdot n$ 得

$$\sqrt{\dfrac{a_1}{1^2}+\dfrac{a_2}{2^2}+\cdots+\dfrac{a_n}{n^2}}\sqrt{\dfrac{1}{a_1}+\dfrac{1}{a_2}+\cdots+\dfrac{1}{a_n}}\geqslant1+\dfrac{1}{2}+\cdots+\dfrac{1}{n};$$

由于 a_i 是两两不等的正整数,则

$$\frac{1}{a_1}+\frac{1}{a_2}+\cdots+\frac{1}{a_n}\leqslant 1+\frac{1}{2}+\cdots+\frac{1}{n};$$

所以 $\dfrac{a_1}{1^2}+\dfrac{a_2}{2^2}+\cdots+\dfrac{a_n}{n^2}\geqslant 1+\dfrac{1}{2}+\cdots+\dfrac{1}{n}.$

【例 13.5】 设 $a_1,a_2,\cdots,a_n\in\mathbf{R}^+$,将

$$A_n=\frac{a_1+a_2+\cdots+a_n}{n},G_n=\sqrt[n]{a_1a_2\cdots a_n},$$

$$H_n=\frac{n}{\dfrac{1}{a_1}+\dfrac{1}{a_2}+\cdots+\dfrac{1}{a_n}},Q_n=\sqrt{\frac{a_1^2+a_2^2+\cdots+a_n^2}{n}}$$

分别叫做这 n 个正数的算术平均数、几何平均数、调和平均数和平方平均数,则 H_n $\leqslant G_n\leqslant A_n\leqslant Q_n$,即

$$\sqrt{\frac{a_1^2+a_2^2+\cdots+a_n^2}{n}}\geqslant\frac{a_1+a_2+\cdots+a_n}{n}\geqslant\sqrt[n]{a_1a_2\cdots a_n}$$

$$\geqslant\frac{n}{\dfrac{1}{a_1}+\dfrac{1}{a_2}+\cdots+\dfrac{1}{a_n}},$$

其中等号成立的充要条件是 $a_1=a_2=\cdots=a_n.$

证明 构造向量 $\boldsymbol{m}=(a_1,a_2,\cdots,a_n),\boldsymbol{n}=(1,1,\cdots,1)$,由 $|\boldsymbol{m}||\boldsymbol{n}|\geqslant\boldsymbol{m}\cdot\boldsymbol{n}$ 得

$\sqrt{a_1^2+a_2^2+\cdots+a_n^2}\sqrt{n}\geqslant a_1+a_1+\cdots+a_n$,即

$$\sqrt{\frac{a_1^2+a_2^2+\cdots+a_n^2}{n}}\geqslant\frac{a_1+a_2+\cdots+a_n}{n}.$$

构造向量 $\boldsymbol{m}=(\sqrt{a_1},\sqrt{a_2},\cdots,\sqrt{a_n}),\boldsymbol{n}\geqslant\left(\sqrt{\dfrac{1}{a_1}},\sqrt{\dfrac{1}{a_2}},\cdots,\sqrt{\dfrac{1}{a_n}}\right)$,由 $|\boldsymbol{m}||\boldsymbol{n}|\geqslant$

$\boldsymbol{m}\cdot\boldsymbol{n}$ 得 $\sqrt{a_1+a_2+\cdots+a_n}\sqrt{\dfrac{1}{a_1}+\dfrac{1}{a_2}+\cdots+\dfrac{1}{a_n}}\geqslant n$,即

$$\frac{a_1+a_2+\cdots+a_n}{n}\geqslant\frac{n}{\dfrac{1}{a_1}+\dfrac{1}{a_2}+\cdots+\dfrac{1}{a_n}}.$$

在不等式的证明中,均值不等式是常常用到的.这提醒我们有些题目原来是用

均值不等式解决的,可尝试用向量法解决.

注:作者尝试用向量法证明$\dfrac{a_1+a_2+\cdots+a_n}{n}\geqslant\sqrt[n]{a_1a_2\cdots a_n}$,但感觉不太可能. 比较简单的证明是利用$e^x\geqslant ex$;设$G=\sqrt[n]{a_1a_2\cdots a_n}$,则

$$e^{\frac{a_1+a_2+\cdots+a_n}{G}}=e^{\frac{a_1}{G}}\cdot e^{\frac{a_2}{G}}\cdot\cdots\cdot e^{\frac{a_n}{G}}\geqslant\frac{ea_1}{G}\cdot\frac{ea_2}{G}\cdot\cdots\cdot\frac{ea_n}{G}=e^n,$$

即$\dfrac{a_1+a_2+\cdots+a_n}{n}\geqslant\sqrt[n]{a_1a_2\cdots a_n}$.

【例 13.6】 求证:$\dfrac{1}{a-b}+\dfrac{1}{b-c}+\dfrac{4}{c-a}\geqslant0$,其中$a>b>c$.

证法 1 由均值不等式得

$$\dfrac{\dfrac{1}{a-b}+\dfrac{1}{b-c}}{2}\geqslant\dfrac{2}{a-b+b-c},$$

所以

$$\dfrac{1}{a-b}+\dfrac{1}{b-c}+\dfrac{4}{c-a}\geqslant0,$$

其中$2b=a+c$时等号成立.

证法 2 构造向量$\boldsymbol{m}=\left(\dfrac{1}{\sqrt{a-b}},\dfrac{1}{\sqrt{b-c}}\right),\boldsymbol{n}=(\sqrt{a-b},\sqrt{b-c})$,由$|\boldsymbol{m}||\boldsymbol{n}|\geqslant\boldsymbol{m}\cdot\boldsymbol{n}$

得$\sqrt{\left(\dfrac{1}{a-b}+\dfrac{1}{b-c}\right)(a-c)}\geqslant2$,所以

$$\dfrac{1}{a-b}+\dfrac{1}{b-c}+\dfrac{4}{c-a}\geqslant0,$$

其中$2b=a+c$时等号成立.

【例 13.7】 证明:$\dfrac{a^2}{b-k}+\dfrac{b^2}{a-k}\geqslant8k$,其中$a>k,b>k$.

证明 构造向量$\boldsymbol{m}=(\sqrt{b-k},\sqrt{a-k}),\boldsymbol{n}=\left(\dfrac{a}{\sqrt{b-k}},\dfrac{b}{\sqrt{a-k}}\right)$,由$|\boldsymbol{m}||\boldsymbol{n}|\geqslant\boldsymbol{m}\cdot\boldsymbol{n}$

得$(a-k+b-k)\left(\dfrac{a^2}{b-k}+\dfrac{b^2}{a-k}\right)\geqslant(a+b)^2$,即

$$\frac{a^2}{b-k}+\frac{b^2}{a-k}\geqslant\frac{(a+b)^2}{a+b-2k}=a+b-2k+\frac{4k^2}{a+b-2k}+4k\geqslant2\sqrt{4k^2}+4k\geqslant8k,$$

所以 $\dfrac{a^2}{b-k}+\dfrac{b^2}{a-k}\geqslant8k$.

【例 13.8】 求证：$\dfrac{1}{1-x^2}+\dfrac{1}{1-y^2}\geqslant\dfrac{2}{1-xy}$，其中 $|x|<1,|y|<1$.

证明 构造向量 $\boldsymbol{m}=\left(\dfrac{1}{\sqrt{1-x^2}},\dfrac{1}{\sqrt{1-y^2}}\right),\boldsymbol{n}=(\sqrt{1-x^2},\sqrt{1-y^2})$，由 $|\boldsymbol{m}|^2|\boldsymbol{n}$

$|^2\geqslant(\boldsymbol{m}\cdot\boldsymbol{n})^2$ 得 $\left(\dfrac{1}{1-x^2}+\dfrac{1}{1-y^2}\right)(1-x^2+1-y^2)\geqslant4$，即

$$\frac{1}{1-x^2}+\frac{1}{1-y^2}\geqslant\frac{4}{2-(x^2+y^2)}\geqslant\frac{4}{2-2xy}=\frac{2}{1-xy},$$

所以 $\dfrac{1}{1-x^2}+\dfrac{1}{1-y^2}\geqslant\dfrac{2}{1-xy}$.

【例 13.9】 设 $a,b,c\in\mathbf{R}^+$，满足 $a\cos^2\alpha+b\sin^2\alpha<c$，求证：

$$\sqrt{a}\cos^2\alpha+\sqrt{b}\sin^2\alpha<\sqrt{c}.$$

证明 构造向量 $\boldsymbol{m}=(\sqrt{a}\cos\alpha,\sqrt{b}\sin\alpha),\boldsymbol{n}=(\cos\alpha,\sin\alpha)$，由 $\boldsymbol{m}\cdot\boldsymbol{n}\leqslant|\boldsymbol{m}||\boldsymbol{n}|$ 得

$$\sqrt{a}\cos^2\alpha+\sqrt{b}\sin^2\alpha\leqslant\sqrt{a\cos^2\alpha+b\sin^2\alpha}\sqrt{\cos^2\alpha+\sin^2\alpha}<\sqrt{c}.$$

【例 13.10】 已知

$$\frac{(x-1)^2}{16}+\frac{(y+2)^2}{5}+\frac{(z-3)^2}{4}=1,$$

求 $x+y+z$ 的取值范围.

证明 构造向量 $\boldsymbol{m}=\left(\dfrac{x-1}{4},\dfrac{y+2}{\sqrt{5}},\dfrac{z-3}{2}\right),\boldsymbol{n}=(4,\sqrt{5},2)$，由 $|\boldsymbol{m}|^2|\boldsymbol{n}|^2\geqslant$

$(\boldsymbol{m}\cdot\boldsymbol{n})^2$ 得

$$\left[\frac{(x-1)^2}{16}+\frac{(y+2)^2}{5}+\frac{(z-3)^2}{4}\right](16+5+4)\geqslant(x+y+z-2)^2,$$

即 $25\geqslant(x+y+z-2)^2$，即 $-5\leqslant x+y+z-2\leqslant5$，所以 $-3\leqslant x+y+z\leqslant7$.

【例 13.11】 设 x 和 y 为正数，不等式 $\sqrt{x}+\sqrt{y}\leqslant a\sqrt{x+y}$ 恒成立，求 a 的取值

范围.

解 构造向量 $m=(\sqrt{x},\sqrt{y})$，$n=(1,1)$，由 $m\cdot n\leqslant|m||n|$ 得 $\sqrt{x}+\sqrt{y}\leqslant\sqrt{2}\cdot\sqrt{x+y}$，又不等式 $\sqrt{x}+\sqrt{y}\leqslant a\sqrt{x+y}$ 恒成立，所以 $a\geqslant\sqrt{2}$.

【例 13.12】 设 $\dfrac{3}{2}\leqslant x\leqslant 5$，证明：$2\sqrt{x+1}+\sqrt{2x-3}+\sqrt{15-3x}<2\sqrt{19}$.

证明 构造向量

$$m=(\sqrt{8},\sqrt{5},\sqrt{3}),\quad n=\left(\sqrt{\dfrac{x}{2}+\dfrac{1}{2}},\sqrt{\dfrac{x}{2}-\dfrac{3}{4}},\sqrt{5-x}\right),由 m\cdot n\leqslant|m||n| 得$$

$$\sqrt{8}\sqrt{\dfrac{x}{2}+\dfrac{1}{2}}+\sqrt{4}\sqrt{\dfrac{x}{2}-\dfrac{3}{4}}+\sqrt{3}\sqrt{5-x}\leqslant\sqrt{15\cdot\dfrac{19}{4}}<2\sqrt{19},$$

所以 $2\sqrt{x+1}+\sqrt{2x-3}+\sqrt{15-3x}<2\sqrt{19}$.

【例 13.13】 已知 $a,b\in\mathbf{R}^+$，$a+b=1$，求证：

$$\sqrt{2a+1}+\sqrt{2b+1}\leqslant 2\sqrt{2}.$$

证明 构造向量 $m=(1,1)$，$n=(\sqrt{2a+1},\sqrt{2b+1})$，由 $m\cdot n\leqslant|m||n|$ 得 $\sqrt{2a+1}+\sqrt{2b+1}\leqslant 2\sqrt{2}$.

【例 13.14】 设 $a,b,c,d\in\mathbf{R}^+$，且 $a+b+c+d=1$，求证：

$$\sqrt{4a-1}+\sqrt{4b+1}+\sqrt{4c+1}+\sqrt{4d+1}\leqslant 4\sqrt{2}.$$

证明 构造向量

$$m=(1,1,1,1),\quad n=(\sqrt{4a+1},\sqrt{4b+1},\sqrt{4c+1},\sqrt{4d+1}),由 m\cdot n\leqslant|m||n|$$

得 $\sqrt{4a+1}+\sqrt{4b+1}+\sqrt{4c+1}+\sqrt{4d+1}\leqslant 4\sqrt{2}$.

【例 13.15】 设 a_i 都是正数，且 $a_1+a_2+\cdots+a_n=1$，求证：

$$\dfrac{a_1^2}{a_1+a_2}+\dfrac{a_2^2}{a_2+a_3}+\cdots+\dfrac{a_n^2}{a_n+a_1}\geqslant\dfrac{1}{2}.$$

证明 构造向量

$$m=\left(\dfrac{a_1}{\sqrt{a_1+a_2}},\dfrac{a_2}{\sqrt{a_2+a_3}},\cdots,\dfrac{a_n}{\sqrt{a_n+a_1}}\right),$$

$$n=(\sqrt{a_1+a_2},\sqrt{a_2+a_3},\cdots,\sqrt{a_n+a_1}),$$

由 $|\boldsymbol{m}||\boldsymbol{n}|\geqslant \boldsymbol{m}\cdot \boldsymbol{n}$ 得

$$\sqrt{\frac{a_1^2}{a_1+a_2}+\frac{a_2^2}{a_2+a_3}+\cdots+\frac{a_n^2}{a_n+a_1}}\cdot\sqrt{a_1+a_2+a_2+a_3+\cdots+a_{n-1}+a_n+a_n+a_1}\geqslant$$

$a_1+a_2+a_3+\cdots+a_{n-1}+a_n,$

所以

$$\frac{a_1^2}{a_1+a_2}+\frac{a_2^2}{a_2+a_3}+\cdots+\frac{a_n^2}{a_n+a_1}$$

$$\geqslant\frac{(a_1+a_2+a_3+\cdots+a_{n-1}+a_n)^2}{2(a_1+a_2+a_3+\cdots+a_{n-1}+a_n)}=\frac{1}{2}.$$

【例 13.16】 若 $x,y,z\in \mathbf{R}^+$, 且 $x+y+z=1$, 求证:

$$\frac{1}{x}+\frac{4}{y}+\frac{9}{z}\geqslant 36.$$

证明 构造向量 $\boldsymbol{m}=(\sqrt{x},\sqrt{y},\sqrt{z})$, $\boldsymbol{n}=\left(\frac{1}{\sqrt{x}},\frac{2}{\sqrt{y}},\frac{3}{\sqrt{z}}\right)$, 由 $|\boldsymbol{m}||\boldsymbol{n}|\geqslant \boldsymbol{m}\cdot \boldsymbol{n}$ 得

$\sqrt{\frac{1}{x}+\frac{4}{y}+\frac{9}{z}}\geqslant 6$, 所以 $\frac{1}{x}+\frac{4}{y}+\frac{9}{z}\geqslant 36$.

【例 13.17】 已知 a_i 均为正数, 且 $a_1+a_2+\cdots+a_n=S$, 求证:

$$\sqrt{a_1}+\sqrt{a_2}+\cdots+\sqrt{a_n}\leqslant\sqrt{nS}.$$

证明 构造向量 $\boldsymbol{a}=(\sqrt{a_1},\sqrt{a_2},\cdots,\sqrt{a_n})$, $\boldsymbol{b}=(1,1,\cdots,1)$, 由 $|\boldsymbol{m}||\boldsymbol{n}|\geqslant \boldsymbol{m}\cdot \boldsymbol{n}$ 得 $\sqrt{a_1+a_2+\cdots+a_n}\sqrt{n}\geqslant\sqrt{a_1}+\sqrt{a_2}+\cdots+\sqrt{a_n}$, 所以 $\sqrt{a_1}+\sqrt{a_2}+\cdots+\sqrt{a_n}$ $\leqslant\sqrt{nS}$.

【例 13.18】 设 $a,b,c\in \mathbf{R}^+$, $abc=1$, 求证:

$$\frac{1}{a^3(b+c)}+\frac{1}{b^3(a+c)}+\frac{1}{c^3(a+b)}\geqslant\frac{3}{2}.$$

证明 构造向量 $\boldsymbol{m}=(\sqrt{a(b+c)},\sqrt{b(a+c)},\sqrt{c(a+b)})$, $\boldsymbol{n}=\left(\sqrt{\frac{1}{a^3(b+c)}}\cdot\right.$

$\sqrt{\frac{1}{b^3(a+c)}}\cdot\left.\sqrt{\frac{1}{c^3(a+b)}}\right)$,

由 $|m|^2|n|^2\geqslant|m\cdot n|^2$ 得

$$[a(b+c)+b(c+a)+c(a+b)]\left[\frac{1}{a^3(b+c)}+\frac{1}{b^3(a+c)}+\frac{1}{c^3(a+b)}\right]$$

$$\geqslant\left(\frac{1}{a}+\frac{1}{b}+\frac{1}{c}\right)^2,$$

即

$$\frac{1}{a^3(b+c)}+\frac{1}{b^3(a+c)}+\frac{1}{c^3(a+b)}$$

$$\geqslant\frac{\left(\dfrac{1}{a}+\dfrac{1}{b}+\dfrac{1}{c}\right)^2}{a(b+c)+b(c+a)+c(a+b)}$$

$$=\frac{ab+bc+ca}{2}\geqslant\frac{3\sqrt[3]{a^2b^2c^2}}{2}=\frac{3}{2}.$$

【例 13.19】 求证：$(a^4+b^4)(a^2+b^2)\geqslant(a^3+b^3)^2$.

证明 构造各量 $m=(a,b),n=(a^2,b^2)$，由 $|m|^2|n|^2\geqslant|m\cdot n|^2$ 得 (a^4+b^4) $(a^2+b^2)\geqslant(a^3+b^3)^2$.

【例 13.20】 求证：$3(1+a^2+a^4)\geqslant(1+a+a^2)^2$.

证明 构造向量 $m=(1,a,a^2),n=(1,1,1)$，由 $|m|^2|n|^2\geqslant|m\cdot n|^2$ 得 $3(1+a^2+a^4)\geqslant(1+a+a^2)^2$.

对于例 13.19 和例 13.20 这样的题目，如果项数较少，直接展开化简即可. 但项数较多时，譬如例 13.21，展开化简则较烦琐. 使用向量法则无此麻烦.

【例 13.21】 设 x_i 是正数，求证：

$$\frac{x_1^2}{x_2}+\frac{x_2^2}{x_3}+\cdots+\frac{x_{n-1}^2}{x_n}+\frac{x_n^2}{x_1}\geqslant x_1+x_2+\cdots+x_n.$$

证明 构造向量

$$m=\left(\frac{x_1}{\sqrt{x_2}},\frac{x_2}{\sqrt{x_3}},\cdots,\frac{x_n}{\sqrt{x_1}}\right),n=(\sqrt{x_2},\sqrt{x_3},\cdots,\sqrt{x_1}),$$

由 $|m||n|\geqslant m\cdot n$ 得

$$\sqrt{\frac{x_1^2}{x_2}+\frac{x_2^2}{x_3}+\cdots+\frac{x_n^2}{x_1}}\sqrt{x_1+x_2+\cdots+x_n}\geqslant x_1+x_2+\cdots+x_n,$$

所以

$$\frac{x_1^2}{x_2}+\frac{x_2^2}{x_3}+\cdots+\frac{x_{n-1}^2}{x_n}+\frac{x_n^2}{x_1}\geqslant x_1+x_2+\cdots+x_n.$$

【例 13.22】 已知 $a,b,c\in\mathbf{R}^+$,求证:

$$\frac{a^2}{b+c}+\frac{b^2}{c+a}+\frac{c^2}{a+b}\geqslant\frac{a+b+c}{2}.$$

证明 构造向量

$$\boldsymbol{m}=\left(\frac{a}{\sqrt{b+c}},\frac{b}{\sqrt{c+a}},\frac{c}{\sqrt{a+b}}\right),\boldsymbol{n}=(\sqrt{b+c},\sqrt{a+c},\sqrt{a+b}),$$

由 $|\boldsymbol{m}\cdot\boldsymbol{n}|^2\leqslant|\boldsymbol{m}|^2|\boldsymbol{n}|^2$ 得

$$\frac{a^2}{b+c}+\frac{b^2}{c+a}+\frac{c^2}{a+b}\geqslant\frac{a+b+c}{2}.$$

下面我们来证一个更一般的式子.

【例 13.23】 设 $x,y,z\in\mathbf{R}^+$,r,s,t 是不完全为 0 的非负实数,则

$$\frac{x^2}{rx+sy+tz}+\frac{y^2}{ry+sz+tx}+\frac{z^2}{rz+sx+ty}\geqslant\frac{x+y+z}{r+s+t}.$$

证明 构造向量

$$\boldsymbol{m}=(\sqrt{rx+sy+tz},\sqrt{ry+sz+tx},\sqrt{rz+sx+ty}),$$

$$\boldsymbol{n}=\left(\frac{x}{\sqrt{rx+sy+tz}},\frac{y}{\sqrt{ry+sz+tx}},\frac{z}{\sqrt{rz+sx+ty}}\right),$$

由 $|\boldsymbol{m}|^2|\boldsymbol{n}|^2\geqslant(\boldsymbol{m}\cdot\boldsymbol{n})^2$ 得

$$(rx+sy+tz+ry+sz+tx+rz+sx+ty)$$

$$\cdot\left(\frac{x^2}{rz+sy+tz}+\frac{y^2}{ry+sz+tx}+\frac{z^2}{rz+sx+ty}\right)$$

$$=(r+s+t)(x+y+z)\left(\frac{x^2}{rx+sy+tz}+\frac{y^2}{ry+sz+tx}+\frac{z^2}{rz+sx+ty}\right)$$

$$\geqslant(x+y+z)^2,$$

所以

$$\frac{x^2}{rx+sy+tz}+\frac{y^2}{ry+sz+tx}+\frac{z^2}{rz+sx+ty}\geqslant\frac{x+y+z}{r+s+t}.$$

在上式中,若 $r=s=t=1$,则 $x^2+y^2+z^2 \geqslant \dfrac{(x+y+z)^2}{3}$;

若 $r=s=1,t=0$,则 $\dfrac{x^2}{x+y}+\dfrac{y^2}{y+z}+\dfrac{z^2}{z+x} \geqslant \dfrac{x+y+z}{2}$;

若 $r=0,s=t=1$,则 $\dfrac{x^2}{y+z}+\dfrac{y^2}{z+x}+\dfrac{z^2}{x+y} \geqslant \dfrac{x+y+z}{2}$;

若 $r=t=0,s=1$,则 $\dfrac{x^2}{y}+\dfrac{y^2}{z}+\dfrac{z^2}{x} \geqslant x+y+z$;

若 $r=0$,则 $\dfrac{x^2}{sy+tz}+\dfrac{y^2}{sz+tx}+\dfrac{z^2}{sx+ty} \geqslant \dfrac{x+y+z}{s+t}$.

【例 13.24】 求函数 $y=\sqrt{3}x-\sqrt{1-x^2}$ 的最小值.

解法 1 显然 $|x| \leqslant 1$,不妨设 $x=\sin\theta,\theta \in \left[-\dfrac{\pi}{2}, \dfrac{\pi}{2}\right]$,则

$$\sqrt{3}x-\sqrt{1-x^2}=\sqrt{3}\sin\theta-\cos\theta=2\sin\left(\theta-\dfrac{\pi}{6}\right),$$

显然 $y_{min}=-2$.

解法 2 构造向量 $\boldsymbol{m}=(\sqrt{3},-1),\boldsymbol{n}=(x,\sqrt{1-x^2})$,由 $|\boldsymbol{m} \cdot \boldsymbol{n}| \geqslant -|\boldsymbol{m}||\boldsymbol{n}|$ 得 $\sqrt{3}x-\sqrt{1-x^2} \geqslant -2$.注意:求解最值后,需要检验此时是否存在符合条件的 x. 此法若是求最大值,检验就显得非常重要.

使用向量法不能荒废原有知识. 任何一种解题方法都有其优势,也有其不足. 有读者认为此题的解法 2 可以少记一个三角公式. 同样的,也有读者认为例子 13.25 的解法 2 比解法 1 可以少记一个不等式公式.

【例 13.25】 已知 $a+b+c+d+e=8,a^2+b^2+c^2+d^2+e^2=16$,求 e 的最大值.

解法 1 由均值不等式得

$$16-e^2=a^2+b^2+c^2+d^2 \geqslant \dfrac{1}{4}(a+b+c+d)^2=\dfrac{1}{4}(8-e)^2,$$

解 $16-e^2 \geqslant \dfrac{1}{4}(8-e)^2$ 得 $0 \leqslant e \leqslant \dfrac{16}{5}$,当 $a=b=c=d=\dfrac{16}{5}$ 时等号成立.

解法 2 构造向量 $\boldsymbol{m}=(a,b,c,d),\boldsymbol{n}=(1,1,1,1)$,由 $\boldsymbol{m} \cdot \boldsymbol{n} \leqslant |\boldsymbol{m}||\boldsymbol{n}|$ 得

$$|8-e|=|a+b+c+d| \leqslant \sqrt{4(a^2+b^2+c^2+d^2)}=\sqrt{4(16-e^2)};$$

解得 $0 \leqslant e \leqslant \dfrac{16}{5}$，当 $a=b=c=d=\dfrac{16}{5}$ 时等号成立.

【例 13.26】 已知 $a+2b+3c+4d+5e=30$，求 $S=a^2+2b^2+3c^2+4d^2+5e^2$ 的最小值.

证明 构造向量

$$\boldsymbol{m}=(a,\sqrt{2}b,\sqrt{3}c,\sqrt{4}d,\sqrt{5}e),\boldsymbol{n}=(1,\sqrt{2},\sqrt{3},\sqrt{4},\sqrt{5}),$$

由 $|\boldsymbol{m}||\boldsymbol{n}| \geqslant \boldsymbol{m} \cdot \boldsymbol{n}$ 得

$$\sqrt{a+2b^2+3c^2+4d^2+5e^2}\sqrt{1+2+3+4+5} \geqslant a+2b+3c+4d+5e,$$

则

$$S=a^2+2b^2+3c^2+4d^2+5e^2 \geqslant \dfrac{(a+2b+3c+4d+5e)^2}{1+2+3+4+5}=\dfrac{30^2}{15}=60.$$

【例 13.27】 求函数 $y=\sqrt{2x-1}+\sqrt{5-2x}\left(\dfrac{1}{2}<x<\dfrac{5}{2}\right)$ 的最大值.

解 设 $\boldsymbol{m}=(\sqrt{2x-1},\sqrt{5-2x}),\boldsymbol{n}=(1,1)$，由 $\boldsymbol{m} \cdot \boldsymbol{n} \leqslant |\boldsymbol{m}||\boldsymbol{n}|$ 得

$$y=\sqrt{2x-1}+\sqrt{5-2x} \leqslant 2\sqrt{2};$$

当 $\dfrac{1}{\sqrt{2x-1}}=\dfrac{1}{\sqrt{5-2x}}$，即 $x=\dfrac{3}{2}$ 时，$y_{\max}=2\sqrt{2}$.

【例 13.28】 设 a,b,c,S 分别为某三角形的边长和面积，求证 $a^2+b^2+c^2 \geqslant 4\sqrt{3}S$.

证明 由 $\sin^2 A+\cos^2 A=1$ 得

$$\left(\dfrac{2S}{bc}\right)^2+\left(\dfrac{b^2+c^2-a^2}{2ac}\right)^2=1,$$

即 $16S^2=4b^2c^2-(b^2+c^2-a^2)^2$，从而 $16S^2+2a^4+2b^4+2c^4=(a^2+b^2+c^2)^2$. 构造向量 $\boldsymbol{m}=(4S,\sqrt{2}a^2,\sqrt{2}b^2,\sqrt{2}c^2),\boldsymbol{n}=(\sqrt{3},\sqrt{2},\sqrt{2},\sqrt{2})$，由 $\boldsymbol{m} \cdot \boldsymbol{n} \leqslant |\boldsymbol{m}||\boldsymbol{n}|$ 得

$$4\sqrt{3}S+2a^2+2b^2+2c^2 \leqslant 3\sqrt{16S^2+2a^4+2b^4+2c^4}=3(a^2+b^2+c^2),$$

所以 $a^2+b^2+c^2 \geqslant 4\sqrt{3}S$.

【例 13.29】 设 $a,b,c,S;a_1,b_1,c_1,S_1$ 分别为两个三角形的边长和面积,求证

$$a^2(b_1^2+c_1^2-a_1^2)+b^2(c_1^2+a_1^2-b_1^2)+c^2(a_1^2+b_1^2-c_1^2)\geqslant16SS_1.$$

证明 由 $\sin^2A+\cos^2A=1$ 得

$$\left(\frac{2S}{bc}\right)^2+\left(\frac{b^2+c^2-a^2}{2bc}\right)^2=1,$$

得 $16S^2=4b^2c^2-(b^2+c^2-a^2)^2$,即 $16S^2+2a^4+2b^4+2c^4=(a^2+b^2+c^2)^2$.

构造向量

$$\boldsymbol{m}=(4S,\sqrt{2}a^2,\sqrt{2}b^2,\sqrt{2}c^2),\boldsymbol{n}=(4S_1,\sqrt{2}a_1^2,\sqrt{2}b_1^2,\sqrt{2}c_1^2),$$

由 $\boldsymbol{m}\cdot\boldsymbol{n}\leqslant|\boldsymbol{m}||\boldsymbol{n}|$ 得

$$16SS_1+2a^2a_1^2+2b^2b_1^2+2c^2c_1^2$$

$$\leqslant\sqrt{16S^2+2a^4+2b^4+2c^4}\sqrt{16S_1^2+2a_1^4+2b_1^4+2c_1^4}$$

$$=(a^2+b^2+c^2)(a_1^2+b_1^2+c_1^2),$$

移项即可得所求证命题.

一般几何不等式只牵涉到一个三角形,牵涉两个三角形的不是很多. 此不等式一般称为匹多(Pedoe)不等式.

【例 13.30】 求证

$$\sqrt{a^2+b^2}+\sqrt{a^2+(1-b)^2}+\sqrt{b^2+(1-a)^2}+\sqrt{(1-a)^2+(1-b)^2}$$

$$\geqslant2\sqrt{2}.$$

证法 1 构造向量 $\boldsymbol{m}=(a,b),\boldsymbol{n}=(1-a,1-b),\boldsymbol{p}=(a,1-b),\boldsymbol{q}=(1-a,b)$,由 $|\boldsymbol{m}|+|\boldsymbol{n}|+|\boldsymbol{p}|+|\boldsymbol{q}|\geqslant|\boldsymbol{m}+\boldsymbol{n}|+|\boldsymbol{p}+\boldsymbol{q}|$ 得

$$\sqrt{a^2+b^2}+\sqrt{a^2+(1-b)^2}+\sqrt{b^2+(1-a)^2}+\sqrt{(1-a)^2+(1-b)^2}$$

$$\geqslant2\sqrt{2}.$$

证法 2 如图 13-1,以 $(0,0),(1,0),(1,1),(0,1)$ 四点构造正方形,点 P 为 (a,b),根据三角形两边之和大于第三边,命题显然成立.

此题已成为数形结合的经典案例. 向量法的好处就是无需作图. 也可以用均值不等式:

$$\sqrt{a^2+b^2}+\sqrt{a^2+(1-b)^2}+\sqrt{b^2+(1-a)^2}+\sqrt{(1-a)^2+(1-b)^2}$$

$$\geqslant\frac{\sqrt{2}}{2}(a+b+a+1-b+b+1-a+1-a+1-b)=2\sqrt{2}.$$

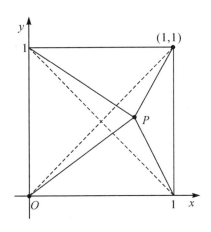

图 13-1

【例 13.31】 求 $y=\sqrt{x^2+x+1}-\sqrt{x^2-x+1}$ 的取值范围.

分析

$$y=\sqrt{x^2+x+1}-\sqrt{x^2-x+1}$$

$$=\sqrt{\left(x+\frac{1}{2}\right)^2+\left(\frac{\sqrt{3}}{2}\right)^2}-\sqrt{\left(x-\frac{1}{2}\right)^2+\left(\frac{\sqrt{3}}{2}\right)^2}.$$

解法 1 构造向量: $\boldsymbol{m}=\left(x+\frac{1}{2},\frac{\sqrt{3}}{2}\right),\boldsymbol{n}=\left(x-\frac{1}{2},\frac{\sqrt{3}}{2}\right)$,则

$$|y|=||\boldsymbol{m}|-|\boldsymbol{n}||<|\boldsymbol{m}-\boldsymbol{n}|=1,$$

所以 y 的取值范围为 $(-1,1)$. 此处 $\boldsymbol{m}$ 和 $\boldsymbol{n}$ 不共线,不能取等号.

解法 2 数形结合:点 $(0,0),\left(x+\frac{1}{2},\frac{\sqrt{3}}{2}\right),\left(x-\frac{1}{2},\frac{\sqrt{3}}{2}\right)$ 构成三角形,两边之差

小于第三边,所以 y 的取值范围为 $(-1,1)$. 此处三点不可能共线,不能取等号.

【例 13.32】 求 $y=\sqrt{a^2+(1-b)^2}+\sqrt{b^2+(1-c)^2}+\sqrt{c^2+(1-a)^2}$ 的最

小值.

解 设 $a+b+c=k$，构造向量

$$\boldsymbol{a}_1=(a,1-b),\boldsymbol{a}_2=(b,1-c),\boldsymbol{a}_3=(c,1-a),$$

则

$$y=|\boldsymbol{a}_1|+|\boldsymbol{a}_2|+|\boldsymbol{a}_3|\geqslant|\boldsymbol{a}_1+\boldsymbol{a}_2+\boldsymbol{a}_3|=\sqrt{k^2+(3-k)^2}$$

$$\geqslant\frac{\sqrt{2}}{2}(k+3-k)=\frac{3\sqrt{2}}{2}.$$

最后一步用到：$\sqrt{\dfrac{a^2+b^2}{2}}\geqslant\dfrac{a+b}{2}$.

此题能否用数形结合呢？当然也是可以的. 下面我们来看一种更一般的情形.

【**例 13.33**】 求证

$$\sqrt{a^2+m^2}+\sqrt{b^2+n^2}+\sqrt{c^2+p^2}\geqslant\sqrt{(a+b+c)^2+(m+n+p)^2}.$$

证明 1 构造向量 $\boldsymbol{a}_1=(a,m),\boldsymbol{a}_2=(b,n),\boldsymbol{a}_3=(c,p)$，由 $|\boldsymbol{a}_1|+|\boldsymbol{a}_2|+|\boldsymbol{a}_3|\geqslant$ $|\boldsymbol{a}_1+\boldsymbol{a}_2+\boldsymbol{a}_3|$ 得

$$\sqrt{a^2+m^2}+\sqrt{b^2+n^2}+\sqrt{c^2+p^2}\geqslant\sqrt{(a+b+c)^2+(m+n+p)^2}.$$

证明 2 数形结合. 如图 13-2，构造矩形 $ABCD$，设 $AI=a,IK=b,KB=c,AG$ $=m,GE=n,ED=p$，则 $AM+MN+NC\geqslant AC$，即

$$\sqrt{a^2+m^2}+\sqrt{b^2+n^2}+\sqrt{c^2+p^2}\geqslant\sqrt{(a+b+c)^2+(m+n+p)^2}.$$

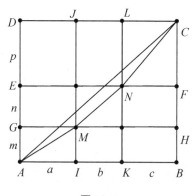

图 13-2

【**例 13.34**】 已知 $f(x)=\sqrt{1+x^2}$，求证：$|f(a)-f(b)|<|a-b|$，其中 $a\neq b$.

证明 构造向量 $m=(1,a),n=(1,b)$，由 $||m|-|n||\leqslant|m-n|$ 得 $|f(a)-f(b)|\leqslant|a-b|$；由于 $a\neq b$，等号不成立，所以 $|f(a)-f(b)|<|a-b|$．

【例 13.35】 下面两道题常常以构造法的经典案例出现．

(1)若 $a>0,b>0,c>0,\sqrt{a^2+ab+b^2}+\sqrt{b^2+bc+c^2}>\sqrt{c^2+ca+a^2}$．

证明 如图 13-3，构造三角形，设 $OA=a,OB=b,OC=c,\angle AOB=\angle BOC=\angle COA=120°$，由三角形两边之和大于第三边可证．

(2)若 $a>0,b>0,c>0,\sqrt{a^2-ab+b^2}+\sqrt{b^2-bc+c^2}>\sqrt{c^2-ca+a^2}$．

图 13-3

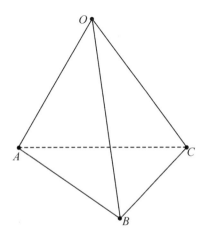

图 13-4

证明 如图 13-4，构造三棱锥，设 $OA=a,OB=b,OC=c,\angle AOB=\angle BOC=\angle COA=60°$，由三角形两边之和大于第三边可证．

这样的构造是巧妙的，一般难以想到．两个构图，一个是平面图形，一个是空间图形，其共同点则是利用距离公式和三角不等式；用向量法可以得到此类问题的通解．使用距离公式

$$\sqrt{a_1^2+a_2^2+\cdots+a_n^2}+\sqrt{b_1^2+b_2^2+\cdots+b_n^2}$$
$$>\sqrt{(a_1-b_1)^2+(a_2-b_2)^2+\cdots+(a_n-b_n)^2}$$

即可．

譬如要证：$\sqrt{a^2+ab+b^2}+\sqrt{b^2+bc+c^2}\geqslant\sqrt{c^2+ca+a^2}$．只需设 $A\left(\dfrac{\sqrt{3}a}{2},\dfrac{a}{2}\right)$，

$B\left(-\dfrac{\sqrt{3}b}{2},\dfrac{b}{2}\right)$,$C(0,-c)$,根据$|\overrightarrow{AB}|+|\overrightarrow{BC}|\geqslant|\overrightarrow{AC}|$,代入即证.

譬如要证:$\sqrt{a^2-ab+b^2}+\sqrt{b^2-bc+c^2}\geqslant\sqrt{c^2-ca+a^2}$.只需设$A(a,0,0)$,$B\left(\dfrac{b}{2},\dfrac{\sqrt{3}b}{2},0\right)$,$C\left(\dfrac{c}{2},\dfrac{\sqrt{3}c}{6},\dfrac{\sqrt{6}c}{3}\right)$,根据$|\overrightarrow{AB}|+|\overrightarrow{BC}|\geqslant|\overrightarrow{AC}|$,代入即证.

譬如要证:$\sqrt{a^2+b^2}+\sqrt{b^2+c^2}\geqslant\sqrt{c^2+a^2}$.只需设$A(a,0,0)$,$B(0,b,0)$,$C(0,0,c)$,根据$|\overrightarrow{AB}|+|\overrightarrow{BC}|\geqslant|\overrightarrow{AC}|$,代入即证.

【例 13. 36】 在$\triangle ABC$中,求证:$\cos^2 A+\cos^2 B+\cos^2 C\geqslant\dfrac{3}{4}$.

证明 如图 13-5,设$\triangle ABC$外心为O,重心为G,外接圆半径为R,由$3\overrightarrow{OG}=\overrightarrow{OA}+\overrightarrow{OB}+\overrightarrow{OC}$得

$$(3\overrightarrow{OG})^2=\overrightarrow{OA}^2+\overrightarrow{OB}^2+\overrightarrow{OC}^2+2\overrightarrow{OA}\cdot\overrightarrow{OB}+2\overrightarrow{OB}\cdot\overrightarrow{OC}+2\overrightarrow{OC}\cdot\overrightarrow{OA}$$

$$=3R^2+2R^2(\cos 2A+\cos 2B+\cos 2C)\geqslant 0,$$

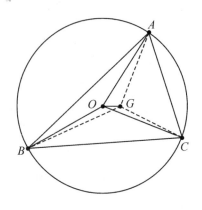

图 13-5

所以$\cos 2A+\cos 2B+\cos 2C\geqslant-\dfrac{3}{2}$化简得$\cos^2 A+\cos^2 B+\cos^2 C\geqslant\dfrac{3}{4}$.当且仅当$\triangle ABC$为正三角形,$O$和$G$重合时取得等号.

【例 13. 37】 在$\triangle ABC$中,求证:$\cos A+\cos B+\cos C\leqslant\dfrac{3}{2}$.

证明 1 如图 13-6,设$\overrightarrow{AB}$,$\overrightarrow{BC}$,$\overrightarrow{CA}$方向上的单位向量分别为e_1,e_2,e_3,则有

$\cos A + \cos B + \cos C = -e_1 \cdot e_3 - e_2 \cdot e_1 - e_3 \cdot e_2$，$(e_1 + e_2 + e_3)^2 = e_1^2 + e_2^2 + e_3^2 + 2e_1 \cdot e_3 + 2e_2 \cdot e_1 + 2e_3 \cdot e_2 = 3 - 2(\cos A + \cos B + \cos C)$，而 $(e_1 + e_2 + e_3)^2 \geqslant 0$，所以 $\cos A + \cos B + \cos C \leqslant \dfrac{3}{2}$．当且仅当 $e_1 + e_2 + e_3 = 0$，即 $AB = BC = CA$ 时，等号成立．

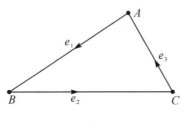

图 13-6

注意：在 $\triangle ABC$ 中，$\overrightarrow{AB}$，$\overrightarrow{BC}$，$\overrightarrow{CA}$ 这三个向量中每两个向量的夹角是三角形的外角而不是内角．两向量的夹角范围是 $[0°, 180°]$，而两直线夹角范围是 $[0°, 90°]$．

此题是一个三角函数的不等式问题，题目中根本没有出现向量相关信息．用向量法来解，可谓横插一脚，来得有点突兀，解法还算漂亮．此题最好用三角函数公式的转化来解决．

证明 2

$$\cos A + \cos B + \cos C = 2\cos\frac{A+B}{2}\cos\frac{A-B}{2} + 1 - 2\sin^2\frac{C}{2}$$

$$\leqslant 2\sin\frac{C}{2} + 1 - 2\sin^2\frac{C}{2}$$

$$= \frac{3}{2} - 2\left(\sin\frac{C}{2} - \frac{1}{2}\right)^2 \leqslant \frac{3}{2}.$$

【例 13.38】 在 $\triangle ABC$ 中，根据余弦定理可得
$$a^2 + b^2 + c^2 = 2ab\cos C + 2bc\cos A + 2ca\cos B.$$

扩展此式：对 $\triangle ABC$ 和任意实数 x, y, z，
$$x^2 + y^2 + z^2 \geqslant 2xy\cos C + 2yz\cos A + 2zx\cos B,$$

当且仅当 $\dfrac{x}{\sin A} = \dfrac{y}{\sin B} = \dfrac{z}{\sin C}$ 时等号成立．等号成立的条件可认为是边长分别为 x，y, z 的三角形与已知 $\triangle ABC$ 相似．

证明 1

$$x^2+y^2+z^2-2xy\cos C-2yz\cos A-2zx\cos B$$

$$=x^2-2x(y\cos C+z\cos B)-2yz\cos A+y^2+z^2$$

$$=(x-y\cos C-z\cos B)^2-(y\cos C+z\cos B)^2+2yz\cos(B+C)+y^2+z^2$$

$$=(x-y\cos C-z\cos B)^2+(y\sin C-z\sin B)^2\geqslant 0$$

当且仅当 $x-y\cos C-z\cos B=0$，$y\sin C-z\sin B=0$ 时等号成立，即

$$\frac{x}{\sin A}=\frac{y}{\sin B}=\frac{z}{\sin C}.$$

证明 2 分别在 $\triangle ABC$ 的三边 AB,BC,CA 的延长线上作点 R,S,T，且 $AR=BS=CT=1$，则所求证不等式等价于 $(x\overrightarrow{AR}+y\overrightarrow{BS}+z\overrightarrow{CT})^2\geqslant 0$，显然成立.

【例 13.39】 如图 13-7，设点 O 在 $\triangle ABC$ 的边 AB 上，且不与顶点重合，则 $OC\cdot AB<OA\cdot BC+OB\cdot AC$.

图 13-7

证明 设 $\overrightarrow{CO}=k\overrightarrow{CA}+(1-k)\overrightarrow{CB}$，其中 $0<k<1$；

$CO=|k\overrightarrow{CA}+(1-k)\overrightarrow{CB}|<kCA+(1-k)CB$（$CA,CB$ 不共线），则

$OC\cdot AB<kCA\cdot AB+(1-k)CB\cdot AB=CA\cdot OB+CB\cdot OA$.

【例 13.40】 如图 13-8，点 P 为 $\triangle ABC$ 内一点，点 P 到 BC,CA,AB 的垂足分别为 D,E,F，求点 P 处于什么位置时，$\dfrac{BC}{PD}+\dfrac{CA}{PE}+\dfrac{AB}{PF}$ 取得最小值.

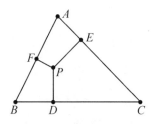

图 13-8

解 设 $\triangle ABC$ 的面积为 S，则 $2S = BC \cdot PD + CA \cdot PE + AB \cdot PF$；构造向量

$$\boldsymbol{m} = \left(\sqrt{\frac{BC}{PD}}, \sqrt{\frac{CA}{PE}}, \sqrt{\frac{AB}{PF}}\right),$$

$$\boldsymbol{n} = (\sqrt{BC \cdot PD}, \sqrt{CA \cdot PE}, \sqrt{AB \cdot PF}),$$

则

$$\left(\frac{BC}{PD} + \frac{CA}{PE} + \frac{AB}{PF}\right)(BC \cdot PD + CA \cdot PE + AB \cdot PF) \geqslant (BC + CA + AB)^2,$$

即

$$\left(\frac{BC}{PD} + \frac{CA}{PE} + \frac{AB}{PF}\right) \geqslant \frac{(BC + CA + AB)^2}{2S}$$

当且仅当 $PD = PE = PF$ 时等号成立. 注意到 $AB + BC + CA$ 和 S 是 $\triangle ABC$ 的周长和面积，为定值；当 P 为 $\triangle ABC$ 内心时，$\dfrac{BC}{PD} + \dfrac{CA}{PE} + \dfrac{AB}{PF}$ 取得最小值 $\dfrac{(BC + CA + AB)^2}{2S}$.

第十四章

向量法与质点法

一般来说，我们把向量看作有向线段，而在向量坐标化的时候，每个向量又对应着一个点．

几何学最基本的元素是点．能否在处理几何问题时，把向量看作一个点呢？在前面的章节里，我们就这样做过，将任意设置的点 O 省略掉，用一个点来表示一个向量，可称之为单点向量．

进一步扩展，就是质点几何学研究内容了．19 世纪，德国数学家格拉斯曼(Grassmann)提出质点几何的基本设想．南京大学莫绍揆教授的专著《质点几何学》系统地阐述了质点几何的理论和方法．

现将一些基本的性质，摘录于下：

定义 1 在质点几何中，称 $aP(a\neq0, a\in\mathbf{R})$ 为质点，系数为 1 或 -1 时"1"可以省略；称 $xM-xN(x\in\mathbf{R})$ 为向量，当 $x=0$ 或 $M=N$ 时，称 $xM-xN$ 为零向量．

性质 1 （ⅰ）设 C 是直线 AB 上的一点，满足 $\overrightarrow{AC}:\overrightarrow{CB}=m:n$，则 $(m+n)C=nA+mB$．

（ⅱ）若点 A,B,C 满足 $(m+n)C=nA+mB(m+n\neq0)$，则 C 在 AB 所在的直

线上,且$\overrightarrow{AC}:\overrightarrow{CB}=m:n$.

注:若将$(m+n)C=nA+mB$化为$C=\dfrac{n}{m+n}A+\dfrac{m}{m+n}B$,若$C$的位置确定,$\dfrac{m}{n}$是一确定的值,令$a=\dfrac{m}{m+n}$,则$C$可以由$A$和$B$惟一表示为$C=(1-a)A+aB$,这和定比分点公式一致.注意条件$\overrightarrow{AC}:\overrightarrow{CB}=m:n$不需硬记,只要用点$C$和等式$(m+n)C=nA+mB$形式结合一下,成为$(m+n)\overrightarrow{CC}=n\overrightarrow{AC}+m\overrightarrow{BC}$,由$\overrightarrow{CC}=\mathbf{0}$得$n\overrightarrow{AC}+m\overrightarrow{BC}=0$,即$\overrightarrow{AC}:\overrightarrow{CB}=m:n$.

性质 2 （ⅰ）设O是直线AB与PQ（PQ与AB不平行）的交点,则存在满足$x+y=m+n(=t)$的x,y,m,n,使得$xA+yB=tO=mP+nQ$成立.

（ⅱ）若A,B,P,Q满足$xA+yB=mP+nQ(x+y=m+n=t\neq0)$,则$AB$与$PQ$相交,设$O$是它们的交点,有$xA+yB=tO=mP+nQ$.

性质 3 （ⅰ）若AB平行于PQ,且$\dfrac{\overrightarrow{AB}}{\overrightarrow{PQ}}=\dfrac{y}{x}$,则$xA-xB=yP-yQ$.

（ⅱ）若$xA-xB=yP-yQ(x,y\neq0)$,则AB平行于PQ,且$\dfrac{\overrightarrow{AB}}{\overrightarrow{PQ}}=\dfrac{y}{x}$.

性质 4 设点C是直线AB外的一点,则$\triangle ABC$所在平面上的任意一点P都可以由A,B,C惟一地表示为$P=aA+bB+(1-a-b)C$的形式.

若两组质点的线性组合相等,则等式两端系数和相等.从而一点表成几个点的线性组合时诸系数之和必为 1.称这种系数和为 1 的线性组合为规范组合.

在力学中,质点被看成具有一定位置没有大小而有质量的东西.对于一个质点,可用一正实数k乘它,其结果仍是一质点,其位置与原质点相同,但质量是原来的k倍.如果一个系统中有P和Q两个质点,其质量分别为m和n,则当$m+n\neq0$时,这个系统被看成一个新质点R,其质量为$m+n$,其位置在P和Q的连线上,满足$\overrightarrow{PR}:\overrightarrow{RQ}=n:m$.$R$所在的位置叫做$P$和$Q$的重心所在的位置.

在平面质点几何中,把上述P,Q,R系统中质点R看成是由质点P和Q经过一种代数运算的结果.考虑到它们的质量间的关系,这个运算可以叫做加法,记为"+".这样,当R是P和Q的重心时,$R=P+Q$.这里的P,Q,R的质量分别为m,n

和 $m+n$. 若 P_1,Q_1,R_1 分别是与 P,Q,R 同位置的点,且质量均为 1,则 $P=mP_1,Q=nQ_1,R=(m+n)R_1$,并有 $(m+n)R_1=mP_1+nQ_1$. 减法是加法的逆运算. 将同质量的两质点相减的结果,如 rP_1-rQ_1,都看成是向量. 向量与质点之间的运算是一致的.

按这种方式,首先根据力学的规律定义 aA(质点的倍乘)以及 $A+B$(质点的加法),然后由质点的减法引入向量,并把向量理论结合进来,于是就能系统地发展几何.

从力学意义上看,质点几何中实际上是用作用在点上的重力代替了质量. 这样负质量就是向上的力,而向量则相等于力矩.

学习数学,当然力求简单. 上面讲了那么多,似乎啰嗦. 其实只要记住一句话就够了. 这句话就是:把向量 $\overrightarrow{AB}$ 写成两点之差 $B-A$,按习惯来计算,就是质点法.

上面有关质点法的性质,尽在其中!

例如,M 是 AB 的中点,用向量记就是 $\overrightarrow{AM}=\overrightarrow{MB}$,向量写成两点之差就是 $M-A=B-M$,移项得 $A+B=2M$,这就是质点法里的中点公式.

如果 M 是 AB 上的定比分点,用向量记就是 $u\overrightarrow{AM}=v\overrightarrow{MB}$,向量写成两点之差就是 $u(M-A)=v(B-M)$,移项得 $uA+vB=(u+v)M$,这就是质点法里的分点公式.

这些关系都是可以倒推的. 从 $uA+vB=(u+v)M$ 可以推出 $u(M-A)=v(B-M)$,即 $u\overrightarrow{AM}=v\overrightarrow{MB}$,从而三点共线.

平行四边形 $ABCD$ 的对边平行且相等,即 $\overrightarrow{AB}=\overrightarrow{DC}$,向量写成两点之差就是 $B-A=C-D$,于是 $A+C=B+D$,这表示线段 AC 和 BD 的中点是同一点,即对角线相互平分. 仅仅一步,何其简单!

三个等式 $B-A=C-D$,$A+C=B+D$ 和 $A-D=B-C$ 在代数中是一回事,在几何上三个性质. 这是用代数研究几何的好处!

在任意四边形 $ABCD$ 中,设 M 和 N 分别是 AB 和 CD 的中点,则 $2M=A+B$,$2N=C+D$. 两式相减得 $2(N-M)=C-A+D-B$,用向量表示就是 $2\overrightarrow{MN}=$

$\overrightarrow{AC}+\overrightarrow{BD}=\overrightarrow{AD}+\overrightarrow{BC}.$ 这比前面第 3 章里的推导简捷, 而且不必看图.

把向量看成两点之差, 立刻进入质点几何, 使得许多推理过程得到简化!

【例 14.1】 如图 14-1, 在 △ABC 中, $AD=2DB$, $BE=3EC$, AE 和 CD 交于点 F, 求 $AF:FE$.

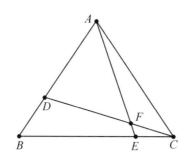

图 14-1

利用定比分点公式: $4\overrightarrow{AE}=\overrightarrow{AB}+3\overrightarrow{AC}$, 即

$$4\frac{AE}{AF}\overrightarrow{AF}=\frac{3}{2}\overrightarrow{AD}+3\overrightarrow{AC},$$

于是 $4\frac{AE}{AF}=\frac{3}{2}+3$, $\frac{AE}{AF}=\frac{9}{8}$, $AF=8FE$.

如果用回路法, 则有

$$2(\overrightarrow{DF}+\overrightarrow{FE})=2\overrightarrow{DB}+2\overrightarrow{BE}=\overrightarrow{AD}+6\overrightarrow{EC}=\overrightarrow{AF}+\overrightarrow{FD}+6\overrightarrow{EF}+6\overrightarrow{FC};$$

比较两端得 $2\overrightarrow{FE}=\overrightarrow{AF}+6\overrightarrow{EF}$, 即 $AF=8FE$.

质点法: $4E=B+3C$, $3D=A+2B$, 两式消去 B 可得 $3D+6C=A+8E$. 因 F 是 AE 和 CD 的交点, 于是 $3D+6C=A+8E=9F$, 故 $\overrightarrow{AF}:\overrightarrow{FE}=8:1$. 同时得 $\overrightarrow{DF}:\overrightarrow{FC}=6:3=2$.

其中 $4E=B+3C$ 可看作 $4\overrightarrow{AE}=\overrightarrow{AB}+3\overrightarrow{AC}$ 省去点 A 得到, 还可以按照力学中重心的相关性质来理解. 最方便的是在 $\overrightarrow{BE}=3\overrightarrow{EC}$ 中把向量换成两点之差得到 $3(E-C)=B-E$ 整理而得.

如果到此打住, 质点法好像占不了什么便宜.

更进一步, 若将已求得的 $3D+6C=A+8E$ 改写为 $6C-A=8E-3D$, 设 P 是

AC 和 DE 的交点,如图 14-2,则有 $6C-A=8E-3D=5P$,由此就可以分别求出 P 分 AC 和 DE 的比,即 $\overrightarrow{CP}:\overrightarrow{PA}=-1:6,\overrightarrow{EP}:\overrightarrow{PD}=-3:8$.

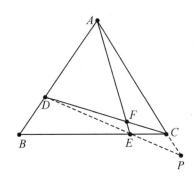

图 14-2

由此可见,用质点法来求交点分线段的比确实方便快捷.

仅定义质点加减法是不够用的,下面给出质点点乘的定义. 这时假定有了原点,质点点乘就是从原点到质点的向量点乘. 注意,质点相加的结果与原点无关,而点乘则与原点有关. 但同质量两质点相减得到的向量之间的点乘则与原点无关了.

定义 2 设 $A(a_1,a_2,\cdots,a_n),B=(b_1,b_2,\cdots,b_n)$,则

$A \cdot B=\sum_{i=1}^{n} a_i b_i$.

性质 1 $A \cdot B=B \cdot A$;

性质 2 $A \cdot (B+C)=A \cdot B+A \cdot C;(tA) \cdot B=A \cdot (tB)=t(A \cdot B)$;

性质 3 $|A|=\sqrt{A \cdot A}=\sqrt{a_1^2+a_2^2+\cdots+a_n^2}$;

性质 4 $A \cdot A\geqslant 0$,当且仅当 $A=0$ 时等号成立;

性质 5 $|A-B|=\sqrt{(A-B) \cdot (A-B)}$;

性质 6 $A \cdot B=|A||B|\cos(\widehat{AB});A\perp B\Leftrightarrow A \cdot B=0$.

【例 14.2】 已知 $AC=m,BD=n$,求 $(\overrightarrow{AB}+\overrightarrow{DC}) \cdot (\overrightarrow{AD}+\overrightarrow{BC})$.

证明

$$(\overrightarrow{AB}+\overrightarrow{DC}) \cdot (\overrightarrow{AD}+\overrightarrow{BC})=(B-A+C-D) \cdot (D-A+C-B)$$

$$=(\overrightarrow{AC}+\overrightarrow{DB}) \cdot (\overrightarrow{BD}+\overrightarrow{AC})$$

$$= \overrightarrow{AC}^2 - \overrightarrow{DB}^2 = m^2 - n^2.$$

此题为某地高中数学联赛试题,考查向量之间的转化. 其中$\overrightarrow{AB} + \overrightarrow{DC} = \overrightarrow{AC} + \overrightarrow{DB}$可看作$\overrightarrow{AB} + \overrightarrow{DC} = (\overrightarrow{AB} + \overrightarrow{BC}) + (\overrightarrow{DC} + \overrightarrow{CB}) = \overrightarrow{AC} + \overrightarrow{DB}$得到,但$\overrightarrow{BC}$的引入可能还是不如把向量看作质点之差来得自然.

【例 14.3】 证明任意四边形四条边的平方和,等于两条对角线的平方和,再加上对角线中点连线的平方的 4 倍.

证明 此题若用综合几何来证,需要添加辅助线,并做一些更细致的分析. 而用解析法是容易的,但写起来较复杂,每个点看作(x, y),而关于x的表达式和关于y的表达式完全一样.

为了书写简便,我们完全可以用一个字母来代表一个点,而不用横纵坐标两个参数. 所求证命题等价于论证下面等式成立,而下面等式成立是显然的.

$$(A-B)^2 + (B-C)^2 + (C-D)^2 + (D-A)^2$$

$$= (A-C)^2 + (B-D)^2 + 4\left(\frac{A+C}{2} - \frac{B+D}{2}\right)^2$$

当四边形是平行四边形时,命题结论变成:平行四边形四条边的平方和,等于两条对角线的平方和.

此方法可轻松证明不少问题.

例如:求证四边形 $ABCD$ 是平行四边形的充要条件是

$$AC^2 + BD^2 = AB^2 + BC^2 + CD^2 + DA^2.$$

等价于

$$AC^2 + BD^2 = AB^2 + BC^2 + CD^2 + DA^2 \Leftrightarrow A + C = B + D.$$

证明 $AC^2 + BD^2 = AB^2 + BC^2 + CD^2 + DA^2$ 化为

$$(C-A)^2 + (D-B)^2 = (B-A)^2 + (C-B)^2 + (D-C)^2 + (A-D)^2,$$

即

$$-2C \cdot A - 2B \cdot D = A^2 + B^2 + C^2 + D^2 - 2B \cdot A - 2C \cdot B - 2D \cdot C - 2A \cdot D,$$

亦即$(A - B + C - D)^2 = 0$,从而 $A + C = B + D$.

例如:求证三角形三中线的平方和等于三边的平方和的四分之三. 等价于:

$$\left(A-\frac{B+C}{2}\right)^2+\left(B-\frac{C+A}{2}\right)^2+\left(C-\frac{A+B}{2}\right)^2$$

$$=\frac{3}{4}\left[(A-B)^2+(B-C)^2+(C-A)^2\right].$$

例如:设 G 是 $\triangle ABC$ 的重心,M 是任意点(不必与 $\triangle ABC$ 共平面),求证 $MA^2+MB^2+MC^2=GA^2+GB^2+GC^2+3MG^2$. 等价于

$$(M-A)^2+(M-B)^2+(M-C)^2$$

$$=\left(\frac{A+B+C}{3}-A\right)^2+\left(\frac{A+B+C}{3}-B\right)^2$$

$$+\left(\frac{A+B+C}{3}-C\right)^2+3\left(\frac{A+B+C}{3}-M\right)^2.$$

【例 14.4】 求证:梯形为等腰梯形的充要条件是两对角线相等.

证明 如图 14-3,以梯形 $ABCD$ 的对角线的交点 O 为坐标原点建立坐标系,设 $\overrightarrow{OC}=m\overrightarrow{OA}$,$\overrightarrow{OD}=m\overrightarrow{OB}$,显然 $m\neq\pm1$,

$$|\overrightarrow{AD}|^2-|\overrightarrow{BC}|^2=|\overrightarrow{OD}-\overrightarrow{OA}|^2-|\overrightarrow{OC}-\overrightarrow{OB}|^2$$

$$=\overrightarrow{OD}^2+\overrightarrow{OA}^2-2\overrightarrow{OD}\cdot\overrightarrow{OA}-(\overrightarrow{OC}^2+\overrightarrow{OB}^2-2\overrightarrow{OC}\cdot\overrightarrow{OB})$$

$$=(m^2-1)(\overrightarrow{OB}^2-\overrightarrow{OA}^2)$$

$$=(m^2-1)\left(\frac{\overrightarrow{BD}^2}{(m-1)^2}-\frac{\overrightarrow{AC}^2}{(m-1)^2}\right)$$

$$=\frac{m+1}{m-1}(\overrightarrow{DB}^2-\overrightarrow{CA}^2),$$

由于 $m\neq-1$,所以 $AD=BC\Leftrightarrow DB=CA$.

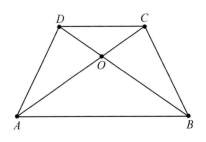

图 14-3

另证 省略原点 O 的形式:如图 14-3,以梯形 $ABCD$ 的对角线的交点 O 为坐标原点建立坐标系,设 $C=m\boldsymbol{A}$,$D=m\boldsymbol{B}$,

$$|\overrightarrow{AD}|^2-|\overrightarrow{BC}|^2=|\boldsymbol{D}-\boldsymbol{A}|^2-|\boldsymbol{C}-\boldsymbol{B}|^2$$

$$=\boldsymbol{D}^2+\boldsymbol{A}^2-2\boldsymbol{D}\cdot\boldsymbol{A}-(\boldsymbol{C}^2+\boldsymbol{B}^2-2\boldsymbol{C}\cdot\boldsymbol{B})$$

$$=(m^2-1)(\boldsymbol{B}^2-\boldsymbol{A}^2)=\left(\frac{m+1}{m-1}\right)(\overrightarrow{DB}^2-\overrightarrow{CA}^2),$$

由于 $m\neq-1$,所以 $AD=BC\Leftrightarrow DB=CA$.

【**例 14.5**】 设点 K,L,M,N 分别是四面体 $ABCD$ 的棱 AB,BC,CD,DA 上的点,若 K,L,M,N 四点共面,且 $\dfrac{AN}{AD}=\dfrac{BL}{BC}$,求证:$\dfrac{DM}{MC}=\dfrac{AK}{KB}$.(2008 年全国高中数学联赛山东省预赛试题)

证明 设 $N=kA+(1-k)D,L=kB+(1-k)C,K=mA+(1-m)B,M=nD+(1-n)C$,由 K,L,M,N 四点共面可得 $M=rN+sL+tK$,即

$$nD+(1-n)C=rkA+r(1-k)D+skB+s(1-k)C$$
$$+tmA+t(1-m)B,$$

则 $rk+tm=0,sk+t(1-m)=0,r(1-k)=n,s(1-k)=1-n$;解方程可得

$$\frac{r}{s}=\frac{m}{1-m},\frac{r}{s}=\frac{n}{1-n},$$

所以 $m=n$,即 $\dfrac{DM}{MC}=\dfrac{AK}{KB}$.

这样的解法基本上不用动脑筋去想,只需做一些简单的一次函数的计算.

【**例 14.6**】 如图 14-4,在线段 AB 上有点 C,AB 外有点 D,E,F,G 分别是 CD,BD,AB 的中点,H 是 EG 中点,FH 交 AB 于 I,求证:I 是 AC 中点.

已知:$2E=C+D,2F=B+D,2G=A+B,2H=E+G$.

求证:存在 n,使得 $I=nF+(1-n)H$,且 $2I=A+C$.

证明 若 $A+C=2nF+2(1-n)H$,即

$$A+C=n(B+D)+(1-n)\frac{A+B+C+D}{2},$$

则 $\dfrac{1-n}{2}=1$，且 $n+\dfrac{1-n}{2}=0$，存在 $n=-1$ 使得等式成立.

图 14-4

额外发现：此时 $I=-F+2H$，说明 H 是 IF 的中点.

【例 14.7】 如图 14-5，两直线交于点 S，过两线间线段 AB 的中点 M，引两直线间的任意两条线段 HI 和 JK，$P=KI\bigcap AB$，$Q=HJ\bigcap AB$，则 $MP=MQ$.

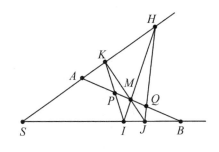

图 14-5

证明 设

$$(a+1)K=aS+A, \tag{14-1}$$

$$(b+1)H=bS+A, \tag{14-2}$$

而

$$2M=A+B. \tag{14-3}$$

因 $I=SB\bigcap HM$，$J=SB\bigcap KM$，由(14-1)和(14-3)式消去 A 得

$$(a+1)K-2M=aS-B=(a-1)J. \tag{14-4}$$

由(14-2)和(14-3)式消去 A 得

$$(b+1)H-2M=bS-B=(B-1)I. \tag{14-5}$$

又 $P=KI\cap AB, Q=HJ\cap AB$，由(14-1)和(14-5)式消去 S 得

$b(a+1)K-a(b-1)I=bA+aB=(a+b)P$，故

$$\frac{\overrightarrow{AP}}{\overrightarrow{PB}}=\frac{a}{b}. \tag{14-6}$$

由(14-2)和(14-4)式消去 S 得 $a(b+1)H-b(a-1)J=aA+bB=(a+b)$ Q，故

$$\frac{\overrightarrow{AQ}}{\overrightarrow{QB}}=\frac{b}{a}. \tag{14-7}$$

由(14-6)和(14-7)式易知 $MP=MQ$.

此题用面积法，可以一气呵成：

$$\frac{PM}{PA}\cdot\frac{BQ}{MQ}=\frac{S_{\triangle MIK}}{S_{\triangle AIK}}\cdot\frac{S_{\triangle BJH}}{S_{\triangle MJH}}=\frac{S_{\triangle MIK}}{S_{\triangle KIH}}\cdot\frac{S_{\triangle KIH}}{S_{\triangle AIK}}\cdot\frac{S_{\triangle BJH}}{S_{\triangle IJH}}\cdot\frac{S_{\triangle IJH}}{S_{\triangle MJH}}$$

$$=\frac{MI}{IH}\cdot\frac{KH}{AK}\cdot\frac{BJ}{IJ}\cdot\frac{IH}{MH}=\frac{MI}{MH}\cdot\frac{S_{\triangle KMH}}{S_{\triangle MAK}}\cdot\frac{S_{\triangle BMJ}}{S_{\triangle IMJ}}$$

$$=\frac{MI}{MH}\cdot\frac{KM\cdot MH}{IM\cdot JM}\cdot\frac{MJ}{MK}=1.$$

【例 14.8】 如图 14-6，P 是一定圆 O 内的定点，圆 O 半径为 R，$OP=p$，从 P 出发作两条互相垂直的射线，分别交圆于 A 和 B. 点 Q 是 PA 和 PB 确定的矩形的另一个顶点. 求 Q 的轨迹.

图 14-6

证法 1 以 O 为原点,由 $Q=A+B-P$ 得

$$Q^2=A^2+B^2+p^2+2A\cdot B-2A\cdot P-2B\cdot P$$
$$=2R^2+p^2+2\overrightarrow{OA}\cdot\overrightarrow{PB}-2\overrightarrow{OB}\cdot\overrightarrow{OP}$$
$$=2R^2+P^2+2\overrightarrow{OP}\cdot\overrightarrow{PB}-2\overrightarrow{OB}\cdot\overrightarrow{OP}$$
$$=2R^2+p^2-2\overrightarrow{OP}\cdot\overrightarrow{PO}=2R^2-p^2.$$

所以点 Q 的轨迹是以 O 为圆心,$\sqrt{2R^2-p^2}$ 为半径的圆.

证法 2 由 $Q=P+(A-P)+(B-P)$ 得

$$Q^2=P^2+(A-P)^2+(B-P)^2+2P\cdot(A-P)+2P\cdot(B-P)$$
$$+2(A-P)\cdot(B-P)$$
$$=P^2+A^2+P^2-2A\cdot P+B^2+P^2-2B\cdot P+2P\cdot A+2P\cdot B$$
$$-4P^2=5R^2-p^2.$$

所以点 Q 的轨迹是以 O 为圆心,$\sqrt{2R^2-p^2}$ 为半径的圆.

方法 2 似拙实巧,初始关系式看似复杂,但很容易消去.

【例 14.9】 如图 14-7,设 $ABCD$ 是一个平行四边形,E,F,G,H 分别是 AB,BC,CD,DA 上的任意一点,O_1,O_2,O_3,O_4 分别是 $\triangle AEH$,$\triangle BEF$,$\triangle CFG$,$\triangle DGH$ 的外心,求证:四边形 $O_1O_2O_3O_4$ 为平行四边形.(1992 年莫斯科世界城市联赛试题)

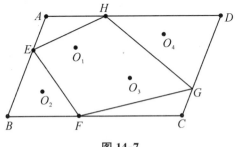

图 14-7

证明 设 AE 和 EB 的中点分别为 M 和 N,则 $O_1M\perp AB,O_2N\perp AB$,于是 $2M=A+E,2N=E+B,(O_1-M)\cdot(A-B)=0,(O_2-N)\cdot(A-B)=0$,即

$$\left(O_1 - \frac{1}{2}(A+E)\right) \cdot (A-B) = 0, \left(O_2 - \frac{1}{2}(E+B)\right) \cdot (A-B) = 0,$$

故 $\left(O_1 - O_2 - \frac{1}{2}(A-B)\right) \cdot (A-B) = 0$，即

$$(O_1 - O_2) \cdot (A-B) = \frac{1}{2}(A-B) \cdot (A-B).$$

同理可证 $(O_4 - O_3) \cdot (D-C) = \frac{1}{2}(D-C) \cdot (D-C)$，而 $D-C = A-B$，故 $O_1 - O_2 = O_4 - O_3$，四边形 $O_1 O_2 O_3 O_4$ 为平行四边形.

以上只是简单介绍了质点法的用法. 质点法的最新研究成果是建立了能处理希尔伯特交点类命题的仿射几何机器证明算法 MPM(MassPoint—Method)，并编写了 Maple 程序，实现为 MPM 证明器.

验算了几百个非平凡命题，不仅效率高，程序自动生成的证明也有可读性. 这一工作是广州大学邹宇博士在张景中教授的指导下完成的，有兴趣的读者可查阅邹宇博士的论文《几何代数基础与质点几何的可读机器证明》.

下面以重心定理为例说明算法，然后给出塞瓦定理和梅涅劳斯定理的机器证明.

【例 14.10】 如图 14-8，点 D,E,F 分别是 $\triangle ABC$ 的边 BC,CA,AB 的中点，AD,BE 交于点 G，则 C,F,G 三点共线且

$$\frac{\overrightarrow{AG}}{\overrightarrow{GD}} = \frac{\overrightarrow{BG}}{\overrightarrow{GE}} = \frac{\overrightarrow{CG}}{\overrightarrow{GF}} = 2.\ （重心定理）$$

图 14-8

构图方式描述：①取不共线任意三点 A,B,C；②取 BC 的中点 D；③取 CA 的中点 E；④取 AB 的中点 F；⑤取 AD 和 BE 的交点 G；

结论:①G,F,C 三点间有线性关系;②$3G=A+2D,3G=B+2E,3G=2F+C$.

首先将第一次相交之前的非交点构图转化为质点关系式:$2D=B+C$;$2E=A+C$;$2F=A+B$;

因 $G=AD\cap BE$,故从包含 A,D,B,E 的等式中消去 C 得到

$$\left.\begin{array}{l}2D=B+C\\[2mm]2E=A+C\end{array}\right\}\xrightarrow[\text{消去}C]{}A+2D=B+2E\left(\xrightarrow[G=AD\cap BE]{\text{进一步}}\right)=3G;$$

进一步有 $3G=A+B+C$.要证明本题的结论,需要找出 G,F,C 的关系:

$$\left.\begin{array}{l}3G=A+B+C\\[2mm]2F=A+B\end{array}\right\}\xrightarrow[\text{消去}A,B]{}3G=2F+C.$$

故结论①和②成立.

总的来说,质点几何消点方法可以分为以下三个步骤:

步骤 1 用构造性的方式描述几何定理,即用一系列构图语句表明所涉及的点之间的关系,并将结论表述为确定的或不确定的质点关系式.

步骤 2 根据质点几何的基本原理和方法,将构图语句转化为质点表达式,然后按照构图要求逐步进行质点消点去算,不断得到新的质点关系式,直到构图结束.

在这个过程中,首先将第一次相交之前的非交点构图转化为质点关系式.并尽可能把新点都表示为初始构图的三个不共线的点的线性组合,这三个点以下称为基点.这样每个表达式消点后的表示除一个常数因子外是惟一的,等式是否成立就可以从形式上判断.

当两直线相交时,计算过程分四步:

(1)确定每条直线上的两个点;

(2)从已求得的质点关系式中搜索与这四个点有关的等式,通过"消点"(消去无关的点)求得只含有四个点的质点关系式;

(3)分别表示出交点与两直线上的两已知点之间的关系;

(4)把交点表示为三个基点的规范组合.

步骤 3 验证结论:检查所要的结论是否包含在已得到质点关系式之中;或由

已得到质点关系式之中;或由已得到的质点关系式继续推导并找到需要的结果.

注意这里的消点顺序和消点方式与面积方法不同:面积方法是根据点引进的先后顺序倒过来一个一个地从结论表达式中消点,最后留下相互无关的自由点. 而质点方法则在构图过程中就把新作出的点表示成基本点,一次可能消去多个点,最后消去在结论中不出现的点,推出能表示所要结论的等式.

下面给出塞瓦定理和梅涅劳斯定理的机器证明,MPM 证明器给出证明过程是人工可以检验的.

【例 14.11】 如图 14-9,点 O 是 $\triangle ABC$ 所在平面上的任意一点,AO,BO,CO 分别交对边 BC,CA,AB 于点 D,E,F,则

$$\frac{\overrightarrow{AF}}{\overrightarrow{FB}} \cdot \frac{\overrightarrow{BD}}{\overrightarrow{DC}} \cdot \frac{\overrightarrow{CE}}{\overrightarrow{EA}} = 1. \text{（塞瓦定理）}$$

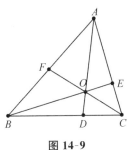

图 14-9

Points(A,B,C)；

Aratio(O,A,B,C,a,b)；

Inter(D,B,C,A,O)；

Inter(E,A,C,B,O)；

Inter(F,A,B,C,O)；

ratioproduct3$(A,F,F,B,B,D,D,C,C,E,E,A)$；

A,B,C

$O=aA+bB+(1-a-b)C$

$D=(AO)\bigcap(BC)$

$B-\dfrac{(-1+a+b)C}{b}=-\dfrac{aA}{b}+\dfrac{O}{b}$

$D=-\dfrac{bB}{-1+a}+\dfrac{(-1+a+b)C}{-1+a}$

$E=(AC)\bigcap(BO)$

$A-\dfrac{(-1+a+b)C}{a}=-\dfrac{bB}{a}+\dfrac{O}{a}$

$E=-\dfrac{aA}{-1+b}+\dfrac{(-1+a+b)C}{-1+b}$

$F=(AB)\bigcap(CO)$

$A+\dfrac{bB}{a}=\dfrac{(-1+a+b)C}{a}+\dfrac{O}{a}$

$F=\dfrac{aA}{a+b}+\dfrac{bB}{a+b}$

$B-D=-\dfrac{(-1+a+b)(D-C)}{b}$

$C-E=-\dfrac{a(E-A)}{-1+a+b}$

$A-F=\dfrac{b(F-B)}{a}$

$\dfrac{[AF]}{[FB]}\dfrac{[BD]}{[DC]}\dfrac{[CE]}{[EA]}=1$

对计算机给出的证明,我们稍加解释. 首先是给出任意三点 A,B,C,那么平面上的任意点 O 都可以由 A,B,C 三点线性表示,此时引入了参数 a 和 b,而 D,E,F 三点也可以由 A,B,C 和 a,b 表示. 由 $O=aA+bB+(1-a-b)C$ 转化成

$$B-\frac{(-1+a+b)C}{b}=-\frac{aA}{b}+\frac{O}{b},$$

看似只是简单变形,二者之间的几何意义却发生了根本性的变化,前者是用 A,B,C 三点线性表示 O,后者则是说 BC 与 AO 有交点,且分 BC 的比为 $-b:(-1+a+b)$,为了保证 B 和 C 前系数和为1,需要规范化,$-b+(-1+a+b)=-1+a$,所以 BC 与 AO 的交点 D 可表示为

$$D=-\frac{bB}{-1+a}+\frac{(-1+a+b)C}{-1+a};$$

同理求出 E 和 F 的表达式;最后根据题意,做减法,做除法即可消去 A,B,C 和 a,b,命题得证.

【例 14.12】 如图 14-10,点 D 和 E 分别是 $\triangle ABC$ 的边 BC 和 CA 上的任意点,$F=DE\bigcap AB$,则 $\dfrac{\overrightarrow{AF}}{\overrightarrow{FB}}\cdot\dfrac{\overrightarrow{BD}}{\overrightarrow{DC}}\cdot\dfrac{\overrightarrow{CE}}{\overrightarrow{EA}}=-1.$（梅涅劳斯定理）

图 14-10

Points(A,B,C)；

Mratio$(D,B,C,r1)$；

Mratio$(E,C,A,r2)$；

Inter(F,D,E,A,B)；

ratioproduct3$(A,F,F,B,B,D,D,C,C,E,E,A)$；

A,B,C

$(1+r1)D=B+r1C$

$(1+r2)E=C+r2A$

$F=(AB)\bigcap(DE)$

$D-\dfrac{r1(1+r2)E}{1+r1}=-\dfrac{r1r2A}{1+r1}+\dfrac{B}{1+r1}$

$F=\dfrac{r1r2A}{-1+r1r2}-\dfrac{B}{-1+r1r2}$

$A-F=-\dfrac{F-B}{r1r2}$

$B-D=r1(D-C)$

$C-E=r2(E-A)$

$\left[\dfrac{AF}{FB}\right]\left[\dfrac{BD}{DC}\right]\left[\dfrac{CE}{EA}\right]=-1$

在上述邹宇的论文中,还引进了复系数的质点几何.基于复系数质点几何的性质和运算,建立了对欧氏平面几何中可构图命题类有效的可读机器证明的算法并实现为 Maple 程序.从数百个非平凡命题的检验数据看,算法效率很高,产生的证明可读性也令人满意.

第十五章

向量杂题

本章大致可分成四部分.

一是用向量法证明一些常见的几何性质.有些人热衷于做难题,而对一些基本性质却忽略了.其实,用各种方法证明基本性质,相当于从多个角度看问题,容易看得透彻.而所谓难题的解决,也不过是依靠各种基本性质的组合罢了.用向量法证明常见几何性质,看看向量法解哪些问题比较有效,哪些则较困难,以后应用向量解题,也能做到心中有底.

二是用向量法证明一些和"心"相关的问题,主要是三角形的重心、垂心、外心、内心和正多边形的中心.其中有一条常用的性质需要强调.对于多边形 $A_1A_2\cdots A_n$ 而言,$\overrightarrow{GA_1}+\overrightarrow{GA_2}+\cdots+\overrightarrow{GA_n}=0$ 可看作是重心的向量形式的定义.而对于正多边形中心 O 而言,重心 G 就是中心 O,所以也有 $\overrightarrow{OA_1}+\overrightarrow{OA_2}+\cdots+\overrightarrow{OA_n}=0$;此外还另有一巧证:将正多边形旋转 $360°/n$ 后,$\overrightarrow{OA_1}+\overrightarrow{OA_2}+\cdots+\overrightarrow{OA_n}$ 变成 $\overrightarrow{OA_2}+\cdots+\overrightarrow{OA_n}$ $+\overrightarrow{OA_1}$,而只有零向量可以有多个方向,所以 $\overrightarrow{OA_1}+\overrightarrow{OA_2}+\cdots+\overrightarrow{OA_n}=0$.

三是用向量法证明一些不好分类的杂题.这些题目中,有些不用向量法较难证明.

四是用向量法证明一些经典几何定理.虽然用其他的方法会比向量法证明来得容易,但作为专题研究,我们有必要去尝试向量法到底能做什么,不能做什么,向量法的极限在哪?

【例 15.1】 求证等腰三角形三线合一,即等腰三角形的顶角平分线、底边上的高、底边上的中线互相重合.

证明 如图 15-1,已知 $AB=AC$. 由 $|\overrightarrow{AB}|=|\overrightarrow{AC}|=|\overrightarrow{AB}+\overrightarrow{BC}|$ 得 $|\overrightarrow{AB}|^2=|\overrightarrow{AB}+\overrightarrow{BC}|^2$,即 $\overrightarrow{BC}^2+2\overrightarrow{AB}\cdot\overrightarrow{BC}=2\overrightarrow{BC}\cdot\left(\overrightarrow{AB}+\dfrac{1}{2}\overrightarrow{BC}\right)=0$. 其几何意义是:等腰三角形底边上的中线垂直底边.

若 AD 是高线,则 $\overrightarrow{AB}\cdot\overrightarrow{AD}=AD^2=\overrightarrow{AC}\cdot\overrightarrow{AD}$,于是

$$AB\cdot AD\cos\angle BAD=AC\cdot AD\cos\angle CAD,\angle BAD=\angle CAD,$$

于是 AD 是角平分线. 此式可倒推.

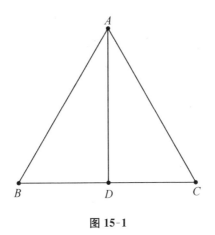

图 15-1

【例 15.2】(一般中线长公式) 若 AD 是△ABC 中线,则

$$AD=\frac{1}{2}\sqrt{2AB^2+2AC^2-BC^2}.$$

证明 由 $\overrightarrow{AB}=\overrightarrow{AD}+\overrightarrow{DB}$ 得 $AB^2=AD^2+DB^2+2\overrightarrow{AD}\cdot\overrightarrow{DB}$;由 $\overrightarrow{AC}=\overrightarrow{AD}+\overrightarrow{DC}$ 得 $AC^2=AD^2+DC^2+2\overrightarrow{AD}\cdot\overrightarrow{DC}$;两式相加可得 $AB^2+AC^2=2AD^2+2DB^2$,所以 $AD=\frac{1}{2}\sqrt{2AB^2+2AC^2-BC^2}$.

【**例 15.3**】 对于平面上四点 A,B,C,D，求证：$AB \cdot CD + BC \cdot AD \geqslant AC \cdot BD$.（托勒密定理）

证法 1 建立复平面，设 A,B,C,D 分别对应 z_A, z_B, z_C, z_D，则

$$AB \cdot CD + BC \cdot AD$$

$$= |z_B - z_A||z_D - z_C| + |z_C - z_B||z_D - z_A|$$

$$= |z_B z_D - z_B z_C - z_A z_D - z_A z_C| + |z_C z_D - z_C z_A - z_B z_D + z_B z_A|$$

$$\geqslant |z_B z_D - z_B z_C - z_A z_D + z_A z_C + z_C z_D - z_C z_A - z_B z_D + z_B z_A|$$

$$= |-z_B z_C - z_A z_D + z_C z_D + z_B z_A|$$

$$= |z_C - z_A||z_D - z_B|$$

$$= AC \cdot BD$$

当且仅当 4 点共线或 4 点共圆时等号成立.

补充 1 直线和圆之间存在对应关系，譬如可将欧拉定理看作是托勒密定理的特例. 欧拉定理：设 A,B,C,D 为直线上任意四点，则 $\overrightarrow{AB} \cdot \overrightarrow{CD} + \overrightarrow{AC} \cdot \overrightarrow{DB} + \overrightarrow{AD} \cdot \overrightarrow{BC} = 0$. 托勒密定理：设四边形内接于圆，则对角线的积等于对边乘积之和. 反之，设有四个点，两条对边的积等于其他两对对边乘积之和，则这四点共圆或共线.

补充 2 对于四点 A,B,C,D，不管是平面还是空间内，恒有

$$\overrightarrow{AB} \cdot \overrightarrow{CD} + \overrightarrow{BC} \cdot \overrightarrow{AD} = \overrightarrow{AC} \cdot \overrightarrow{BD}.$$

证法 2

$$\overrightarrow{AB} \cdot \overrightarrow{CD} + \overrightarrow{BC} \cdot \overrightarrow{AD} = (\overrightarrow{AC} - \overrightarrow{BC}) \cdot \overrightarrow{CD} + \overrightarrow{BC} \cdot (\overrightarrow{AC} + \overrightarrow{CD})$$

$$= \overrightarrow{AC} \cdot \overrightarrow{CD} + \overrightarrow{BC} \cdot \overrightarrow{AC}$$

$$= \overrightarrow{AC} \cdot \overrightarrow{BD}.$$

注意：不能用 $\overrightarrow{AB} \cdot \overrightarrow{CD} + \overrightarrow{BC} \cdot \overrightarrow{AD} = \overrightarrow{AC} \cdot \overrightarrow{BD}$ 推出托勒密定理. 因为下面式子中的第二个不等号无法推导得到.

$$|\overrightarrow{AC} \cdot \overrightarrow{BD}| \leqslant |AC \cdot BD| \leqslant |\overrightarrow{AB} \cdot \overrightarrow{CD}| + |\overrightarrow{BC} \cdot \overrightarrow{AD}|$$

$$\leqslant AB \cdot CD + BC \cdot AD?$$

根据题设条件构造向量，并运用向量数量积的运算法则及其性质可简捷证明

某些呈向量数量积结构形式的三角恒等式.

【例 15.4】 求证:$\cos(\alpha+\beta)=\cos\alpha\cos\beta-\sin\alpha\sin\beta$.

证明 构造向量

$$\boldsymbol{m}=(\cos\alpha,\sin\alpha),\boldsymbol{n}=(\cos(-\beta),\sin(-\beta)),$$

$\boldsymbol{m}\cdot\boldsymbol{n}=\cos\alpha\cos\beta-\sin\alpha\sin\beta;\boldsymbol{m}\cdot\boldsymbol{n}=|\boldsymbol{m}||\boldsymbol{n}|\cos(\alpha+\beta)=\cos(\alpha+\beta),$

所以 $\cos(\alpha+\beta)=\cos\alpha\cos\beta-\sin\alpha\sin\beta.$

类似可证 $\cos(\alpha-\beta)=\cos\alpha\cos\beta+\sin\alpha\sin\beta.$

【例 15.5】 如图 15-2,等边 $\triangle ABC$ 的内切圆 O 上有点 P,若 $\triangle ABC$ 的边长为 a,求:$PA^2+PB^2+PC^2$.

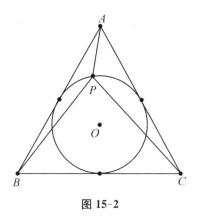

图 15-2

解

$$PA^2+PB^2+PC^2=(\overrightarrow{PO}+\overrightarrow{OA})^2+(\overrightarrow{PO}+\overrightarrow{OB})^2+(\overrightarrow{PO}+\overrightarrow{OC})^2$$

$$=3PO^2+2\overrightarrow{PO}\cdot(\overrightarrow{OA}+\overrightarrow{OB}+\overrightarrow{OC})+3OA^2$$

$$=3PO^2+3OA^2$$

$$=3\cdot\left(\frac{\sqrt{3}}{6}a\right)^2+3\cdot\left(\frac{\sqrt{3}}{3}a\right)^2=\frac{5}{4}a^2.$$

【例 15.6】 证明:正方形外接圆上的点 P 到正方形顶点的距离平方和与点 P 的位置无关.

我们来证一个更一般的结论:在半径为 R 的圆上内接正 n 边形 $A_1A_2\cdots A_n$,点 P 到圆心 O 的距离为 d,求点 P 到正 n 边形所有顶点的距离平方和.

证明

$$PA_1^2 + PA_2^2 + \cdots + PA_n^2$$

$$= (\overrightarrow{PO} + \overrightarrow{OA_1})^2 + (\overrightarrow{PO} + \overrightarrow{OA_2})^2 + \cdots + (\overrightarrow{PO} + \overrightarrow{OA_n})^2$$

$$= n(R^2 + d^2) + 2\overrightarrow{PO} \cdot (\overrightarrow{OA_1} + \overrightarrow{OA_2} + \cdots + \overrightarrow{OA_n}) = n(R^2 + d^2).$$

此结论可向空间扩展,譬如例 15.7 和例 15.8.

【**例 15.7**】 如图 15-3,在立方体 $ABCD-EFGH$ 中,空间一点 P 到立方体中心 O 的距离为 d,那么 P 到这八个顶点的距离平方和为定值.

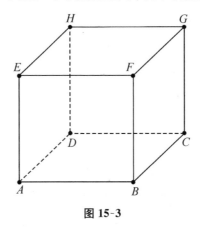

图 15-3

仿照例 15.6,可求得此定值为 $6a^2 + 8d^2$,其中 a 是立方体边长.

【**例 15.8**】 如图 15-4,已知 P 是棱长为 a 的正四面体 $ABCD$ 内切球面上的任意点,求证:$PA^2 + PB^2 + PC^2 + PD^2$ 为定值.

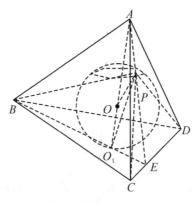

图 15-4

此题原载于《数学教学》1994 年第 5 期的《数学问题和解答》栏目,原解答是综合几何方法,较为复杂.

证明

$$PA^2 + PB^2 + PC^2 + PD^2$$

$$= (\overrightarrow{PO} + \overrightarrow{OA})^2 + (\overrightarrow{PO} + \overrightarrow{OB})^2 + (\overrightarrow{PO} + \overrightarrow{OC})^2 + (\overrightarrow{PO} + \overrightarrow{OD})^2$$

$$= 4(AO^2 + OP^2)$$

$$= 4 \cdot \frac{10}{9} AO^2 = 4 \cdot \frac{10}{9} \cdot \frac{1}{16} (\overrightarrow{AB} + \overrightarrow{AC} + \overrightarrow{AD})^2$$

$$= 4 \cdot \frac{10}{9} \cdot \frac{1}{16} \cdot 6a^2 = \frac{5}{3} a^2.$$

【例 15.9】 求圆内接正 n 边形的所有边和对角线的平方和,其中圆半径为 R.

解 设 O 为圆心,设从顶点 A_k 到其他顶点的平方和为 S_k,则

$$S_k = A_k A_1^2 + A_k A_2^2 + \cdots + A_k A_n^2$$

$$= (\overrightarrow{A_kO} + \overrightarrow{OA_1})^2 + (\overrightarrow{A_kO} + \overrightarrow{OA_2})^2 + \cdots + (\overrightarrow{A_kO} + \overrightarrow{OA_n})^2$$

$$= 2nR^2 + 2\overrightarrow{A_kO} \cdot (\overrightarrow{OA_1} + \overrightarrow{OA_2} + \cdots + \overrightarrow{OA_n}) = 2nR^2.$$

而 $S = \dfrac{nS_k}{2} = n^2 R^2$. 除以 2 是因为每条线段都重复计算了.

【例 15.10】 如图 15-5,已知在 $\triangle ABC$ 的边上有做匀速运动的三点 D, E, F,它们分别从 A, B, C 处同时出发,并同时到达 B, C, A 处. 求证:在运动过程中,$\triangle DEF$ 重心不变.

图 15-5

证明 设$\triangle DEF$的重心是G,由$\overrightarrow{AB}+\overrightarrow{BC}+\overrightarrow{CA}=0$得

$$\frac{AB}{AD}\overrightarrow{AD}+\frac{BC}{BE}\overrightarrow{BE}+\frac{CA}{CF}\overrightarrow{CF}=0;$$

由题意得

$$\frac{AB}{AD}=\frac{BC}{BE}=\frac{CA}{CF},$$

所以$\overrightarrow{AD}+\overrightarrow{BE}+\overrightarrow{CF}=0$;而$\overrightarrow{GD}+\overrightarrow{GE}+\overrightarrow{GF}=0$,两式相减得$\overrightarrow{GA}+\overrightarrow{GB}+\overrightarrow{GC}=0$,所以$G$也是$\triangle ABC$的重心.

【例15.11】 如图15-6,在$\triangle ABC$中求点P,使得$PA^2+PB^2+PC^2$最小.

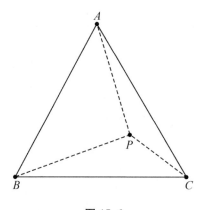

图 15-6

解法1

$$PA^2+PB^2+PC^2=\overrightarrow{PA}^2+(\overrightarrow{PA}+\overrightarrow{AB})^2+(\overrightarrow{PA}+\overrightarrow{AC})^2$$

$$=3\,\overrightarrow{PA}^2+2\,\overrightarrow{PA}\cdot(\overrightarrow{AB}+\overrightarrow{AC})+\overrightarrow{AB}^2+\overrightarrow{AC}^2$$

$$=3[\overrightarrow{PA}+\frac{1}{3}(\overrightarrow{AB}+\overrightarrow{AC})]^2+\overrightarrow{AB}^2+\overrightarrow{AC}^2-\frac{1}{3}(\overrightarrow{AB}+\overrightarrow{AC})^2,$$

显然,当$\overrightarrow{AP}=\frac{1}{3}(\overrightarrow{AB}+\overrightarrow{AC})$时,$P$为三角形重心,$PA^2+PB^2+PC^2$最小.

解法2 设$\triangle ABC$的重心为G,则

$$PA^2+PB^2+PC^2=(\overrightarrow{PG}+\overrightarrow{GA})2+(\overrightarrow{PG}+\overrightarrow{GB})^2+(\overrightarrow{PG}+\overrightarrow{GC})^2$$

$$=3\,\overrightarrow{PG}^2+2\,\overrightarrow{PG}\cdot(\overrightarrow{GA}+\overrightarrow{GB}+\overrightarrow{GC})+\overrightarrow{GA}^2+\overrightarrow{GB}^2+\overrightarrow{GC}^2$$

$$= 3\overrightarrow{PG}^2 + \overrightarrow{GA}^2 + \overrightarrow{GB}^2 + \overrightarrow{GC}^2.$$

显然,当 P 和 G 重合时,P 为三角形重心,$PA^2 + PB^2 + PC^2$ 最小.

两种解法比较,解法 1 是没有假定目标,设定基本向量,其余向量都可以用基本向量表示,然后运算求极值;解法 2 大胆猜测 P 与重心 G 的关系,处处向 G 靠拢,充分利用重心性质.

【例 15.12】 如图 15-7,若 O 为 $\triangle ABC$ 外心,G 为 $\triangle ABC$ 重心,R 为 $\triangle ABC$ 外接圆半径,则

$$OG^2 = R^2 - \frac{a^2 + b^2 + c^2}{9}.$$

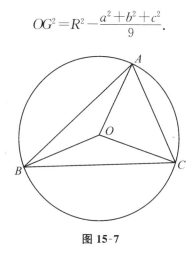

图 15-7

证明

$$OG^2 = \left(\frac{\overrightarrow{OA} + \overrightarrow{OB} + \overrightarrow{OC}}{3}\right)^2$$

$$= \frac{\overrightarrow{OA}^2 + \overrightarrow{OB}^2 + \overrightarrow{OC}^2 + 2(\overrightarrow{OA} \cdot \overrightarrow{OB} + \overrightarrow{OB} \cdot \overrightarrow{OC} + \overrightarrow{OC} \cdot \overrightarrow{OA})}{9}$$

$$= \frac{3R^2 + 2R^2(\cos 2A + \cos 2B + \cos 2C)}{9}$$

$$= \frac{3R^2 + 2R^2[3 - 2(\sin^2 A + \sin^2 B + \sin^2 C)]}{9}$$

$$= R^2 - \frac{a^2 + b^2 + c^2}{9}.$$

【例 15.13】 设 G 为 $\triangle ABC$ 的重心,在 $\triangle ABC$ 所在平面上确定点 P 位置,使

得 $AP \cdot AG + BP \cdot BG + CP \cdot CG$ 有最小值,并用 $\triangle ABC$ 的边长表示这个最小值.

(第 42 届 IMO 预选题)

证明

$$AP \cdot AC + BP \cdot BC + CP \cdot CG$$

$$\geqslant \overrightarrow{AP} \cdot \overrightarrow{AG} + \overrightarrow{BP} \cdot \overrightarrow{BG} + \overrightarrow{CP} \cdot \overrightarrow{CG}$$

$$= (\overrightarrow{AG} + \overrightarrow{GP}) \cdot \overrightarrow{AG} + (\overrightarrow{BG} + \overrightarrow{GP}) \cdot \overrightarrow{BG} + (\overrightarrow{CG} + \overrightarrow{GP}) \cdot \overrightarrow{CG}$$

$$= \overrightarrow{GP} \cdot (\overrightarrow{AG} + \overrightarrow{BG} + \overrightarrow{CG}) + \overrightarrow{AG}^2 + \overrightarrow{BG}^2 + \overrightarrow{CG}^2$$

$$= \left[\frac{1}{3}(\overrightarrow{AB} + \overrightarrow{AC})\right]^2 + \left[\frac{1}{3}(\overrightarrow{BA} + \overrightarrow{BC})\right]^2 + \left[\frac{1}{3}(\overrightarrow{CA} + \overrightarrow{CB})\right]^2$$

$$= \frac{1}{9}\left[2(\overrightarrow{AB}^2 + \overrightarrow{BC}^2 + \overrightarrow{CA}^2) + 2(\overrightarrow{AB} \cdot \overrightarrow{AC} + \overrightarrow{BA} \cdot \overrightarrow{BC} + \overrightarrow{CA} \cdot \overrightarrow{CB})\right]$$

$$= \frac{1}{3}(AB^2 + BC^2 + CA^2).$$

当 P 和 G 重合时,等号成立.

其中倒数第二步用到 $\overrightarrow{AB}^2 + \overrightarrow{BC}^2 + \overrightarrow{CA}^2 = 2(\overrightarrow{AB} \cdot \overrightarrow{AC} + \overrightarrow{BA} \cdot \overrightarrow{BC} + \overrightarrow{CA} \cdot \overrightarrow{CB})$,是由 $(\overrightarrow{AB} + \overrightarrow{BC} + \overrightarrow{CA})^2 = 0$ 展开移项而得.

【例 15.14】 如图 15-8,已知 P 是非等边 $\triangle ABC$ 外接圆上任意一点,求:当 P 分别位于何处时,$PA^2 + PB^2 + PC^2$ 取得最大值和最小值.

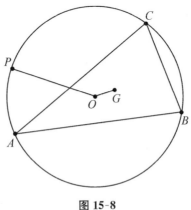

图 15-8

解 设 $\triangle ABC$ 外心为 O,重心为 G,外接圆半径为 R,则

$$PA^2+PB^2+PC^2=(\overrightarrow{PO}+\overrightarrow{OA})^2+(\overrightarrow{PO}+\overrightarrow{OB})^2+(\overrightarrow{PO}+\overrightarrow{OC})^2$$
$$=6R^2+2\overrightarrow{PO}\cdot(\overrightarrow{OA}+\overrightarrow{OB}+\overrightarrow{OC})$$
$$=6R^2+2\overrightarrow{PO}\cdot3\overrightarrow{OG},$$

而 $-|\overrightarrow{PO}||\overrightarrow{OG}|\leqslant\overrightarrow{PO}\cdot\overrightarrow{OG}\leqslant|\overrightarrow{PO}||\overrightarrow{OG}|$,当 P 在 OG 反向延长线上时 $PA^2+PB^2+PC^2$ 取最大值 $6R^2+6R|\overrightarrow{OG}|$,当 P 在 OG 延长线上时 $PA^2+PB^2+PC^2$ 取最小值 $6R^2-6R|\overrightarrow{OG}|$.

【例 15.15】 欧拉不等式:若 R 为 $\triangle ABC$ 外接圆半径,r 为 $\triangle ABC$ 内切圆半径,则 $R\geqslant2r$.

我们来证一个更进一步的结论,设 O 为 $\triangle ABC$ 外心,I 为 $\triangle ABC$ 内心,则 $OI^2=R^2-2Rr$.

证明

$$OI^2=\left(\frac{a\overrightarrow{OA}+b\overrightarrow{OB}+c\overrightarrow{OC}}{a+b+c}\right)^2$$

$$=\frac{a^2\overrightarrow{OA}^2+b^2\overrightarrow{OB}^2+c^2\overrightarrow{OC}^2+2ab\overrightarrow{OA}\cdot\overrightarrow{OB}+2bc\overrightarrow{OB}\cdot\overrightarrow{OC}+2ca\overrightarrow{OC}\cdot\overrightarrow{OA}}{(a+b+c)^2}$$

$$=\frac{R^2(a^2+b^2+c^2)+2R^2(ab\cos2C+bc\cos2A+ca\cos2B)}{(a+b+c)^2}$$

$$=\frac{R^2(a^2+b^2+c^2)+2R^2(ab-2ab\sin^2C+bc-2bc\sin^2A+ca-2ca\sin^2B)}{(a+b+c)^2}$$

$$=\frac{R^2(a+b+c)^2-abc(a+b+c)}{(a+b+c)^2}$$

$$=R^2-2Rr.$$

最后一步化简用到三角形面积关系:$S_{\triangle ABC}=\dfrac{abc}{4R}=\dfrac{(a+b+c)r}{2}$.

【例 15.16】 设 $\triangle ABC$ 的外心为 O,D,E,F 分别是 BC,CA,AB 的中点,求证:$AD^2+BE^2+CF^2\leqslant\dfrac{27}{4}OA^2$;$AD+BE+CF\leqslant\dfrac{9}{2}OA$.

证明 设重心为 G,

$$AD^2+BE^2+CF^2=\frac{9}{4}(AG^2+BG^2+CG^2)$$

$$= \frac{9}{4} \left[(\overrightarrow{AO} + \overrightarrow{OG})^2 + (\overrightarrow{BO} + \overrightarrow{OG})^2 + (\overrightarrow{CO} + \overrightarrow{OG})^2 \right]$$

$$= \frac{9}{4} \left[3\overrightarrow{AO}^2 + \frac{2}{3}(\overrightarrow{AO} + \overrightarrow{BO} + \overrightarrow{CO}) \cdot (\overrightarrow{OA} + \overrightarrow{OB} + \overrightarrow{OC}) + 3\overrightarrow{OG}^2 \right]$$

$$\leqslant \frac{9}{4} \left[3\overrightarrow{AO}^2 + 3\overrightarrow{OG}^2 \right] \leqslant \frac{27}{4} \overrightarrow{AO}^2.$$

$$(AD + BE + CF)^2 = AD^2 + BE^2 + CF^2 + 2AD \cdot BE + 2BE \cdot CF + 2CF \cdot AD$$

$$\leqslant 3(AD^2 + BE^2 + CF^2) = 3 \cdot \frac{27}{4} OA^2,$$

所以 $AD + BE + CF \leqslant \frac{9}{2} OA$.

【例 15.17】 设 M 是 $\triangle ABC$ 平面上任意一点，H 是 $\triangle ABC$ 的垂心，O 是 $\triangle ABC$ 外接圆的圆心，R 是该圆半径，求 $MA^3 + MB^3 + MC^3 - \frac{3}{2} R \cdot MH^2$ 的最小值.

解

$$\frac{MA^3}{R} + \frac{R^2 + MA^2}{2} \geqslant \frac{MA^3}{R} + R \cdot MA \geqslant 2MA^2,$$

即

$$\frac{MA^3}{R} \geqslant \frac{3}{2} MA^2 - \frac{R^2}{2}.$$

同理

$$\frac{MB^3}{R} \geqslant \frac{3}{2} MB^2 - \frac{R^2}{2}, \frac{MC^3}{R} \geqslant \frac{3}{2} MC^2 - \frac{R^2}{2}.$$

$$\frac{MA^3 + MB^3 + MC^3}{R} \geqslant \frac{3}{2} (MA^2 + MB^2 + MC^2) - \frac{3}{2} R^2.$$

$$MA^2 + MB^2 + MC^2 = (\overrightarrow{MO} + \overrightarrow{OA})^2 + (\overrightarrow{MO} + \overrightarrow{OB})^2 + (\overrightarrow{MO} + \overrightarrow{OC})^2$$

$$= 3MO^2 + 2\overrightarrow{MO} \cdot (\overrightarrow{OA} + \overrightarrow{OB} + \overrightarrow{OC}) + 3R^2$$

$$= 3MO^2 + 2\overrightarrow{MO} \cdot \overrightarrow{OH} + 3R^2$$

$$= 3MO^2 - (\overrightarrow{OM}^2 + \overrightarrow{OH}^2 - \overrightarrow{MH}^2) + 3R^2$$

$$\geqslant 3R^2 - \overrightarrow{OH}^2 + \overrightarrow{MH}^2;$$

因此

$$\frac{MA^3 + MB^3 + MC^3}{R} \geqslant \frac{3}{2} (3R^2 - \overrightarrow{OH}^2 + \overrightarrow{MH}^2) - \frac{3}{2} R^2,$$

$$MA^3 + MB^3 + MC^3 - \frac{3}{2}R \cdot \overrightarrow{MH}^2 \geqslant 3R^3 - \frac{3}{2}R \cdot \overrightarrow{OH}^2 (常数),$$

显然 M 与 O 重合时等式成立.

【例 15.18】 如图 15-9,在半径为 R 的圆 O 内有两条互相垂直的弦 AC 和 BD 交于点 P,求证:

$$\overrightarrow{PA} + \overrightarrow{PB} + \overrightarrow{PC} + \overrightarrow{PD} = 2\overrightarrow{PO}, AB^2 + BC^2 + CD^2 + DA^2 = 8R^2.$$

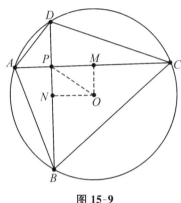

图 15-9

证明 设 AC 和 BD 的中点分别为 M 和 N,则

$$\overrightarrow{PA} + \overrightarrow{PB} + \overrightarrow{PC} + \overrightarrow{PD} = (\overrightarrow{PA} + \overrightarrow{PC}) + (\overrightarrow{PB} + \overrightarrow{PD})$$
$$= 2\overrightarrow{PM} + 2\overrightarrow{PN} = 2\overrightarrow{PO};$$

将此式平方可得

$$\overrightarrow{PA}^2 + \overrightarrow{PB}^2 + \overrightarrow{PC}^2 + \overrightarrow{PD}^2 + 2\overrightarrow{PA} \cdot \overrightarrow{PC} + 2\overrightarrow{PB} \cdot \overrightarrow{PD} = 4\overrightarrow{PO}^2,$$

而根据圆幂定理可得

$$\overrightarrow{PA} \cdot \overrightarrow{PC} = \overrightarrow{PB} \cdot \overrightarrow{PD} = OP^2 - R^2,$$

于是

$$\overrightarrow{PA}^2 + \overrightarrow{PB}^2 + \overrightarrow{PC}^2 + \overrightarrow{PD}^2 = 4R^2;$$

$$AB^2 + BC^2 + CD^2 + DA^2 = 2(\overrightarrow{PA}^2 + \overrightarrow{PB}^2 + \overrightarrow{PC}^2 + \overrightarrow{PD}^2) = 8R^2.$$

【例 15.19】 如图 15-10,在圆内接五边形 $ABCDE$ 中,设任意三个顶点构成的三角形的重心为 G,由 G 向另外两顶点的连线作垂线.证明:这 10 条垂线交于一点.

分析 此题牵涉 10 条垂线,不说把垂线都表达出来,哪怕就是画出来也是麻烦事.这种题目最要紧的就是要抓住对称性,作一条垂线代表一下就行了;而圆中最对称的点莫过于圆心了.

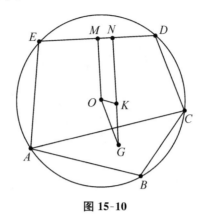

图 15-10

证明 设 O 是圆心, M 和 N 是 O 和 G 在 DE 上的投影, 点 K 是 NG 上一点, 则

$$\overrightarrow{OK} = \overrightarrow{OG} + \overrightarrow{GK} = \frac{1}{3}(\overrightarrow{OA} + \overrightarrow{OB} + \overrightarrow{OC}) + k\overrightarrow{OM}$$

$$= \frac{1}{3}(\overrightarrow{OA} + \overrightarrow{OB} + \overrightarrow{OC}) + \frac{k}{2}(\overrightarrow{OD} + \overrightarrow{OE}),$$

此时若 $\frac{k}{2} = \frac{1}{3}$, 那么 $\overrightarrow{OK} = \frac{1}{3}(\overrightarrow{OA} + \overrightarrow{OB} + \overrightarrow{OC} + \overrightarrow{OD} + \overrightarrow{OE})$, 此式关于五边形的五个顶点平等对称. 同理可证点 K 在其余九条垂线上.

【例 15.20】 如图 15-11, 半径为 R 的 $\odot O$ 有内接四边形 $A_1A_2A_3A_4$, H_1, H_2, H_3, H_4 分别是 $\triangle A_1A_3A_4$, $\triangle A_1A_2A_4$, $\triangle A_1A_2A_3$, $\triangle A_2A_3A_4$ 的垂心. 求证: H_1, H_2, H_3, H_4 四点共圆, 并求其半径.

图 15-11

证明 设 $\overrightarrow{OA_1}+\overrightarrow{OA_2}+\overrightarrow{OA_3}+\overrightarrow{OA_4}=\overrightarrow{OC}$;由垂心和外心的性质可得

$$\overrightarrow{OH_1}=\overrightarrow{OA_1}+\overrightarrow{OA_3}+\overrightarrow{OA_4}=\overrightarrow{OC}-\overrightarrow{OA_2};$$

于是 $|\overrightarrow{H_1C}|=|\overrightarrow{OC}-\overrightarrow{OH_1}|=|\overrightarrow{OA_2}|=R$,同理 $|\overrightarrow{H_2C}|=|\overrightarrow{OA_3}|=R$,$|\overrightarrow{H_3C}|=|\overrightarrow{OA_4}|$ $=R$,$|\overrightarrow{H_4C}|=|\overrightarrow{OA_1}|=R$. 所以 H_1,H_2,H_3,H_4 四点共圆,半径为 R.

从上述推导过程可见,C 是此圆的圆心. 设四边形 $A_1A_2A_3A_4$ 两条对角线的中点连成的线段的中点为 M,则 $\overrightarrow{OC}=4\overrightarrow{OM}$,这个等式提供了作出此圆心的简单方法. 从物理意义上看,M 是等质量质点组 $A_1A_2A_3A_4$ 的重心.

【例 15. 21】 如图 15-12,是否存在四个平面向量,它们两两不共线,其中任何两个向量之和与其余两个向量之和垂直.

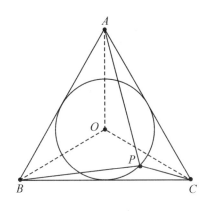

图 15-12

解 存在.譬如,在正 $\triangle ABC$ 中,O 为其内心,P 为其内切圆上任一点,且 P 不为 OA,OB,OC 与内切圆的交点也不为切点,则向量 $\overrightarrow{PA}$,$\overrightarrow{PB}$,$\overrightarrow{PC}$,$\overrightarrow{PO}$ 两两不共线,且满足题目的要求.

证明

$$(\overrightarrow{PA}+\overrightarrow{PB})\cdot(\overrightarrow{PC}+\overrightarrow{PO})=(\overrightarrow{PO}+\overrightarrow{OA}+\overrightarrow{PO}+\overrightarrow{OB})\cdot(\overrightarrow{PO}+\overrightarrow{OC}+\overrightarrow{PO})$$

$$=(2\overrightarrow{PO}+\overrightarrow{OA}+\overrightarrow{OB})\cdot(2\overrightarrow{PO}+\overrightarrow{OC})$$

$$=4\overrightarrow{PO}^2-\overrightarrow{OC}^2=0,$$

即 $(\overrightarrow{PA}+\overrightarrow{PB})\perp(\overrightarrow{PC}+\overrightarrow{PO})$.

如果注意数形结合,可得一巧证:设 AB 中点为 D,CO 中点为 E,则 $(\overrightarrow{PA}+\overrightarrow{PB})\cdot(\overrightarrow{PC}+\overrightarrow{PO})=2\,\overrightarrow{PD}\cdot2\,\overrightarrow{PE}=0$.

此题有没有其他的解答呢?其实很多.

设此四向量为 a,b,c,d,记 $a+b=U,c+d=V$,这里设 U 和 V 是任意一对相互垂直的非零向量. 于是可设

$$a=\lambda U+\alpha V,b=(1-\lambda)U-\alpha V,$$

$$c=\beta U+\mu V,d=-\beta U+(1-\mu)V,$$

不失一般性,取 $U^2=1,V^2=E$,由 $(a+c)\cdot(b+d)=0$ 和 $(a+d)\cdot(b+c)=0$ 得

$$(\lambda+\beta)+E(\alpha+\mu)=(\lambda+\beta)^2+E(\alpha+\mu)^2,$$

$$(\lambda-\beta)+E(\mu-\alpha)=(\lambda-\beta)^2+E(\mu-\alpha)^2.$$

两式相加减得

$$\lambda+E\mu=\lambda^2+\beta^2+E(\mu^2+\alpha^2),$$

$$\beta+E\alpha=2\lambda\beta+2E\mu\alpha.$$

从后一式得 $(1-2\lambda)\beta=-E(1-2\mu)\alpha$,故可设 $\alpha=t(1-2\lambda),\beta=-tE(1-2\mu)$,代入前式得

$$\lambda+E\mu=\lambda^2+t^2E^2(1-2\mu)^2+E\mu^2+Et^2(1-2\lambda)^2,$$

整理后得,

$$(4t^2E+1)(\lambda+E\mu)=Et^2(1+E)+(4t^2E+1)(\lambda^2+E\mu^2),$$

即

$$(\lambda^2+E\mu^2)-(\lambda+E\mu)+\frac{Et^2(1+E)}{4t^2E+1}=0.$$

此式结合 $\alpha=t(1-2\lambda),\beta=-tE(1-2\mu)$,即为问题的通解.

这样虽然解决了问题,但几何上不够直观.

对一些特款,可以转换为几何的表述.

取 $E=1$,则 $\alpha=t(1-2\lambda),\beta=-t(1-2\mu)$,而 (λ,μ) 只要满足

$$(\lambda^2+\mu^2)-(\lambda+\mu)+\frac{2t^2}{4t^2+1}=0$$

即可. 把 (λ,μ) 看成平面上点的坐标, 上述等式表明点 (λ,μ) 在一个圆上, 圆的标准方程为

$$\left(x-\frac{1}{2}\right)^2+\left(y-\frac{1}{2}\right)^2=\frac{1}{2(4t^2+1)}.$$

再取 $t=0.5$, 则圆的半径为 0.5, 于是得到下面的几何命题:

如图 15-13, Q 是正方形顶点, M 和 N 是正方形的以 Q 为端点的两边的中点, l 是过 N 而垂直于 MN 的直线, P 是正方形内切圆上任一点. 过 P 作平行于正方形的边的两直线分别交直线 l 和 MN 于 C 和 A, D 是 C 关于 N 的对称点, B 是 A 关于 M 的对称点; 则四向量 QA,QB,QC,QD 中, 任意两向量之和垂直于另两向量之和.

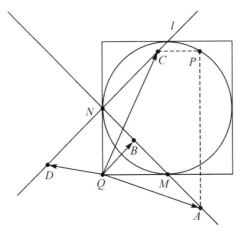

图 15-13

读者可以选取其他特款, 创作有趣的几何问题.

【例 15.22】 如图 15-14, 设四边形 $ABCD$ 与四边形 $A'B'C'D'$ 的面积分别是 S 和 S', 若四边形 $ABCD$ 内有一点 O, 使得 $\overrightarrow{OA}=\overrightarrow{A'B'}$, $\overrightarrow{OB}=\overrightarrow{B'C'}$, $\overrightarrow{OC}=\overrightarrow{C'D'}$, $\overrightarrow{OD}=\overrightarrow{D'A'}$, 则 $S=2S'$.

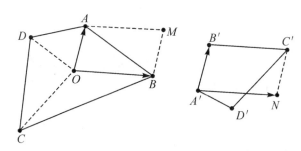

图 15-14

证明 $\overrightarrow{OA}$ 和 $\overrightarrow{OB}$ 构成的平行四边形 $OAMB$ 与 $\overrightarrow{B'C'}$ 和 $\overrightarrow{A'B'}$ 构成的平行四边形 $A'B'G'N$ 是全等的,$S_{\triangle AOB}=\frac{1}{2}S_{OAMB}=\frac{1}{2}S_{A'B'C'N'}=S_{\triangle A'B'C'}$. 同理可得 $S_{\triangle BOC}=S_{\triangle B'C'D'}$,$S_{\triangle COD}=S_{\triangle C'D'A'}$,$S_{\triangle DOA}=S_{\triangle D'A'B'}$,所以

$$S=S_{\triangle AOB}+S_{\triangle BOC}+S_{\triangle COD}+S_{\triangle DOA}=S_{\triangle A'B'C'}+S_{\triangle B'C'D'}+S_{\triangle C'D'A'}+S_{\triangle D'A'B'}$$
$$=2S'.$$

【例 15.23】 设边长为 1 的正 $\triangle ABC$ 的边 BC 上有 n 等分点,沿点 B 到 C 的方向,依次为 $P_1,P_2,\cdots,P_{n-1}$,若

$$S_n=\overrightarrow{AB}\cdot\overrightarrow{AP_1}+\overrightarrow{AP_1}\cdot\overrightarrow{AP_2}+\cdots+\overrightarrow{AP_{n-1}}\cdot\overrightarrow{AC},$$

求证:$S_n=\dfrac{5n^2-2}{6n}$.

证明 设 $\overrightarrow{AB}=\overrightarrow{AP_0}$,$\overrightarrow{AC}=\overrightarrow{AP_n}$,则

$$\overrightarrow{AP_{k-1}}\cdot\overrightarrow{AP_k}=\left(\overrightarrow{AB}+\frac{k-1}{n}\overrightarrow{BC}\right)\cdot\left(\overrightarrow{AB}+\frac{k}{n}\overrightarrow{BC}\right)$$

$$=\overrightarrow{AB}^2+\frac{2k-1}{n}\overrightarrow{AB}\cdot\overrightarrow{BC}+\frac{k(k-1)}{n^2}\overrightarrow{BC}^2,$$

$$k=1,2,\cdots,n,$$

$$S_n=n\overrightarrow{AB}^2+n\overrightarrow{AB}\cdot\overrightarrow{BC}+\frac{n^2-1}{3n}\overrightarrow{BC}^2=n-\frac{n}{2}+\frac{n^2-1}{3n}=\frac{5n^2-2}{6n}.$$

【例 15.24】 任给 8 个实数 a,b,c,d,e,f,g,h,求证:$ac+bd,ae+bf,ag+bh$,$ce+df,cg+dh,eg+fh$ 这 6 个数中,至少有一个非负.

证明 构造平面上四个向量 $(a,b),(c,d),(e,f),(g,h)$,显然已知的六个数是

这四个向量两两组合的数量积;而向量两两组合所成的角之中必然有一个不超过 $360°/4=90°$,所以命题得证.

【例 15.25】 现有七个向量,其中任意三个向量之和的长度都等于其余四个向量之和的长度,求证:这七个向量之和等于零向量.

证明 设这七个向量为 $\boldsymbol{a}_i(i=1,2,\cdots,7)$,$\sum\limits_{i=1}^{7}\boldsymbol{a}_i=\boldsymbol{a}$,记 $\boldsymbol{b}_i=\boldsymbol{a}_i+\boldsymbol{a}_{i+1}+\boldsymbol{a}_{i+2}$,且设 $\boldsymbol{a}_{i+7}=\boldsymbol{a}_i(i=1,2,\cdots,7)$,则 $|\boldsymbol{b}_i|=|\boldsymbol{a}-\boldsymbol{b}_i|$,整理得 $\boldsymbol{b}_i^2=\boldsymbol{a}^2-2\boldsymbol{a}\boldsymbol{b}_i+\boldsymbol{b}_i^2$,即 $\boldsymbol{a}^2=2\boldsymbol{a}\boldsymbol{b}_i$ $(i=1,2,\cdots,7)$,七式相加得 $7\boldsymbol{a}^2=2\boldsymbol{a}\sum\limits_{i=1}^{7}\boldsymbol{b}_i$,即 $7\boldsymbol{a}^2=6\boldsymbol{a}^2$,所以 $\boldsymbol{a}=0$.

【例 15.26】 如图 15-15,已知等边 $\triangle ABC$ 内部的一点 D,在 AB,BC,CA 三边上的垂足分别为 F,E,G,求证 $AF+BE+CG$ 和 $S_{\triangle ADF}+S_{\triangle BDE}+S_{\triangle CDG}$ 都为常数.

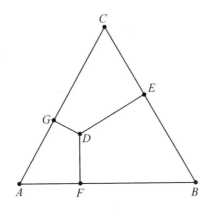

图 15-15

(1)**证法 1** 设等边三角形边长为 a,

$$AF=\frac{\overrightarrow{AD}\cdot\overrightarrow{AB}}{|\overrightarrow{AB}|},BE=\frac{\overrightarrow{BD}\cdot\overrightarrow{BC}}{|\overrightarrow{BC}|},CG=\frac{\overrightarrow{CD}\cdot\overrightarrow{CA}}{|\overrightarrow{CA}|},$$

$$AF+BE+CG=\frac{\overrightarrow{AD}\cdot\overrightarrow{AB}}{|\overrightarrow{AB}|}+\frac{\overrightarrow{BD}\cdot\overrightarrow{BC}}{|\overrightarrow{BC}|}+\frac{\overrightarrow{CD}\cdot\overrightarrow{CA}}{|\overrightarrow{CA}|}$$

$$=\frac{1}{a}[\overrightarrow{AD}\cdot\overrightarrow{AB}+(\overrightarrow{BA}+\overrightarrow{AD})\cdot\overrightarrow{BC}+(\overrightarrow{CB}+\overrightarrow{BA}+\overrightarrow{AD})\cdot\overrightarrow{CA}]$$

$$=\frac{1}{a}(\overrightarrow{BA}\cdot\overrightarrow{BC}+(\overrightarrow{CB}+\overrightarrow{BA})\cdot\overrightarrow{CA})=\frac{1}{a}\left(\frac{1}{2}a^2+a^2\right)=\frac{3}{2}a.$$

证法 2　用向量法证更一般的结论.

已知点 D 在任意 $\triangle ABC$ 的 AB,BC,CA 三边上的垂足分别为 F,E,G,则 $\overrightarrow{DC}$ $\cdot\overrightarrow{CA}+\overrightarrow{DA}\cdot\overrightarrow{CA}+\overrightarrow{DA}\cdot\overrightarrow{AB}+\overrightarrow{DB}\cdot\overrightarrow{AB}+\overrightarrow{DB}\cdot\overrightarrow{BC}+\overrightarrow{DC}\cdot\overrightarrow{BC}=0$.

证明

$$\overrightarrow{DC}\cdot\overrightarrow{CA}+\overrightarrow{DA}\cdot\overrightarrow{CA}+\overrightarrow{DA}\cdot\overrightarrow{AB}+\overrightarrow{DB}\cdot\overrightarrow{AB}+\overrightarrow{DB}\cdot\overrightarrow{BC}+\overrightarrow{DC}\cdot\overrightarrow{BC}$$

$$=\overrightarrow{DC}\cdot\overrightarrow{CA}+\overrightarrow{DA}\cdot(\overrightarrow{CA}+\overrightarrow{AB})+\overrightarrow{DB}\cdot(\overrightarrow{AB}+\overrightarrow{BC})+\overrightarrow{DC}\cdot\overrightarrow{BC}$$

$$=\overrightarrow{DC}\cdot\overrightarrow{CA}+\overrightarrow{DA}\cdot\overrightarrow{CB}+\overrightarrow{DB}\cdot\overrightarrow{AC}+\overrightarrow{DC}\cdot\overrightarrow{BC}$$

$$=\overrightarrow{BC}\cdot\overrightarrow{AC}+\overrightarrow{CA}\cdot\overrightarrow{BC}$$

$$=0,$$

即

$$GA\cdot CA+FB\cdot AB+EC\cdot BC=GC\cdot CA+FA\cdot AB+EB\cdot BC;$$

如图 15-15,当 $\triangle ABC$ 为等边三角形时,则

$$GA+FB+EC=GC+FA+EB.$$

也就是说 $AF+BE+CG$ 等于周长的一半,为常数.

(2)如图 15-16,设 AD,BE,CF 是 $\triangle ABC$ 的中线,点 K 是 $\triangle ABC$ 重心,点 G 是 $\triangle ABC$ 内部一点,作 $GH /\!/ CF,GI /\!/ AD,GJ /\!/ BE$,则

$$S_{\triangle GAH}+S_{\triangle GBI}+S_{\triangle GCJ}=\frac{1}{2}S_{\triangle ABC}.$$

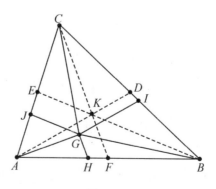

图 15-16

证明　设 $\overrightarrow{AG}=\overrightarrow{AH}+\overrightarrow{HG}=m\overrightarrow{AB}+n\overrightarrow{FC}$,则 $S_{\triangle GAH}=mnS_{\triangle ABC}$;

$$\overrightarrow{BG}=\overrightarrow{BD}+\overrightarrow{DA}+\overrightarrow{AG}=\overrightarrow{BD}+\overrightarrow{DA}+m\overrightarrow{AB}+n\overrightarrow{FC}$$

$$=\overrightarrow{BD}+\overrightarrow{DA}+m(\overrightarrow{AD}+\overrightarrow{DB})+\frac{3}{2}n(\overrightarrow{KD}+\overrightarrow{DC})$$

$$=\left(\frac{1}{2}-\frac{m}{2}+\frac{3}{4}n\right)\overrightarrow{BC}+\left(1-m-\frac{n}{2}\right)\overrightarrow{DA},$$

则

$$S_{\triangle GBI}=\left(\frac{1}{2}-\frac{m}{2}+\frac{3}{4}n\right)\left(1-m-\frac{n}{2}\right)S_{\triangle ABC};$$

$$\overrightarrow{CG}=\overrightarrow{CA}+\overrightarrow{AG}=\overrightarrow{CA}+m\overrightarrow{AB}+n\overrightarrow{FC}$$

$$=\overrightarrow{CA}+m(\overrightarrow{AE}+\overrightarrow{EB})+\frac{3}{2}n(\overrightarrow{KE}+\overrightarrow{EC})$$

$$=\left(1-\frac{m}{2}-\frac{3}{4}n\right)\overrightarrow{CA}+\left(m-\frac{n}{2}\right)\overrightarrow{EB},$$

则

$$S_{\triangle CCJ}=\left(1-\frac{m}{2}-\frac{3}{4}n\right)\left(m-\frac{n}{2}\right)S_{\triangle ABC};$$

$$S_{\triangle GAH}+S_{\triangle GBI}+S_{\triangle CCJ}=\left[\begin{array}{c}mn+\left(\dfrac{1}{2}-\dfrac{m}{2}+\dfrac{3}{4}n\right)\left(1-m-\dfrac{n}{2}\right)\\ +\left(1-\dfrac{m}{2}-\dfrac{3}{4}n\right)\left(m-\dfrac{n}{2}\right)\end{array}\right]S_{\triangle ABC}$$

$$=\frac{1}{2}S_{\triangle ABC}.$$

当 $\triangle ABC$ 为等边三角形时,三角形中线和高重合,则

$$S_{\triangle GAH}+S_{\triangle GBI}+S_{\triangle CCJ}=\frac{1}{2}S_{\triangle ABC}.$$

巧证 如图 15-17,$\triangle ABC$ 为等边三角形,设点 D 在 AB,BC,CA 三边上的垂足分别为 F,E,G,过点 D 作三角形三边的平行线,易证 $AI=CH$,$IF=FK$,$BM=LA$,$ME=EH$,$CJ=BK$,$JG=GL$,所以 $AF+BE+CG=FB+EC+GA$.

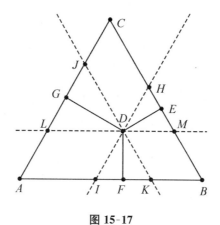

图 15-17

同样的,易证

$$S_{\triangle DAI}=S_{\triangle DAL},S_{\triangle DIF}=S_{\triangle DKF},S_{\triangle DBM}=S_{\triangle DBK},S_{\triangle DME}=S_{\triangle DHE},$$

$$S_{\triangle DCJ}=S_{\triangle DCH},S_{\triangle DJG}=S_{\triangle DLG},$$

所以

$$S_{\triangle ADF}+S_{\triangle BDE}+S_{\triangle CDG}=S_{\triangle BDF}+S_{\triangle CDE}+S_{\triangle ADG}.$$

【例 15.27】 如图 15-18,已知不等边锐角 $\triangle ABC$ 内部的一点 D,在 AB,BC,CA 三边上的垂足分别为 F,E,G,若

$$AF+BE+CG=AG+CE+BF,$$

$$S_{\triangle ADF}+S_{\triangle BDE}+S_{\triangle CDG}=S_{\triangle BDF}+S_{\triangle CDE}+S_{\triangle ADG},$$

证明:点 D 或为 $\triangle ABC$ 外心 O 或内心 I.

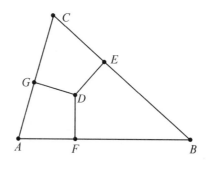

图 15-18

证明 显然当点 D 为外心或内心时,满足条件.下面分两步进行.

(1)根据条件 $AF+BE+CG=AG+CE+BF$ 证明满足条件的点 D 在直线 OI 上.

$$\frac{a+b+c}{2}=\frac{\overrightarrow{AD}\cdot\overrightarrow{AB}}{c}+\frac{\overrightarrow{BD}\cdot\overrightarrow{BC}}{a}+\frac{\overrightarrow{CD}\cdot\overrightarrow{CA}}{b}$$

$$=\frac{\overrightarrow{AD}\cdot\overrightarrow{AB}}{c}+\frac{(\overrightarrow{BA}+\overrightarrow{AD})\cdot\overrightarrow{BC}}{a}+\frac{(\overrightarrow{CA}+\overrightarrow{AD})\cdot\overrightarrow{CA}}{b}$$

$$=\overrightarrow{AD}\cdot\left(\frac{\overrightarrow{AB}}{c}+\frac{\overrightarrow{BC}}{a}+\frac{\overrightarrow{CA}}{b}\right)+\frac{\overrightarrow{BA}\cdot\overrightarrow{BC}}{a}+\frac{\overrightarrow{CA}\cdot\overrightarrow{CA}}{b}$$

$$=(m\overrightarrow{AO}+n\overrightarrow{AI})\cdot\left(\frac{\overrightarrow{AB}}{c}+\frac{\overrightarrow{BC}}{a}+\frac{\overrightarrow{CA}}{b}\right)+c\cos B+b$$

$$=m\left(\frac{c}{2}+\frac{a}{2}+c\cos B-\frac{b}{2}\right)$$

$$+n\left(\frac{b+c-a}{2}-\frac{b+c-a}{2}-c\cos B+\frac{a+c-b}{2}\right)+c\cos B+b$$

$$=(m+n)\left(\frac{a+c-b}{2}-c\cos B\right)+c\cos B+b,$$

从而

$$(m+n)\left(\frac{a+c-b}{2}-c\cos B\right)=\frac{a+c-b}{2}-c\cos B,$$

由于 $\triangle ABC$ 为不等边锐角三角形,$\dfrac{a+c-b}{2}-c\cos B$ 不恒为 0,所以 $m+n=1$,点 D 在直线 OI 上.

(2)根据条件 $S_{\triangle ADF}+S_{\triangle BDE}+S_{\triangle CDG}=S_{\triangle BDF}+S_{\triangle CDE}+S_{\triangle ADG}$ 证明满足条件的点 D 非 O 即 I.

设垂直于 AB,且指向点 C 的单位向量为 $\boldsymbol{e}_c$,同理定义 $\boldsymbol{e}_a,\boldsymbol{e}_b$;设 h_a 为 BC 边上的高;

$$2S_{\triangle ABC}=\frac{\overrightarrow{AD}\cdot\overrightarrow{AB}}{c}\cdot(\overrightarrow{AD}\cdot\boldsymbol{e}_c)+\frac{\overrightarrow{BD}\cdot\overrightarrow{BC}}{a}\cdot(\overrightarrow{BP}\cdot\boldsymbol{e}_a)+\frac{\overrightarrow{CD}\cdot\overrightarrow{CA}}{b}\cdot(\overrightarrow{CD}\cdot\boldsymbol{e}_b)$$

$$=\frac{\overrightarrow{AD}\cdot\overrightarrow{AB}}{c}\cdot(\overrightarrow{AD}\cdot\boldsymbol{e}_c)+\frac{(\overrightarrow{BA}+\overrightarrow{AD})\cdot\overrightarrow{BC}}{a}\cdot((\overrightarrow{BA}+\overrightarrow{AD})\cdot\boldsymbol{e}_a)$$

$$+\frac{(\overrightarrow{CA}+\overrightarrow{AD})\cdot\overrightarrow{CA}}{b}\cdot((\overrightarrow{CA}+\overrightarrow{AD})\cdot e_b)$$

$$=\frac{(m\overrightarrow{AO}+n\overrightarrow{AI})\cdot\overrightarrow{AB}}{c}\cdot((m\overrightarrow{AO}+n\overrightarrow{AI})\cdot e_c)$$

$$+\frac{\overrightarrow{BA}\cdot\overrightarrow{BC}+(m\overrightarrow{AO}+n\overrightarrow{AI})\cdot\overrightarrow{BC}}{a}\cdot(\overrightarrow{BA}\cdot e_a+(m\overrightarrow{AO}+n\overrightarrow{AI})\cdot e_a)$$

$$+\frac{\overrightarrow{CA}\cdot\overrightarrow{CA}+(m\overrightarrow{AO}+n\overrightarrow{AI})\cdot\overrightarrow{CA}}{b}\cdot(\overrightarrow{CA}\cdot e_b+(m\overrightarrow{AO}+n\overrightarrow{AI})\cdot e_b)$$

$$=\left(m\frac{c}{2}+n\frac{b+c-a}{2}\right)\cdot(mR\cos C+nr)$$

$$+\frac{\overrightarrow{BA}\cdot\overrightarrow{BC}+(m(\overrightarrow{AB}+\overrightarrow{BO})+n(\overrightarrow{AB}+\overrightarrow{BI}))\cdot\overrightarrow{BC}}{a}$$

$$\cdot(\overrightarrow{BA}\cdot e_a+(m(\overrightarrow{AB}+\overrightarrow{BO})+n(\overrightarrow{AB}+\overrightarrow{BI}))\cdot e_a)$$

$$+\left(b+\left(-m\frac{b}{2}-n\frac{b+c-a}{2}\right)\right)\cdot(mR\cos B+nr)$$

$$=\left(m\frac{c}{2}+n\frac{b+c-a}{2}\right)\cdot(mR\cos C+nr)$$

$$+\left(c\cos B+m\left(-c\cos B+\frac{a}{2}\right)+n\left(-c\cos B+\frac{a+c-b}{2}\right)\right)$$

$$\cdot(h_a+m(-h_a+R\cos A)+n(-h_a+r))$$

$$+\left(b+\left(-m\frac{b}{2}-n\frac{b+c-a}{2}\right)\right)\cdot(mR\cos B+nr).$$

将 $m=1-n$ 代入后化简可得

$$n^2R(c\cos B-c\cos A-b\cos C+b\cos A+a\cos C-a\cos B)$$

$$=nR(c\cos B-c\cos A-b\cos C+b\cos A+a\cos C-a\cos B).$$

由于 $\triangle ABC$ 为不等边锐角三角形，

$$c\cos B-c\cos A-b\cos C+b\cos A+a\cos C-a\cos B$$

不恒为 0，所以 $n=0$ 或 $n=1$，也就是点 D 或为 $\triangle ABC$ 外心 O 或内心 I。

此题解答过程也就暗示着当 $\triangle ABC$ 为等边三角形时，对于 $\triangle ABC$ 内部所有点都满足条件

$$AF+BE+CG=AG+CE+BF,$$

$$S_{\triangle ADF}+S_{\triangle BDE}+S_{\triangle CDG}=S_{\triangle BDF}+S_{\triangle CDE}+S_{\triangle ADG}.$$

【例 15.28】 如图 15-19，AD 与 CE 交于点 F，若 BF 的延长线交 AC 于 G，求证：$\dfrac{\overrightarrow{AE}}{\overrightarrow{EB}} \cdot \dfrac{\overrightarrow{BD}}{\overrightarrow{DC}} \cdot \dfrac{\overrightarrow{CG}}{\overrightarrow{GA}}=1.$（塞瓦定理）

证法 1 设 $\overrightarrow{AE}=u\overrightarrow{EB},\overrightarrow{BD}=v\overrightarrow{DC},\overrightarrow{CG}=w\overrightarrow{GA},\boldsymbol{a}$ 是 $\overrightarrow{AD}$ 的法向量，则：

$$\frac{\overrightarrow{CF}}{\overrightarrow{FE}}=\frac{\boldsymbol{a}\cdot\overrightarrow{CF}}{\boldsymbol{a}\cdot\overrightarrow{FE}}=\frac{\sqrt{a}\cdot\overrightarrow{CD}}{\sqrt{a}\cdot\overrightarrow{AE}}=\frac{\boldsymbol{a}\cdot\left(\dfrac{1}{v}\overrightarrow{DB}\right)}{\sqrt{a}\cdot\left(\dfrac{u}{1+u}\overrightarrow{AB}\right)}=\frac{1+u}{uv}\frac{\boldsymbol{a}\cdot\overrightarrow{DB}}{\boldsymbol{a}\cdot\overrightarrow{AB}}=\frac{1+u}{uv};$$

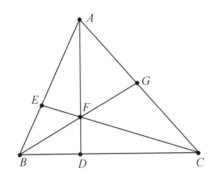

图 15-19

再设 $\boldsymbol{b}$ 是 $\overrightarrow{BF}$ 的法向量，则

$$w=\frac{\overrightarrow{CG}}{\overrightarrow{GA}}=\frac{\boldsymbol{b}\cdot\overrightarrow{CG}}{\boldsymbol{b}\cdot\overrightarrow{GA}}=\frac{\boldsymbol{b}\cdot\overrightarrow{CF}}{\boldsymbol{b}\cdot\overrightarrow{FA}}=\frac{1+u}{uv}\frac{\boldsymbol{b}\cdot\overrightarrow{BE}}{\boldsymbol{b}\cdot\overrightarrow{FA}}$$

$$=\frac{1+u}{uv}\frac{\boldsymbol{b}\cdot\left(\dfrac{1}{1+u}\overrightarrow{BA}\right)}{\boldsymbol{b}\cdot\overrightarrow{FA}}=\frac{1}{uv},$$

即所欲证.

证法 2 设 $\overrightarrow{AE}=u\overrightarrow{EB},\overrightarrow{BD}=v\overrightarrow{DC},\overrightarrow{CG}=w\overrightarrow{GA}$，

$$\overrightarrow{AF}+\overrightarrow{FB}=\overrightarrow{AC}+\overrightarrow{CB}=(1+w)\overrightarrow{AG}+\frac{1+v}{v}\overrightarrow{DB}$$

$$=(1+w)(\overrightarrow{AF}+\overrightarrow{FG})+\frac{1+v}{v}(\overrightarrow{DF}+\overrightarrow{FB}),$$

整理得:

$$\overrightarrow{AF}=\frac{1+v}{wv}\overrightarrow{FD}.$$

$$\overrightarrow{AF}+\overrightarrow{FC}=\overrightarrow{AB}+\overrightarrow{BC}=\frac{(1+u)}{u}\overrightarrow{AE}+(1+v)\overrightarrow{DC}$$

$$=\frac{(1+u)}{u}(\overrightarrow{AF}+\overrightarrow{FG})+(1+v)(\overrightarrow{DF}+\overrightarrow{FB}),$$

整理得:$\overrightarrow{AF}=u(1+v)\overrightarrow{FD}$. 综合两式可得:$uvw=1$,证毕.

【例 15.29】 如图 15-20,设四边形 $ABCD$ 的一组对边 AB 和 DC 的延长线交于点 E,另一组对边 AD 和 BC 的延长线交于点 F,则 AC 的中点 L,BD 的中点 M,EF 的中点 N 三点共线(此线称为高斯线).

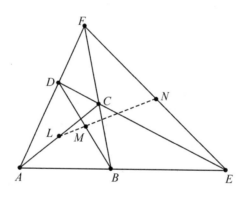

图 15-20

证法 1 设 $\overrightarrow{AD}=n\overrightarrow{DF}$,$\overrightarrow{AB}=m\overrightarrow{BE}$,则

$$2\overrightarrow{LM}=\overrightarrow{CA}+2\overrightarrow{AB}+\overrightarrow{BD}=\overrightarrow{AB}+\overrightarrow{CD}=m(\overrightarrow{BC}+\overrightarrow{CE})+\overrightarrow{CD}$$

$$=m\overrightarrow{BC}+m\overrightarrow{CE}+\overrightarrow{CD}=\overrightarrow{AD}+\overrightarrow{CB}$$

$$=n(\overrightarrow{DC}+\overrightarrow{CF})+\overrightarrow{CB}=n\overrightarrow{DC}+n\overrightarrow{CF}+\overrightarrow{CB}$$

$$=m\overrightarrow{BC}+n\overrightarrow{DC}$$

(由前式及基本定理得 $m\overrightarrow{BC}=n\overrightarrow{CF}+\overrightarrow{CB}$,$n\overrightarrow{DC}=m\overrightarrow{CE}+\overrightarrow{CD}$)

$$=\frac{mn(\overrightarrow{BF}+\overrightarrow{DE})}{m+n+1}$$

(由前式解出 $(m+n+1)\overrightarrow{BC}=n\overrightarrow{BF}$,$(m+n+1)\overrightarrow{DC}=m\overrightarrow{DE}$)

$$=\frac{2mn}{m+n+1}\overrightarrow{MN}$$

（因 $2\overrightarrow{MN}=2\overrightarrow{MB}+2\overrightarrow{BF}+2\overrightarrow{FN}=\overrightarrow{DB}+2\overrightarrow{BF}+\overrightarrow{FE}=\overrightarrow{BF}+\overrightarrow{DE}$）.

证法 2 设 $\overrightarrow{AB}=u\overrightarrow{AE}$，$\overrightarrow{AD}=v\overrightarrow{AF}$，用回路 DCF，BCE 和 $DCBA$ 来确定点 C 的分比：由

$$\overrightarrow{DC}+\overrightarrow{CF}=\overrightarrow{DF}=(1-v)\overrightarrow{AF},\overrightarrow{BC}+\overrightarrow{CE}=\overrightarrow{BE}=(1-u)\overrightarrow{AE},得$$

$$\overrightarrow{DC}+\overrightarrow{CB}=\overrightarrow{DA}+\overrightarrow{AB}=v\overrightarrow{FA}+u\overrightarrow{AE}=\frac{u}{1-u}(\overrightarrow{BC}+\overrightarrow{CE})-\frac{v}{1-v}(\overrightarrow{DC}+\overrightarrow{CF}),$$

整理后得到

$$(1-u)\overrightarrow{DC}+(1-v)\overrightarrow{CB}=u(1-v)\overrightarrow{CE}+v(1-u)\overrightarrow{FC},$$

由平面向量基本定理得

$$(1-u)\overrightarrow{DC}=u(1-v)\overrightarrow{CE}. \tag{15-1}$$

对三个中点顺次用定比分点公式（或中点消去公式），再利用回路 $AFCE$ 和 $ABCD$ 得

$$4\overrightarrow{LN}=2(\overrightarrow{LF}+\overrightarrow{LE})=\overrightarrow{AF}+\overrightarrow{CF}+\overrightarrow{AE}+\overrightarrow{CE}=2(\overrightarrow{AF}+\overrightarrow{CE}), \tag{15-2}$$

$$4\overrightarrow{LM}=2(\overrightarrow{LD}+\overrightarrow{LB})=\overrightarrow{AD}+\overrightarrow{CD}+\overrightarrow{AB}+\overrightarrow{CB}=2(\overrightarrow{AB}+\overrightarrow{CD}). \tag{15-3}$$

由原设得

$$\overrightarrow{AB}=u\overrightarrow{AE}=u(\overrightarrow{AD}+\overrightarrow{DE})=u(v\overrightarrow{AF}+\overrightarrow{DC}+\overrightarrow{CE}). \tag{15-4}$$

结合 (15-4) 和 (15-1) 式得

$$\overrightarrow{AB}+\overrightarrow{CD}=uv\overrightarrow{AF}+(1-u)\overrightarrow{CD}+u\overrightarrow{CE}$$

$$=uv\overrightarrow{AF}+u(1-v)\overrightarrow{EC}+u\overrightarrow{CE}=uv(\overrightarrow{AF}+\overrightarrow{CE})$$

$$\tag{15-5}$$

由 (15-5)，(15-2)，(15-3) 式得 $\overrightarrow{LM}=uv\overrightarrow{LN}$，这证明了 L,M,N 共线.

注意：在 (15-1) 式中，为了确定点 C 的分比，要用到三个回路等式. 如果用内积，就可以一气呵成. 如图 15-16，设 $\boldsymbol{a}$ 是 $\overrightarrow{BF}$ 的法向量，则

$$\frac{\overrightarrow{DC}}{\overrightarrow{CE}}=\frac{\boldsymbol{a}\cdot\overrightarrow{DC}}{\boldsymbol{a}\cdot\overrightarrow{CE}}=\frac{\boldsymbol{a}\cdot\overrightarrow{DF}}{\boldsymbol{a}\cdot\overrightarrow{BE}}=\frac{\boldsymbol{a}\cdot((1-v)\overrightarrow{AF})}{\boldsymbol{a}\cdot\left(\frac{1-u}{u}\overrightarrow{AB}\right)}$$

$$= \frac{u(1-v)\boldsymbol{a} \cdot \overrightarrow{AF}}{1-u}\frac{a \cdot \overrightarrow{AF}}{a \cdot \overrightarrow{AE}} = \frac{u(1-v)}{1-u},$$

这就简捷地得到了(15-1)式.

证法3 设$\overrightarrow{BC}=m\overrightarrow{BF}$，$\overrightarrow{AE}=n\overrightarrow{BE}$，$\overrightarrow{AD}=k\overrightarrow{AF}$，则

$$\overrightarrow{DE}=\overrightarrow{DA}+\overrightarrow{AE}=\overrightarrow{DA}+n\overrightarrow{BE}=n\overrightarrow{BE}-k\overrightarrow{DF},$$

$$\overrightarrow{CE}=\overrightarrow{BE}-\overrightarrow{BC}=\overrightarrow{BE}-m(\overrightarrow{BA}+\overrightarrow{AF})=(mn-m+1)\overrightarrow{BE}-m\overrightarrow{AF}.$$

由$\overrightarrow{DE}$和$\overrightarrow{CE}$共线，得$k(mn-m+1)=mn$. 又

$$\overrightarrow{ML}=\overrightarrow{BL}-\overrightarrow{BM}=\overrightarrow{BC}+\frac{1}{2}\overrightarrow{CA}-\frac{1}{2}\overrightarrow{BD}=\overrightarrow{BC}+\frac{1}{2}(\overrightarrow{BA}-\overrightarrow{BC})-\frac{1}{2}(\overrightarrow{BA}+\overrightarrow{AD})$$

$$=\frac{1}{2}\overrightarrow{BC}-\frac{1}{2}\overrightarrow{AD}=\frac{1}{2}\overrightarrow{BC}-\frac{1}{2}k(\overrightarrow{BF}-\overrightarrow{BA})$$

$$=\frac{1}{2}(m-k)\overrightarrow{BF}+\frac{1}{2}k(1-n)\overrightarrow{BE}.$$

$\overrightarrow{LN}=\frac{1}{2}(1-m)\overrightarrow{BF}+\frac{1}{2}n\overrightarrow{BE}$，因为$k(mn-m+1)=mn$，所以

$$\frac{1-m}{m-k}=\frac{n}{k(1-n)},$$

故$\overrightarrow{ML}/\!/\overrightarrow{LN}$，又因为$L$为公共点，所以$L,M,N$三点共线.

著名的帕普斯定理的构图中，涉及三对线段的交点. 有资料用颇大的篇幅，借助于坐标法实现了此定理的向量法证明. 下面利用内积提供一个简捷的证明.

【例15.30】 如图15-21，设两直线相交于点O，A,B,C三点共线，X,Y,Z三点共线. 点P是AY和BX的交点，点Q是AZ和CX的交点，点R是BZ和CY的交点. 求证：P,Q,R三点共线（帕普斯定理）.

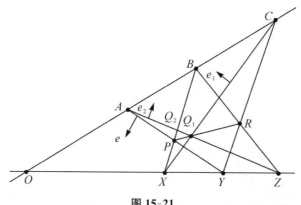

图 15-21

证明 设 $OX:OY:OZ=x:y:z, OA:OB:OC=a:b:c, e\perp AY$,则

$$\frac{XP}{XB}=\frac{\overrightarrow{XP}\cdot e}{\overrightarrow{XB}\cdot e}=\frac{\overrightarrow{XY}\cdot e}{(\overrightarrow{XO}+\overrightarrow{OB})\cdot e}=\frac{\overrightarrow{XY}\cdot e}{\left(XO+\dfrac{b\overrightarrow{OA}}{a}\right)\cdot e}=\frac{a(y-x)}{by-ax}.$$

同理

$$\frac{CR}{CY}=\frac{z(c-b)}{cz-by},\frac{ZR}{ZB}=\frac{c(z-y)}{cz-by},\frac{AP}{AY}=\frac{x(b-a)}{by-ax}.$$

设 CX 和 PR 交于点 Q_1,AZ 和 PR 交于点 Q_2,只需证 $\dfrac{PQ_1Q_2R}{Q_1RPQ_2}=1$. 设 $e_1\perp XC, e_2\perp AZ$,则

$$\frac{PQ_1Q_2R}{Q_1RPQ_2}=\frac{\overrightarrow{PQ_1}\cdot e_1}{\overrightarrow{Q_1R}\cdot e_1}\frac{\overrightarrow{Q_2R}\cdot e_2}{\overrightarrow{PQ_2}\cdot e_2}=\frac{\overrightarrow{PX}\cdot e_1}{\overrightarrow{CR}\cdot e_1}\frac{\overrightarrow{ZR}\cdot e_2}{\overrightarrow{PA}\cdot e_2}$$

$$=\left(\frac{ac(y-x)(z-y)}{xz(c-b)(b-a)}\right)\frac{\overrightarrow{BX}\cdot e_1}{\overrightarrow{CY}\cdot e_1}\frac{\overrightarrow{ZB}\cdot e_2}{\overrightarrow{YA}\cdot e_2}$$

$$=\left(\frac{ac(y-x)(z-y)}{xz(c-b)(b-a)}\right)\frac{\overrightarrow{BX}\cdot e_1}{\overrightarrow{CY}\cdot e_1}\frac{\overrightarrow{AB}\cdot e_2}{\overrightarrow{YA}\cdot e_2}$$

$$=\left(\frac{ac(y-x)(z-y)}{xz(c-b)(b-a)}\right)\left(\frac{c-b}{c}\right)\left(\frac{x}{y-x}\right)\left(\frac{b-a}{a}\right)\left(\frac{z}{z-y}\right)=1.$$

最后一行是因为

$$BC=\frac{(c-b)OC}{c},XY=\frac{(y-x)OX}{x},$$

$$AB=\frac{(b-a)OA}{a},YZ=\frac{(z-y)OZ}{z},$$

以及 $\overrightarrow{OC}\cdot e_1=\overrightarrow{OX}\cdot e_1,\overrightarrow{OA}\cdot e_2=\overrightarrow{OZ}\cdot e_2$.

对于塞瓦定理、高斯线定理、帕普斯定理这样的共点、共线问题,用向量法来解并不是最优的,用面积法来解要简单很多,请参看《新概念几何》(张景中,2002).

第十六章

从向量角度看锈规问题

本章将介绍一些有限制的作图问题.

初等几何中,作图工作只许用圆规和无刻度直尺,称为尺规作图.

尺规作图初看简单,实则奥妙无穷,具有挑战性,能够培养数学思维和数学能力.其历史悠久,影响深远,特别是古希腊三大几何难题更是吸引了无数数学爱好者.随着人们数学水平的提高,从最开始的尺规作图,又引发出了单尺作图、单规作图、锈规作图(仅用开口夹角固定的圆规作图)等更高难度的作图.

1982 年,美国几何学家匹多(Pedoe)在加拿大的数学杂志《数学问题》(*Crux Math*)提出了两个几何作图问题.

问题 1 已知两点 A 和 B,只用一把生锈的圆规(假设只能画半径为 1 的圆),能否作出点 C,使得 $\triangle ABC$ 是正三角形?

问题 2 已知两点 A 和 B,只用一把生锈的圆规(假设只能画半径为 1 的圆),能否作出线段 AB 的中点 M?

需要强调的是,由于没有直尺,A 和 B 两点间没有线段相连,这使得问题困难很多.

下面我们分析问题 1.

匹多的学生无意中作出了图 16-1,这使得问题 1 得到了部分解决:如果 $AB<2$,用生锈圆规能够作出点 C,使得△ABC 是等边三角形.

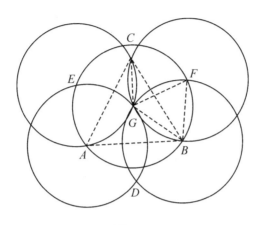

图 16-1

综合几何证法:由对称性,△CAB 是等腰三角形. $\angle ACB=2\angle GCB=\angle GFB=60°$,所以△$ABC$ 是等边三角形.

能否用向量法来证呢? 暂且卖个关子,先来看看一个趣味数学问题.

如图 16-2,把一些易拉罐放在两夹板之间堆成一堆,这些易拉罐底部半径为 0.5,两夹板之间的距离为 4,$AB=3$,而 C 可在一定范围内活动,这样就导致 D,E,F 的位置有高有低.但不管 C 位置如何,总是存在 $AF=BF$.

图 16-2

解 如图 16-3,以 AB 为对称轴作对称图形,联结各圆圆心,得到一系列单位菱形,得 $\overrightarrow{AI}=\overrightarrow{AG}+\overrightarrow{GI}=\overrightarrow{DC}+\overrightarrow{CH}=\overrightarrow{FE}+\overrightarrow{EB}=\overrightarrow{FB}$,而 $FI\perp AB$,可得四边形 $AIBF$ 是菱形.

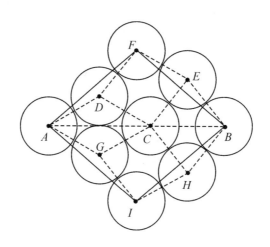

图 16-3

此问题可扩展,譬如将 10 个易拉罐堆成四行.

看了此题的解答之后,类似就会解答前面那道题了. 反之则不然,特别是易拉罐个数增多之后,综合几何证法较难解决易拉罐堆积问题. 图 16-3 中出现了很多边长相等的菱形,这是锈规作图的结果,而向量法很擅长解菱形问题,这也是为什么要从向量角度来看锈规问题的原因.

那么对于 $AB>2$ 时,如何求解,三年过去了,仍然找不出作图的方法. 正当数学家们猜测这也大概是一个"不可能"的作图问题时,三位中国数学工作者:单墫、张景中、杨路(当时 3 人都在中国科技大学任教)用不同方法做出了肯定的回答.

他们是如何解决这个鞭长莫及的问题的呢?

请看图 16-4. A 和 B 是两个给定的点,A 和 B 相距较远,但中间有一个过渡点 M,AM 和 BM 就小一点. 如果分别作正 $\triangle AMD$ 和正 $\triangle BME$,再找点 C,使得四边形 $MECD$ 是平行四边形,那么 $\triangle ABC$ 也是正三角形.

证明

$$\overrightarrow{AB} \cdot \mathrm{e}^{\frac{\pi}{3}i} = (\overrightarrow{AM} + \overrightarrow{MB}) \cdot \mathrm{e}^{\frac{\pi}{3}i} = \overrightarrow{AD} + \overrightarrow{ME} = \overrightarrow{AD} + \overrightarrow{DC} = \overrightarrow{AC}.$$

此处穿插一个相关命题. 如图 16-5, 以平行四边形 $ABCD$ 的 BC 和 DC 边向外作正 $\triangle CBE$ 和 $\triangle DCF$, 求证:$\triangle AEF$ 是正三角形.

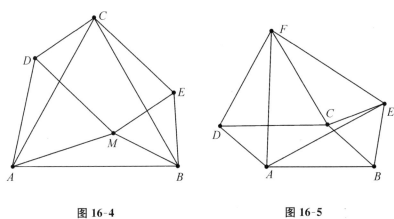

图 16-4　　　　　　　　图 16-5

证明　$\overrightarrow{AE} \cdot \mathrm{e}^{\frac{\pi}{3}i} = (\overrightarrow{AB} + \overrightarrow{BE}) \cdot \mathrm{e}^{\frac{\pi}{3}i} = \overrightarrow{DF} + \overrightarrow{AD} = \overrightarrow{AF}$, 所以 $\triangle AEF$ 是正三角形.

在图 16-4 的启发下, 我们可以以 A 为中心, 向四周用生锈圆规作由边长为 1 的正三角形组成的"蛛网点阵". 这些蛛网点阵是由一些同中心的正六边形组成的. 在点阵中一定可以找到点 D, 使得 $\triangle AMD$ 是正三角形(你能找到吗? 注意: M 和 D 在同一层正六边形上). 又因为 $MB < 2$, 可用图 16.1 的五圆作图法作出正 $\triangle BME$, 再作 C 使得 $MECD$ 是平行四边形, 则 $\triangle ABC$ 是正三角形, 所要的点 C 找到了(图 16-6).

这里还必须解决一个问题. 如何用生锈圆规作平行四边形 $MECD$? 这是可以办到的.

如图 16-7, 用长为 1 的线段把 M 和 D 联结起来, 把 M 和 E 联结起来(当然, 这些线段是作不出来的, 只能作出端点). 作图顺序: 由 Q 和 P_1 作出(1), 由(1)和 P_2 作出(2), 由(2)和 D 作出(3), 由 E 和(1)作出(4), 由(4)和(2)作出(5), 由(5)和(3)作出 C.

图 16-6

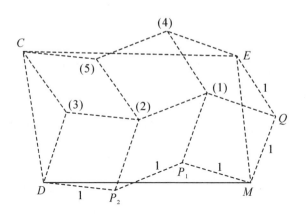

图 16-7

作出图 16-7 后，从向量的角度来看，结论是显然的.

匹多提出的问题 1 到此完满解决. 问题 2 请参看《数学家的眼光》(张景中，2007). 需要指出的是，图 16-6 和图 16-7 对问题 2 的解决十分有用. 从此，在尺规作图这一古老课题的研究记录上，写下了中国人的一页.

锈规作图中所出现的蛛网模型，在一些几何题中也会出现，譬如图 16-3. 下面我们介绍波利亚（Polya）研究过的一个数学问题. 这个问题, 最初是如何想到的, 不得而知, 作者猜测可能与锈规问题有点关系.

美国数学教育家波利亚是国际著名的解题大师, 他在数学解题方面有着不同寻常的见解, 其专著引入中国之后, 反响很大. 波利亚在《数学的发现》中, 为了说明解题需要闪电击中般的灵感, 给出了这样一个案例:

"A. 如果三个相同半径的圆过一点, 则通过它们的另外三个交点的圆具有相同的半径.

这是我们要证的定理. 它的叙述简短而明确, 但是没有充分清晰地表达出来. 如果我们作一图（图 16-8）, 并引进适当的符号, 便得到下列更明确的复述:

B. 三个圆 k, l, m 具有相同半径 r, 并通过同一点 O. 此外, l 和 m 相交于点 A, m 和 k 相交于点 B, k 和 l 相交于点 C, 则通过点 A, B, C 的圆 e 的半径也是 r".

接下来, 波利亚引导读者作出图 16-9, 并将求证的定理再一次改变形式:

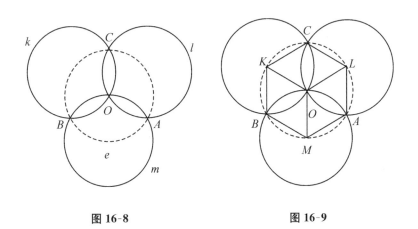

图 16-8　　　　　　图 16-9

"C. 如果 9 条线段 $KO, KC, KB, LC, LO, LA, MB, MA, MO$, 都等于 r, 则必存在一点 E, 使得下列三条线段 EA, EB, EC 都等于 r".

最后, 波利亚构造出图 16-10, 以图 16-9 中的七个点构造出平行六面体, 其中中点 E 就是所要寻找的点. 只要将这个平行六面体投影在一个平面上即可.

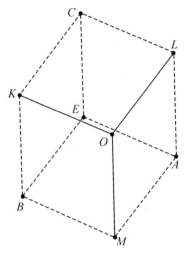

图 16-10

从这一案例,我们看到波利亚在解题分析的过程中,不断转化命题的表达形式,使之向我们熟悉的情形靠拢;最后利用平面与空间的转化,使问题的解决变得直观.

波利亚的这一解题分析和引导是让人佩服的.佩服之余,如果我们动手做一做题目,包括作图,就会发现:波利亚在将命题 A 转化到命题 B 时,图形画得十分特殊,图 16-8 中的 A,B,C 三点都构成等边三角形了,这极容易让人误解.如果严格按照命题 A 作图,过点 A,B,C 的圆和过点 M,L,K 的圆只是半径相等,圆心未必重合.波利亚在图 16-10 中也明确指出:过点 A,B,C 的圆的圆心是另外的点 E,而不是原来的点 O.

把任意三角形画成等边三角形,这是不符合数学规范的,作为解题学的经典著作更应该避免.可惜的是,此案例被我国学者多次原封不动地引用,光本书作者所见就有 10 多本著作,却无人指出作图的瑕疵.

有资料在引用波利亚的这个案例之后,给出下面的简化证法.

证明 如图 16-9,
$$\overrightarrow{AB}=\overrightarrow{OB}-\overrightarrow{OA}=(\overrightarrow{OK}+\overrightarrow{OM})-(\overrightarrow{OL}+\overrightarrow{OM})=\overrightarrow{OK}-\overrightarrow{OL}=\overrightarrow{LK},$$

同理$\overrightarrow{AC}=\overrightarrow{MK}$,$\overrightarrow{BC}=\overrightarrow{ML}$,所以$\triangle ABC\cong\triangle KLM$.两个全等三角形的外接圆半径相等,而$\triangle KLM$的外接圆的半径是$r$,所以过点$A$,$B$和$C$的圆$e$的半径也等于$r$.

该资料的证明是基于图16-9这个特殊图形给出的,但点O只是在中间过渡,最终是要消去的;所以这一证法也适用于一般情形.

为了避免误导,我们还是作出符合初始题目的一般性图形,并指出过点A,B,C的圆的圆心. 这一图形没有引进平行六面体,方便对投影不熟悉的读者.

另证 如图16-11,易证四边形$KOLC$,$OMAL$,$BMOK$是菱形,则$\overrightarrow{KC}=\overrightarrow{OL}=\overrightarrow{MA}$;作菱形$BPCK$,则$\overrightarrow{BP}=\overrightarrow{KC}=\overrightarrow{MA}$,易得四边形$BMAP$是菱形;所以$PA=PB=PC=KC=r$,点$P$是过点$A$,$B$,$C$的圆的圆心.

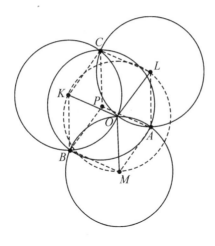

图 16-11

如果我们摆脱对大师的迷信,自己尝试来解这道题,其实也并不是很困难.

如图16-12,设KM交BO于S,LM交AO于T,显然S和T分别是菱形$BMOK$和$MALO$的中心,由中位线定理可得$BA=2ST=KL$;同理可得$BC=ML$,$AC=MK$;所以$\triangle ABC\cong\triangle KLM$.

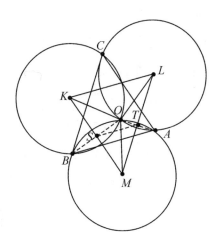

图 16-12

所以说,奇思妙想、层层引入固然让人称赞,但朴实无华、简单直接更显自然本色.

利用超级画板,我们容易得出此问题更一般的推广.

如图 16-13,△ABC 内部有点 O,作平行四边形 OBDC,OCEA 和 OAFB,求证:△ABC≌△DEF,且 AD,BE 和 CF 交于一点.

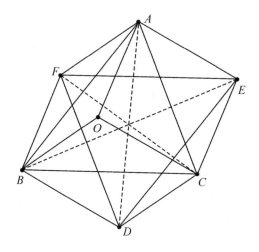

图 16-13

证明　$\overrightarrow{DE}=\overrightarrow{DC}+\overrightarrow{CE}=\overrightarrow{BO}+\overrightarrow{OA}=\overrightarrow{BA}$，同理$\overrightarrow{EF}=\overrightarrow{CB}$，$\overrightarrow{FD}=\overrightarrow{AC}$；所以$\triangle ABC$ $\cong\triangle DEF$；而四边形 $BDEA$ 和 $BCEF$ 是平行四边形，显然 BE 和 CF 过 AD 的中点．

注意到解题过程中，点 O 只是一个中间过渡，是要消去，这说明结论的成立与点 O 的位置无关．点 O 在$\triangle ABC$ 外部（图 16-14），结论亦成立．

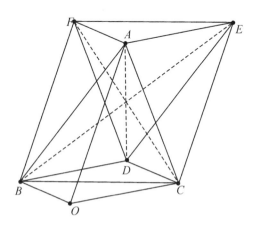

图 16-14

下面这道题是作者利用超级画板探究蛛网模型时的发现．

如图 16-15，三个等半径的圆过点 P ．A,B,Q 是它们两两相交且不同于 P 的交点，过点 Q 作同样半径的第四个圆，交两圆于 C 和 D ．求证：$ABCD$ 是平行四边形．

图 16-15

证明 如图 16-16，

$$\vec{AB}=\vec{AE}+\vec{EB}=\vec{HP}+\vec{PF}=\vec{HQ}+\vec{QF}=\vec{DG}+\vec{GC}=\vec{DC}.$$

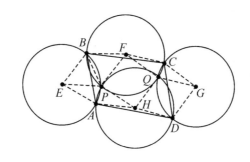

图 16-16

本章最后给出一个有趣的铜圆作图题.

傅种孙(1898－1962)先生是我国老一辈著名的数学教育家,培养了一大批优秀人才.

据傅种孙先生的学生回忆:当年傅先生在北京师大附中教几何时,每逢考试,必预先告诉学生要带圆规和直尺.但学生们常常忘带,考试时临时抱佛脚,就用铅笔杆代替直尺,再从兜里拿出一个铜元(形同现在流通的硬币)来画图.傅种孙先生针对这个情形,干脆出了一个题目,让学生研究"用一个铜元代替圆规,能够代替尺规作图的哪些工作?"

傅种孙先生提出的铜元作图比锈规作图更加困难,因为无法作出已知圆的圆心.目前,铜元作图,能做什么、不能做什么,还没有定论,这是一个非常有趣的而又具有挑战性的开放性问题.下面给出一个已被解决的问题.有兴趣的读者,可动手用硬币作图试试.

问题 用硬币作圆,然后在圆周上任作一点,请利用该硬币作出另一点,使得这两点是圆的直径.

作图 如图 16-17,假设最初所作圆是以 A 为圆心,所作点为 B;

过 B 作圆 C,交圆 A 于 D;

过 D 作圆 E,交圆 C 于 F;

过 F 作圆 G,交圆 A 于 H,交圆 E 于 I;

过 H、I 作圆 J,圆 J 交圆 A 于 K;

点 K 即为所求作的点,此时 BK 是圆 A 的直径.

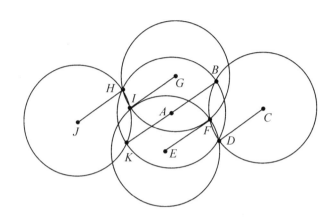

图 16-17

注意:图中的圆心和线段都是为了说明方便而作出,实际上是不存在的.

证明 $\vec{AB}=\vec{DC}=\vec{EF}=\vec{IG}=\vec{JH}=\vec{KA}$.

参考文献

［1］常庚哲. 复数计算与几何证题［M］. 上海：上海教育出版社. 1980.

［2］陈胜利. 向量与平面几何证题［M］. 北京：中国文史出版社. 2003.

［3］哈代. 纯数学教程（英文版）［M］. 北京：机械工业出版社. 2004.

［4］莫绍揆. 质点几何学［M］. 重庆：重庆出版社. 1992.

［5］孙庆华. 向量理论历史研究［D］. 西安：西北大学. 2006.

［6］吴文俊. 力学在几何中的一些应用［M］. 北京：中国青年出版社. 1962.

［7］席振伟，张明. 向量法证几何题［M］. 重庆：重庆出版社. 1984.

［8］张惠英等. 向量及其应用［M］. 北京：高等教育出版社. 2005.

［9］张景中. 新概念几何［M］. 北京：中国少年儿童出版社. 2002.

［10］张景中. 数学家的眼光［M］. 北京：中国少年儿童出版社. 2007.

［11］邹宇. 几何代数基础与质点几何的可读机器证明［D］. 广州：广州大学. 2010.